本书的出版得到苏州大学哲学一级学科经费资助

东吴哲学文丛

量子规范场论的解释

理论、实验、数据分析

李继堂◎著

中国社会科学出版社

图书在版编目（CIP）数据

量子规范场论的解释：理论、实验、数据分析/李继堂著.
—北京：中国社会科学出版社，2019.9
（东吴哲学文丛）
ISBN 978 - 7 - 5203 - 4648 - 1

Ⅰ.①量…　Ⅱ.①李…　Ⅲ.①科学哲学—研究　Ⅳ.①N02

中国版本图书馆 CIP 数据核字 (2019) 第 128615 号

出 版 人	赵剑英
责任编辑	朱华彬
责任校对	张　婉
责任印制	张雪娇

出　　　版	中国社会科学出版社
社　　　址	北京鼓楼西大街甲 158 号
邮　　　编	100720
网　　　址	http://www.csspw.cn
发 行 部	010 - 84083685
门 市 部	010 - 84029450
经　　　销	新华书店及其他书店

印刷装订	北京君升印刷有限公司
版　　　次	2019 年 9 月第 1 版
印　　　次	2019 年 9 月第 1 次印刷

开　　　本	710 × 1000　1/16
印　　　张	20.5
插　　　页	2
字　　　数	336 千字
定　　　价	118.00 元

《东吴哲学文丛》总序

　　苏州大学哲学系成立于 1999 年，迄今正好 20 周年。此次哲学系推出《东吴哲学文丛》5 种，可谓恰逢其时：既是对哲学系建系 20 周年最好之献礼，又是对东吴哲学一次很好的学术总结反思。真是可喜可贺。

　　东吴，以地望言之，即古之浙西也。清初史学大师章实斋有言，"世推顾亭林氏为开国儒宗，然自是浙西之学。不知同时有黄梨洲氏，出于浙东"，而"浙东贵专家，浙西尚博雅"。由此可知，相对浙东"言性命者必究于史"之"广义史学"传统，吴地学风重博雅，出博学之考据家与经学家。不宁惟是，吴地自古繁庶风流，尤于明清时期多有工于艺之文人雅士；文士"游于艺"，而不耐于辨名析理，故吴地少有理学家。凡此似则足证，东吴向出文人学者而不出哲人。然或可暂置此一传统之说，更作新诠。依今人严迪昌之言，明清文人虽"游于艺"而不"耽于艺"，乃是要"以艺通道"。若作如是之解，则吴地文人实有高远之理想，其之"以艺通道"不正与戴东原之"以词通道"相映成趣，实并不津津于"艺事"，而有"道"求焉？至于东吴文人"以艺通道"不成而"耽于艺"、终未在明清哲学史上获得其相应地位，此虽是憾事，然并不否证"以艺通道"原则之合法性，而或可归于此一哲学运作模式之因缘条件之未足。

　　故在中国古典时代后期，东吴哲学"以艺通道"之哲学运思模式虽未能修成正果，而在全面应对现代性开展的新时代，或可迎来其重获开展的契机。故自 1900 年东吴大学创于古吴苏州，开中国现代私立高等教育之先河，哲学教育与研究之风即已蔚然于东吴之园，洋溢于葑溪两侧。东吴大学老校长杨永清所题之校训"养天地正气，法古今完人"正是哲学理念之贯彻落实于大学"完人"教育之明证。经历了百年沧桑，见证了数代东吴哲人之精神探索，伴随着苏州大学哲学系的成立，东吴哲学在21世纪进入了一个全新的发展时期，但也面临新的哲学主题带来的挑战。在此技术高度发展、政治格局更为复杂、时空极度压缩的新全球化时代，地球人一方面在对"物"与"身体"的控制与改造技术方面达到了前所未有的程度，另一方面则面临着来自环境、社会、人心的严重失序问题；要解决人类的困境，我们必须整合东西方文明，吸纳全球不同"部族"的智慧，给出多元但同时更具普适性的理性反思形态。故相对近现代主导的偏于"刚性"的哲学理性模式，21世纪哲学理性模式要求平衡人类不同精神维度，在心与物/身、理与情、理性思辨与实证运作等之间有一调停。对此，东吴哲学同仁实可立足吴地，放眼全球，通过"游于艺"进而"以艺通道"之哲学运思，参与到对全球哲学的建设中。自然，对于哲学人来说，21世纪新全球化时代的"艺"已非古典时代狭义"文艺"，而是广义之人文社会科学及艺术，故"游于艺"进而"以艺通道"要求基于自身既有研究领域开展"跨学科""跨教研室"的"跨界"思维与合作，东吴哲人之使命可谓重矣、大矣。

此次出版的《东吴哲学文丛》所收5种虽非刻意规划，但一定程度上反映了东吴哲学共同体近年来"跨学科"交流、"以艺通道"的初步成果；5种书分别论及了中西哲学美学思想之比较、当代儒学对公共伦理的参与、莱布尼茨的科学观、科学哲学中的量子规范场理论以及西方逻辑思想史五个主题，涉及面非常广泛，处理角度亦独到别致，其精彩之处在此难以详述，有待读者品味体察。特别是，5种书的作者，有的是学养深厚的资深教授，有的是功力颇深的中年学者，另外3位是已在学界崭露头角的青年才俊，他们实为东吴哲学未来希望之所在。黑格尔说，密涅瓦河畔的猫头鹰要到黄昏才起飞。但哲学的未来实在青年，我们将东吴哲学的未来寄予青年一代。

2019年不仅是苏州大学哲学系成立20周年，也是作为中国现代思想启蒙的五四运动开启的100周年，我们以本套丛书的出版作为对本系成立20周年的庆祝，也以之作为对五四运动最高的礼敬。

周可真　吴忠伟

目　录

第一篇　量子场论的解释困难与
理论和实验（观察）的关系问题

第二篇　量子规范场论的理论结构

第三篇　粒子物理标准模型的实验

第四篇　发现希格斯粒子

第五篇　当代基础科学的研究范式

前　　言

　　当代物理学基础理论（包括量子电动力学、量子规范场论、量子引力，甚至弦论），都是相对论和量子力学从不同角度在不同程度上的结合，其中量子规范场论最成功. 简单讲，外尔推广相对论大胆提出了规范不变性原理，杨振宁和米尔斯复活了局域规范不变性原理，提出杨—米尔斯理论. 在此基础上形成量子规范场论，应用"重整化"方法发展出粒子物理标准模型，包括希格斯机制. 事实上，构成我们这个物质世界的基本粒子之间的基本相互作用力只有强作用力、弱作用力、电磁力和引力. 而描述粒子之间电磁作用的是量子电动力学（电磁理论是人类最早知道的规范场论，量子化后成为量子电动力学），描述粒子之间的强作用力的是量子色动力学，描述电磁作用和弱作用所统一成的弱电作用的是弱电统一理论. 弱电统一理论和量子色动力学的核心是杨—米尔斯理论，量子电动力学属于杨—米尔斯理论的特殊情况，它们都是可以量子化的，都属于量子规范场论. 只有描述引力的广义相对论还不是量子规范场论，但也可以看成是一种规范理论. 相比之下，单纯量子电动力学只能处理电磁场；"量子引力"无论在理论上还是实验上都没有成功；弦论还完全没有实验内容.

　　越是成功的基础理论，其中的哲学问题越是重要. 量子规范场论已经成为粒子和场的最基础理论，在其基础上的粒子物理标准模型，不仅能够精确解释和预测人类目前观察和实验得到的所有高能物理实验，而且推动了超出标准模型就超出人类实验能力范围的局面（比如超弦理论）的出现. 加上量子场论跟量子力学、狭义相对论、固体物理甚至统计物理结合在一起，使得量子场论的解释变得模糊不清. 所以，量子场论的哲学问题最重要的还是对量子场论的解释，而且也是相当困难的一个问题．甚至最新发现的引力波，不仅加深了人们对引力场的认识，而且新增加了量子力学和广义相对论的不统一问题的重要性．毕竟量子场论中的量子规范场论相当成功，而量子引力始终没有成功，量子引力理论希望从量子场论得到启发，反而显得量子场论解释问题的重要性更加突出．因此，对量子规范场论的整体性解释越来越重要．

花费 20 年耗资 54.6 亿美元打造的大型强子对撞机（Large Hadron Collider，简称 LHC），2008 年 9 月 10 日在著名的欧洲核子中心 CERN 正式启动，2009 年 11 月 23 日实现首次对撞．这个有 85 个国家和地区近 1 万名科学家和工程师参加的人类有史以来最大的基础科学方面的科研项目，首要任务就是为了证明出粒子物理的标准模型中被喻为"上帝的粒子"的"希格斯玻色子"．粒子物理的标准模型是统一描述所有基本粒子及其相互之间的强相互作用力、弱相互作用力和电磁力的理论，包括电弱统一理论和量子色动力学，是人类有史以来最成功的理论．标准模型所预言的 62 种基本粒子中的 48 种费米子、13 种玻色子全部为实验所证实（除了引力子因质量太弱没有观察到外），（修建 LHC 时）只剩下 1 种使这些基本粒子产生质量的希格斯玻色子未被证实，也正是在此意义上可以说希格斯玻色子是标准模型的拱心石．2012 年 7 月 4 日，在 LHC 的 ATLAS 和 CMS 两个实验小组都宣布观察到新玻色子的质量范围在 125GeV—126GeV，新粒子跟长期寻找的希格斯玻色子一致．两个小组宣布观察到相对于背景 5 个标准偏差（σ）的结果，达到了高能物理发现的黄金标准．2013 年 10 月 8 日瑞典皇家科学院发布如下消息："2013 年度诺贝尔奖授予恩格勒和希格斯，'为其有助于我们理解亚原子粒子质量来源机制的理论发现，该机制最近在 CERN 大型强子对撞机的 ATLAS 和 CMS 实验上，通过其所预言的基本粒子的发现所证实'．"这不仅是对希格斯等人 1964 年就提出的希格斯机制的肯定，也是对粒子物理标准模型和量子规范场论的再次肯定，同时也是对大型强子对撞机 LHC 的肯定．

找到希格斯粒子，不仅意味着物理学真正进入 LHC 物理时代，更重要的是促使我们认识到，量子规范场论、粒子物理标准模型和希格斯机制是基础科学研究中大科学的典型代表，以大型强子对撞机为代表的高能物理实验是大科学工程的主战场，海量数据的获得和分析是当代大数据分析的典范, 而寻找希格斯粒子的大型强子对撞机 LHC 物理则是当代大科学研究活动的典型案例. 或者说, 量子规范场论突出了大科学理论的性质, 大型强子对撞机 LHC 突显了大科学装置的特征, 寻找 "希格斯粒子" 体现出大科学工程的特点, 尤其是其中对海量数据的处理成为问题的关键. 本书认为科学方法论和研究范式主要考察理论和实验之间的关系问题, 通过考察量子规范场论的理论结构、粒子物理标准模型的实验研究、希格斯粒子的发现, 认为大科学、大数据、大工程是当代基础科学的特征, 特别是数据分析在理论与实验之间起了关键作用. 在理论与实验的关系问题上, 认为数据分析成为两者的中介, 相当于卡尔纳普 (Carnap) 的连接理论与观察之间的对应规则. 不过数据分析不像对应规则那样是站在理论优位立场来讲的, 并且数据分析也不会被认为只是实验的一部分, 甚至也没有被等同于跟理论物理和实验物理鼎立的计算物理. 其实质就在于数据分析是内置于背景理论 (量子规范场论)、理论模型 (标准模型) 和唯象模型 (希格斯机制) 不同层次的理论, 并且探测器设计、模拟样本和信号预测、对希格斯粒子不同衰变道的数据分析统计、误差分析、结果报告、分析结果、得出结论等每一个环节都围绕 "便于数据分析" 在展开, 数据分析同时 "随附" 在理论和实验之中.

本书的篇章结构和大致内容如下:

本书是对量子规范场论的整体性解释, 针对量子场论的解释困难, 从科学哲学中理论与实验 (观察) 的关系问题出发, 系统考察量子规范场论的理论结构、粒子物理标准模型的实验研究、寻找希格斯粒子的数据分析, 认为 "数据分析" 已渗透到理论的各个层次和实验的各个环节, 可以替代逻辑经验主义连接理论与观察之间的 "对应规则". 第一篇针对量子场论的解释困难, 从科学哲学中理论与实验 (观察) 的关系问题出发; 第二篇从科学理论结构观的角度分析数学结构和物理结构的关系, 澄清了局域规范对称性原理的规范论证; 第三篇详细解读了粒子物理标准模型发展过程中不同层面的理论和各种实验的关系问题; 第四篇通过大型强子对撞机 LHC 发现希格斯粒子的过程, 认识到数据分析是连接理论和实验的关键和桥梁; 第五篇总结当代基础科学研究范式的大科学理论、大数据分析、大科学工程的特征.

第一篇量子场论的解释困难与理论和实验 (观察) 的关系问题 (包

括第一至四章）：

　　第一章量子场论的哲学研究，介绍量子场论的粒子解释、场解释，以及规范理论解释的困难．第二章量子规范场论的整体性解释问题，介绍代数量子场论和传统量子场论，分析量子规范场论解释的进路，得出一种协调代数量子场论和传统量子场论的科学方法论策略．第三章科学方法论及其核心问题，讲述科学思想史中近代科学革命以及相对论和量子力学相结合的量子场论都以伽利略（Galileo Galilei）开创的数学跟实验相结合的方法论为特征，这跟科学哲学中以理论和实验（观察）之间的关系问题为核心是一致的．第四章理论与实验（观察）的关系问题，回顾逻辑经验主义、历史主义以及科学实在论和反实在论，甚至社会建构论中的理论跟实验之间的关系问题，认为寻找希格斯粒子的案例有望给出此问题的新解．

　　第二篇量子规范场论的理论结构（第五至八章）：

　　第五章规范场论的科学方法论意义，试图说明科学理论结构观这个科学方法论的核心问题，有望在最能体现本义上的自然科学的规范理论那里得到启示，规范科学理论结构观最好是直接分析科学理论的数学结构跟物理结构之间的关系．第六章规范理论及其数学化形式体系，以经典电磁理论为例介绍了什么是规范理论，然后重点介绍规范理论的哈密顿形式体系，以及规范场论的核心——杨—米尔斯理论的量子化方法．第七章规范理论中的数学结构跟物理结构之间的关系问题，通过爱因斯坦相对论发展到外尔规范不变性原理过程中，对数学结构跟物理结构之间关系问题的考察，突显出规范不变性原理的数学剩余结构特征．第八章规范理论中的发现语境和辩护语境，由于数学结构跟物理结构的不对称，导致物理学家从发现角度强调规范不变性原理的数学结构的启发性，而哲学家从逻辑辩护角度强调数学剩余结构的不严谨，形成物理学哲学家试图否认规范论证，实则是规范不变性原理在发挥重要作用．

　　第三篇粒子物理标准模型的实验（第九至第十一章）：

　　第九章新实验主义的实验观，这一章开始从"实验优位"的角度出发，把科学哲学中理论与实验之间的关系问题演变为重点把科学研究看作一种实践活动，首先考察各种新实验主义的观点，强调实验的各种作用，通过弗朗克林（Benjamin Franklin）对弱相互作用 V－A 理论的案例分析，进一步考察理论跟实验之间的相互关系问题．第十章理论物理跟实验物理之间关系问题，卡拉加（Caraga）在新近的实验哲学研究基础上，把物理学理论分成三个层次、物理实验分成两种之后，进一步区分强、弱不同的理论—负载意义，特别是用在强相互作用的物理学的案例分析上．第十一章粒子物理标准模型和希格斯粒子，不是在背景理论层次讲规范场论，也不是在理论模型层次讲标准模型，而是在唯像模型层次讲标准模型包含的基本粒子，特别是希格斯机制，包括对希格斯机制的哲学反思以及实验结果的意义．

第四篇发现希格斯粒子（第十二至十四章）：

第十二章大型强子对撞机 LHC 物理，研究粒子物理标准模型的建立、检验以及可能发展出新物理这个大科学工程的总体特征，具体包括：作为理论物理和实验物理相结合典范的粒子物理标准模型、LHC 物理的基本问题、LHC 物理总体上的新特征及其基本哲学问题．第十三章大型强子对撞机的 ATLAS 探测器，介绍大型强子对撞机的 ATLAS 探测器，特别是 ATLAS 探测器的各个部分，以及其中的数据传输、储存和分析，包括电子、缪子等微观粒子的重建和本底，特别是寻找希格斯粒子的衰变道分支比，为第十四章做铺垫．第十四章发现希格斯玻色子，介绍欧洲核子物理中心宣布发现新粒子，弗朗克林对 CMS 发现希格斯粒子的考察，以及我们对 ATLAS 小组发现希格斯粒子的考察．

第五篇当代基础科学的研究范式（第十五章）：

第十五章当代基础科学的大科学、大数据和大工程研究范式，总结粒子物理学中粒子规范场论为代表的大科学特征、数据分析的大数据特征以及大科学实验和大科学工程的特征．最终说明了为什么要对量子场论进行整体性解释．

第一篇

量子场论的解释困难与
理论和实验（观察）的关系问题

第一章 量子场论的哲学研究

虽然现代科学哲学是从反思相对论和量子力学中的哲学问题发展起来的，但是对于相对论和量子力学相结合的各种理论（包括经典量子场论、量子规范场论、超对称理论、量子引力和弦论）的哲学研究还是近一二十年的事情，专门讨论量子场论中的哲学问题的研究仍不多．在国外，公认的量子场论中的哲学问题研究肇始于迈克尔·里德黑德（Michael Redhead）的两篇论文（1980 和 1983），尤其是《针对哲学家的量子场论》（1983）这篇论文，提出并试图回答了诸如："能不能给量子场论一种粒子解释？以及能不能确定基本粒子是场还是粒子？"等八个问题．总体上，对量子场论的哲学考察主要有三个方面：基本概念和本体论问题；规范场的实在论研究；量子场论的整体性解释．

第一节 量子场论的本体论问题研究

2002 年梅纳尔·库尔曼（Meinard Kuhlmann）等人主编的会议论文集《量子场论的本体论方面》①，主要是从事物理学哲学的专家跟主流科学家就量子场论的基本概念和本体论问题所进行的相互对话和评论．会

---

① M. Kuhlmann with H. Lyre and A. Wayne（eds.），*Ontological Aspects of Quantum Field Theory*，London：World Scientific Publishing，2002.

议是在德国的比勒费尔德（Bielefeld）举行的，集中了世界各国科学家和哲学家对量子场论的本体论问题的讨论．

一、什么是量子场论?

按照梅纳尔·库尔曼（Meinard Kuhlmann）在斯坦福哲学百科全书中的"量子场论"（quantum field theory，QFT）词条[①]，相对于其他很多物理学理论，什么是量子场论没有一个正规定义，相反，人们形成了大量不同的阐释，而每一个都有其优点和局限．形成这种多样性的一个原因是 QFT 是按照非常复杂的方式发展起来的，另一个原因是对 QFT 的解释特别模糊，甚至有许多说法都不清楚．人们认为对 QFT 最好最综合的说法要通过反思它跟其他物理学理论的关系获得，首当其冲是跟量子力学的关系，及其跟经典电动力学、狭义相对论（SRT）以及固体物理，或者更一般的统计物理之间的关系．不过，QFT 跟这些理论之间的关系也复杂而需要逐步清理．

库尔曼指出，人们在面对 QFT 跟量子力学（QM）和 SRT 之间的关系时，往往以很不一样的方式进入 QFT 是什么的问题．人们能够说 QFT 源自于成功协调 QM 和 SRT，为了理解最初的问题人们必须认识到 QM 不仅跟 SRT 有潜在的矛盾，准确地讲，SRT 的局域性假定，因为纠缠的量子系统的著名 EPR 关联，在动力学水平 QM 跟 SRT 之间存在明显的矛盾．薛定谔方程，即量子力学态函数含时演化的基本定律，不可能服从自然界的所有物理定律在洛伦兹变换下的不变性的相对论要求．克莱因—高登方程和狄拉克方程，源自于 20 世纪 20 年代薛定谔方程的相对论类比的探索，确实满足了洛伦兹不变性的要求，不过，他们最终还是不能令人满意，因为它们不允许按照基本的量子力学方法对场进行描述．或许，这个问题随着量子信息理论的发展，如果能够进一步打破现行量子力学的建构性框架来重新建立原理性的量子力学，就容易跟 SRT 比较和兼容了．

[①] Meinard Kuhlmann，"Quantum Field Theory" *The Stanford Encyclopedia of Philosophy*（Winter 2012 Edition），Edward N. Zalta（ed.），URL = < http：//plato. stanford. edu/archives/win2012/entries/quantum-field-theory/ >. 本节内容主要根据该文．

事实上，在小于光速以及粒子动能比它们的质能 mc^2 小的情况下，可以忽略 SRT 的假定，也是为什么非相对论 QM 虽然最终不恰当但是在经验上成功的原因．不过，它从来不是电磁现象的适当框架，因为电动力学主要包括对光行为的描述，已经是相对论不变性的，因此跟 QM 不兼容．散射实验所涉及的粒子通常加速到接近光速，相对论效应不再被忽略，因此散射实验也只能由 QFT 来把握．但也不能简单认为 QFT 就是 QM 和 SRT 直接融合了事，虽然存在克莱因—高登方程和狄拉克方程的成功，与此同时某种非—相对论 QFT 的方案也是可能的[1]．因此，库尔曼认为，与其说 QFT 的本质是它协调 QM 和相对论不变性，不如说只有 QFT 而不是 QM 允许描述无穷维自由度，即场（以及有热力学限制的系统）；根据这个思维，QM 是粒子的现代（而非经典）理论，而 QFT 是粒子和场的现代理论．即便如此，这个说法也不尽然，库尔曼指出，存在一个麦拉曼特（Malament）所说的禁止定理[2]，其解释如下：甚至单个粒子的量子力学，都能够符合像 QFT 场论框架下的狭义相对论局域性原则．因此，QFT，一方面作为对系统的量子描述，具有无穷维自由度；另一方面对于协调 QM 跟狭义相对论来说，是仅有的方法，这两方面又是紧密关联的．为此，库尔曼用下面的图 1 说明 QM、SRT 和 QFT 之间关系：

其中，非相对论量子场论不是一个历史性理论，而是为了概念目的后来建构的．理论上，[（ⅰ），（ⅱ），（ⅲ）]、[（ⅱ），（ⅰ），（ⅲ）] 以及 [（ⅱ），（ⅲ），（ⅰ）] 是三种可以从经典力学到相对论场论的可能道路．但是，这只是概念分解，历史并非如此亦步亦趋．一般认为，由于经典电动力学已经是相对论不变性的，当其成功量子化就直接导致相对论量子场论，但是（ⅰ）、（ⅱ）、（ⅲ）都各自跟本体论有关，通过这些步骤后物理实体的性质可能已经改变，就像希利那里经典规范理论的成果无法推广到量子规范场论那样．可以选择从量子力学出发，通过（ⅱ）、（ⅲ）两步来协调量子场论跟量子力学和狭义相对论之间的关系．这不是

① J. Bain, "Quantum Field Theorg in Classical Spacetime and Particles", *Studies in History and Philosophy of Modern Physics*, 2011, 42：p. 98.

② D. Malament, "In Defense of Dogma: Why there Cannot be a Relativistic Quanfum Mechanics of（Locali Eable）Particles". R. Clifton（ed.）*perspectives on Quantum Reality: Non-Relativistic, Relatirisitic, and Field Theoretlc*, Kluwer Academic Publishers, Dordrecht, 1996, pp. 1 – 10.

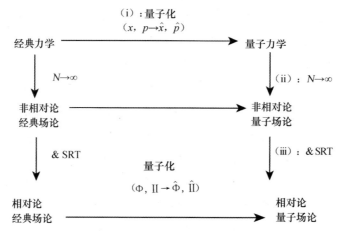

图1—1 各种理论的关系

那么容易的事情，克莱因—高登方程和狄拉克方程虽然满足洛伦兹变换，但是不能以量子力学的方法来描述场，毕竟量子力学无法描述无限维自由度的场，而在动力学方面，量子纠缠明显地跟狭义相对论的定域性要求相矛盾．因此，人们一直在寻找量子场论公理化形式体系，试图从根本上解决量子场论的解释问题．从 20 世纪 30 年代起，无穷大问题和 QFT 的拉格朗日量形式的潜在启发性，一直激发着人们探索最终公理化的形式化量子场论．而目前 QFT 的代数化方法备受关注，按照代数的观点，可观察量的代数而不是特定表象里的可观察量本身，就会作为量子物理的数学描述中的基本实体；由此可以避免之前公理化量子场论面临的困难．事实上，量子场论越是成功就越会激发人们澄清它跟量子力学和相对论的关系及其数学基础．

二、量子场论的粒子解释

本体论关注的是存在的最一般特性、实体和结构．库尔曼（Kuhlmann）介绍说，人们可以寻求一般意义的本体论，也可以研究特定理论、特殊部分或者世界的某一方面的本体论．就 QFT 本体论而言，人们试图尽量消除一些本体论问题，而采用下面一些直接观点，即两组基本费米子的物质构成、两组玻色子的力传递者，以及四种（包括引力）相互作用．这样的回答可能在某种意义上还没有触及本体论问题，比如认为下夸克是我们物质世界的基本构成，其实只是我们的出发点，而不是我们（哲学上）探索 QFT 本体论的结果——关键是下夸克是什么样的实体。本体论问题的答案并不依赖于是否我们认为本体是下夸克还是缪子中微子，本体论问题是与此不同种类的问题，是粒子到底是什么？或者，量子粒子能否合法理解为粒子以外的东西，从最广泛意义上去考虑，比如它们的局域属性是什么？人们能不能说场是什么？以及"量子场"实际上能不能理解成场？再比如夸克能不能更适当地理解成最终的基本实体，而不是性质或者过程或者事件？事实上，QFT 的创始人们在关于理解量子场论问题上，要么认为场比粒子优先，要么认为粒子比场优先．比如，狄拉克（Paul Adrien Maurice Dirac）、后期的海森堡（Wemer Karl Heisenberg）、费曼（Richard Phillips Feyman）和惠勒（Wyler）选择粒子优先；泡利（Wolfgang E. Pouli）、早期的海森堡、朝永振一郎和施温格则把场放在第一位①．正如温伯格强调的，人们建立场方程并不一定认为场最基本，而是因为物理学家在粒子和场之间往往无可适从．下面按照库尔曼的观点来介绍对量子场的几种本体论解释．

在基本粒子物理或者更一般的 QFT 里，如果不把对撞机里被加速或者散射的对象看作粒子是完全不可能的．即便看作粒子，粒子解释也有很好的反证．再者，粒子的经典概念太窄，因而我们不得不进行扩展．总之，即便是经典的物质微粒理论，（基本）粒子的概念也并非如想象的那样是没有问题的，比如，如果粒子的总电荷集中在一点，无限多能量有可能储存在这个粒子里，因为一旦同性电荷靠在一起，其排斥力就会变得无穷大，或者说点电荷的所谓自能是无穷的．这些都无法理解，所以需要进行概念的澄清．

库尔曼进一步讨论了粒子的主要特征．第一是它们的离散性．相对于液体或者气体而言，粒子是可数的或者"聚集"实体．第二，粒子是定域在空间里的。从经典物理来看，显然局域性的要求不必一定指类—点定域性，而即便任意大小，只要是有限的定域性对量子力学来说也是一个强的要求．贝恩（2011）争论说，在人们考虑像 QFT 这样的相对论理

---

① N. P. Landsman, "Local Qantum Physics", *Studies in History and Philosophy of Modern Physics*, 1996, 27: pp. 511 – 525.

论时，定域性和可数性的经典概念是一个不适当的要求．第三，存在一些粒子概念与场概念不同的潜在方面．无论如何场的核心特征是一个具有无穷自由度的系统，这跟粒子完全相反，比如一个粒子通过放在其质心的坐标 $x(t)$ 来指称，与此相关的特征，是明显和场概念相对的．在纯粹本体论上，远处粒子之间的相互作用只能理解为超距作用，相反，在场本体论或者粒子和场相结合的本体论里，局域作用是靠场来传递的．再者，经典粒子有质量并且无法穿透，这也跟（经典）场相反．

即便如此，库尔曼还是先考察了粒子解释，研究了为什么 QFT 更像粒子．量子化电磁（或者辐射）场的简单方法有两步．第一步，一个傅里叶分析经典场的矢量势，成为对应于无限可数的自由度的标准模式（用周期性边界条件）．第二步，由于每一个模式用一个谐振子方程独立描述，从非—相对论量子力学到每一个模式人们都用谐振子处理，故辐射场的哈密顿量为

$$H_{rad} = \sum_k \sum_r \hat{\omega}_k \left[a_r^+(k) \cdot a_r(k) + 1/2 \right]$$

其中 $a_r^+(k)$ 和 $a_r(k)$ 是满足下面对易关系的算符

$$\left[a_r(k) : a_s^+(k') \right] = \delta_{rs} \delta_{kk'}$$

$$\left[a_r(k) : a_s(k') \right] = \left[a_r^+(k) : a_s^+(k') \right] = 0$$

具有标记极化的脚标．这些对易关系意味着人们处理的是玻色场．

算符 $a_r^+(k)$ 和 $a_r(k)$ 具有有趣的物理解释，即所谓的粒子产生和粒子湮灭算符，为了理解这一点，人们检验了算符的本征值

$$N_r(k) = a_r^+(k) \cdot a_r(k)$$

这是 H_{rad} 里的本质部分，由于对易关系，人们发现 $N_r(k)$ 的本征值是整数 $n_r(k) = 0, 1, 2, \ldots$，并且对应的本征函数（关于标准化因子）是

$$| n_r(k) \rangle = \left[a_r^+(k) \right]^{n_r(k)} | 0 \rangle$$

其中右边意味着 $a_r^+(k)$ 算符作用在 | 0 > 上 $n_r(k)$ 次，没有光子的真空态矢量存在．这些结果的表象类似于一个谐振子，$a_r^+(k)$ 被解释为拥有动量 $\hat{k}$ 和能量 $\hat{\omega}_k$，当产生算符 $a_r^+(k)$ 作用在真空态 | 0 > 上 $n_r(k)$ 次时，人们得到一个具有动量 $\hat{k}$ 和能量 $\hat{\omega}_k$ 的 $n_r(k)$ 个光子的态。

相应地，$N_r(k)$ 称为数算符，而 $n_r(k)$ 是被 K 和 r 具体化的模式的"占有数"，即这个模式是由 $n_r(k)$ 个光子占据的．对湮灭算符 $a_r(k)$ 也类似：其在运算具有给定数目的光子的态时这个数目小一个．

　　库尔曼指出一个广为流传的结果是，这些结果完成了"解释 $N(k)$ 为数算符的辩护，由此适合量子化理论的粒子解释"①．库尔曼认为这个判断有些草率，比如没有考虑到局域性问题，而这是某个东西成为粒子的关键标准．现在有把握的只是公式里某些数学量是离散的，然而，可数性仅仅是粒子的一个特征，并非 QFT 粒子解释的最终判据，在此阶段还不清楚，我们是否真处理了粒子，抑或只是一个通常粒子里根本上不同的离散特征而已．又如，泰勒（Taylor）（1995）论证说福克空间或者"占有数"表象，并不能够通过场量子支持粒子本体论，因为即使不是靠数这些都能够加和起来．基本场的某些模式的激发程度决定了（量子意义上的）粒子的数目，像在薛定谔多粒子系统里的"单个粒子"不再出现，这是跟经典粒子概念最明显的分离．尽管如此，泰勒还是说量子应该视为粒子，因为除了其可数性之外，另一个支持把量子看作粒子的事实是，它们具有跟经典粒子同样的能量．

　　库尔曼指出，场的量子化还涉及真空概念．首先真空态 $|0\rangle$ 是能量基态，即具有最低本征值的能量算符的本征态，在普通非相对论量子力学里，有个重要结果是，像谐振子的基态能量跟经典力学相反并不是零．其次，QFT 的相对论真空还有更奇特的特性，即各种量的期望值并不为零，这就引出一个问题，如果真空是没有粒子存在的状态，是什么东西具有或者说引起这些值的．如果粒子是 QFT 的基本对象，它又如何能够在（就这个本体论而言）没有东西存在时还存在物理现象？最后，在弯曲时空里 QFT 的研究意味着，粒子数算符的存在是扁平闵科夫斯基时空的可能属性，因为庞加莱对称用来挑选想要的正则对易关系表象，这等价于挑选想要的真空态（Wald，1994）．总之，粒子解释拥有许多困难．

三、量子场论的场解释

　　由于各种论证似乎反对粒子解释，据说唯一选择即场解释，常常作

---

　　① L. H. Ryder, *Quantum Field Theory*, 2nd edition, Cambridge University Press, 1996, p. 131.

为 QFT 的适当本体论. 接下来, 库尔曼考察了物理场是什么, 以及为什么可以在此意义上解释.

一个经典点粒子能够通过其位置 $x(t)$ 和动量 $p(t)$ 来描述, 它们随时间推移而改变, 因此存在点粒子运动的六个自由度, 对应于三个粒子位置坐标和三个动量坐标. 在经典场的情况下, 人们具有空间中每个点 x 的独立值, 其具体值随时间改变. 场值 φ 可以是个像温度一样的标量、关于电磁场的矢量, 或者如晶体应力张量一样的张量. 因此, 一个场是具有无限自由度的系统, 可能被某些场方程约束. 无论如何, 场的直观概念是一种过渡性的东西, 并且本质上不同于物质. 这能够证明, 即便在无物质时也可以把能量和动量描述成纯粹场. 这个有点惊奇的事实证明了为什么场跟物质之间的划分是渐进的.

从经典场到量子场的过渡, 是通过算符—值量子场 $\hat{\varphi}(x, t)$ 的出现来刻画的, 相应的共轭场也一样, 因为两者肯定符合正则对易关系. 因此在经典场跟量子场之间存在明显的形式上的类似: 在两种情况下场值都跟时空点有关, 而这些值在经典场情况下是具体为实数, 在量子场情况下是算符, 即在 QFT 里的 $\hat{x}\hat{\varphi}(x, t)$ 类似于经典映射 $x\varphi(x, t)$. 由于这个形式上的类似而摆脱了对 QFT 是场论的任何怀疑.

但是某些数学术语跟时空中所有点之间的系统关联, 真的足以在真正的物理意义上建立场论吗? 它是某种将真正物理性质置于时空点的物理学场论的实质吗? 这个要求在 QFT 里似乎不满足. 泰勒 (1995) 论证说, 描述量子场仅仅是在场概念的 "有意误读" 上辩护的, 因为没有确切的无论什么物理值被赋予时空点. 的确, 量子场算符表示可能值的整个谱, 使得其更加具有可观察量的地位或者一般解. 然而, 只有一个具体的构形, 即对空间上所有点上场可观察量确定值的描述, 才能够算作真正的物理场.

至少存在对 QFT 解释的四个提议, 它们都遵从一个事实, 即量子场的算符—值妨碍把它们直接读为物理场.

(1) 泰勒 (1995) 论证说, 明确的物理量的产生, 只有在其量子场算符和系统状态被考虑的时候. 更具体点, 对于一个给定的态 $|\psi\rangle$, 人们能够计算期望值 $\langle\psi|\varphi(x)|\psi\rangle$, 形成对空间里所有点的确定物理值的描述, 由此也形成可以被视为真正物理场的算符—值的量子场论的

构形. 对提议（1）可能还有（2）的主要问题是，期望值是这个测量结果的平均值，由此它不符合任何单个场系统的物理性质，无论这个性质是之前存在（或范畴）的值或者倾向（或意向）的.

（2）真空期望值或者 VEV 解释，韦恩（Wayne，2002）倡导的怀特曼（Wightman，1956）探讨的一个定理. 按照这个重建定理，量子场算符蕴含的所有信息，都能够通过 n—点真空期望值的无穷等级来等价描述，即在 n 个（一般不同的）时空点上量子场算符的全部积的期望值，都是针对真空态计算的，因为这个真空期望值的积只是由符合真正场构形的确切物理值构成的；并且韦恩论证说，由于怀特曼定理，量子场算符的等价集合也如此. 因此，韦恩认为，一个量子场算符对所有时空点的描述，靠自身构成一个场构形，即对于真空态，即便这不是实际的态. 同时，这也是一个 VEV 解释的问题：虽然它很好地证明了很多信息是蕴含在量子场算符中的，而不仅仅具体到什么能够被测量，但是它也不会产生实际场构形那样的任何东西. 而这最后一个要求有可能在量子理论语境里无论如何都太强，下一个提议可能有点接近.

（3）最近几年所说的波函数解释，已经明确为 QFT 的有问题的场解释，也是最广泛讨论的现存提议. 它认为量子场应该完全类似于量子化单一粒子态的方式来解释，正如两者都同样源自于把正则对应关系加在非—算符—值的经典量上. 在量子力学粒子的情况下，态可以用波函数 $\psi(x)$ 来描述，把位置映射到概率幅，其中 $|\psi(x)|^2$ 能够被解释成粒子在位置 x 检测到的概率. 对场而言，跟位置类似的是经典场构形 $\phi(x)$，即场值赋予空间里的点. 由此，继续类比，就像量子粒子是用波函数描述把位置映射到在 x 检测到粒子的概率（甚或概率幅），量子场能够通过把函数映射成的波函数 $\psi[\phi(x)]$ 来理解，即经典场构形 $\phi(x)$ 到概率幅，其中 $|\psi[\phi(x)]|^2$ 能够被解释成所给量子场构形系统在构形 $\phi(x)$ 测量时被发现的概率. 因此，就像量子态在平常单一粒子 QM 中的量子态能够被解释成经典的定域粒子态，量子场系统的态，同样可以按波函数方法，解释成经典场构形的叠加. 并且叠加意味着要依赖于人们对量子概率的一般解释（倾向的塌缩、玻姆隐变量、分支埃费里特多世界等）. 不过，实际上，QFT 几乎不可能表示在波函数空间里，因为通常对测量场构形没有兴趣，而是想测量"粒子"态，由此在福克空

间中进行.

（4）拓扑本体论. 库尔曼提出倾向拓扑本体论（Dispositinal Trope Ontology，即 DTO）作为 QFT 基本结构的最恰当本体论解读，特别是可以解读代数形式化体系（A）QFT. 术语拓扑（Trope）指的是属性概念，它打破传统，认为属性是特殊而不是重复（或者"普遍"）的. 这个新的属性概念允许分析对象为纯粹属性或拓扑丛，而不排除具有（在量上而不是数上）完全相同属性的不同对象的可能性. 库尔曼的关键点之一是（A)QFT 是通过对象的丛概念表述的，因为可观察代数的网络结构单独蕴含着所给量子场论的基本特征，比如它的荷结构. 在 DTO 方法中，拓扑丛的本质属性（拓扑）是等同于超选择截面的确定特征，诸如不同种类的荷、质量和自旋. 由于这些属性不能通过任何状态过渡来改变，它们保证了对象随时间变化的同一性. 超选择截面是所有准—局域可观察量代数的不等价不可归约表象，而一个对象的本质属性（拓扑）是永久性的，其非本质性的属性是变化的. 由于我们正在处理量子物理系统，很多物理系统很多属性是倾向性的（或者意向性的），因此得名意向性拓扑本体论.

综上所述，无论是哪种算符值赋值物理量，还是拓扑的倾向性属性，都试图对描述量子场的数学结构赋予物理内容. 这样的思路还可以换一种方式.

第二节　和乐解释和圈表象

对规范场的实在论研究，以及对一般规范理论进行系统讨论，当属希利（Richard Healey）的《规范实在——当代规范理论的概念基础》①. 该书第一部分从对人类最早发现的规范场——电磁场中的电磁势和 A – B 效应这种实验现象的关系入手，认为规范势表示了一种非定域的结构；第二部分把第一部分的结论推广到量子化了的规范理论中，试图以圈

———————

① Richard Healey, *Gauging What's Real*: *The Conceptual Foundations of Contemporary Gauge Theories*, New York: Oxford Vniversity Press, 2007.

（代替点）表象来解释规范场论．该书是国外唯一一本专门研究规范理论哲学的专著，是著者多年来研究规范理论的总结．该书出版第二年就荣获拉卡托斯奖，遗憾的是这种解释在从经典规范理论推广到量子规范场论时没有成功．

希利在《规范实在——当代规范理论的概念基础》①中对规范理论进行解释时，按照人们对规范势实在性的看法，将其划分成无规范势属性观、局域规范势属性观和非局域规范势属性观．按照非局域规范势属性观，理论的规范势表示了用规范场表示的那些物理量之外的质的固有属性，不过它们只是被断言在扩展了的时空区域上，而不是在构成这些区域的点上．相关区域是在时空中闭合曲线的有向的像，因此是由时空流形 M 的闭合子集所表示的．希利把这个子流形表示的时空有向区域称为圈，因此一个圈对应于一个时空流形中的连续的、逐块光滑的、非自嵌封闭曲线的有向的像．非局域规范势属性观的提出，主要是考虑到规范势属性的结构取决于规范不变量的内容，出于这样的想法就认为规范势属性正好是规范不变量所表示的那些属性．而这个认识具体体现在规范理论的和乐解释（holonomy interpretation）中．

为了便于理解和乐解释，我们先来看经典电磁场的情况．即便矢量势 A_μ 是规范依赖的，而它围绕闭曲线 C 的线积分 $S(C) = \oint_c A_\mu \mathrm{d}x^\mu$ 却是规范不变量，因此，包括狄拉克相位因子 $\exp\left(\frac{ie}{\hbar}\oint_c A_\mu \mathrm{d}x^\mu\right)$ 的 $S(C)$ 的函数也是规范不变量，它们有可能描述了电磁场的质的固有属性．相比之下，相位不能描述一个区域中的电磁场自身，描述的只是具有特定电荷 e 的量子化粒子的电磁场效应．同样，任何电荷 e 的狄拉克相位因子都不能单独描述电磁场，描述的至多是关于电荷 e 的粒子上的电磁场效应．而只有在所有的电荷都是某些基本量 e_0 的整数倍时，狄拉克相位因子 $\exp\left(\frac{ie}{\hbar}\oint_c A_\mu \mathrm{d}x^\mu\right)$ 才有可能声称描述电磁场自身，而不是特定电荷的粒子上的电磁场效应．因此，在发展经典电磁理论非一局域规范势属性观时，如果认为存在一个 e_0 的最小量子对应于它的狄拉

---

① 该书 2007 年出版，翌年即获得拉卡托斯奖．

克相位因子 $\exp\left(\dfrac{ie}{\hbar}\oint_c A_\mu \mathrm{d}x^\mu\right)$ ，通过单位的适当选择就能把 e_0 和 $\hbar$ 纳入 A_μ ，这样，希利认为我们就会得到如下观念："一个区域中非局域电磁势属性是由在该区域中所有闭曲线的和乐 $\exp\left(-i\oint_c A_\mu \mathrm{d}x^\mu\right)$ 表示的（指数中的负号是在定义狄拉克相位因子时的一个约定的选择结果）."[①] 这正是希利坚持的经典电磁理论的和乐解释. 这个观念自然扩展到其他杨—米尔斯规范理论上，可以得到闭曲面的非—阿贝尔和乐复杂表达式 $H(C) = \wp\exp\left(-\oint_c A_\mu^a T_a \mathrm{d}x^\mu\right)$ ；更复杂的情况是封闭曲面的和乐依赖于它的基点 m 使 $H(C)$ 变成 $H_m(C)$. 希利认为关键之处并非和乐属性如何表示，而是规范理论的确表明了这种圈的非—局域属性.

在正则量子化规范场的方案中，曼德尔斯塔姆（Mandelstam，1962）开创的方法，不以像 $A_\mu^a(x)$ 一样的规范相关量为起点，而以跟路径或者圈相关的规范不变量为起点，这些变量的代数在量子化后用圈的波函数空间上的算符表示. 这样一来，量子态就是圈的函数而不是联络的函数，相应的表象就叫圈表象. 需要强调的是，希利所说的圈是指"空间或者时空中闭合、有向、一维的区域"[②]. 其含义跟圈群以及威尔逊圈不尽相同. 下面先看看自由麦克斯韦场的圈表象. 通过对正则变量进行对易关系的正则量子化处理，得到最基本的量子场论的等时对易关系（equal-time commutation relations，即 ETCRs）： $[\hat{A}_j(x, t), \hat{E}^k(x', t)] = -i\delta_{jk}\delta^3(x-x')$ ； $[\hat{A}_0(x, t), \hat{\pi}^k(x', t)] = i\delta^3(x-x')$ ； $[\hat{A}_j(x, t), \hat{A}_k(x', t)] = [\hat{E}^j(x, t), \hat{E}^k(x', t)] = 0$. 这些关系适用于狭义相对论中闵可夫斯基时空下的从环 S^1 到类空超曲面的连续映射所形成的闭合曲线 C，在电磁场中，$C[H_A(C)]$ 的和乐即是量 $\exp i\oint_c A_j(x)\cdot \mathrm{d}x^j$ ，其中 $A(x)$ 是电磁场在超曲面上 x 点的磁矢势. 就像在量子力学中一样，有必要实现动力学变量和状态的具体化. 在量子力学中系统状态是用希

① Richard Healey, *Gauging What's Real: The Conceptual Foundations of Contemporary Gauge Theories*, New York: Oxford University Press, 2007, p. 106.

② Ibid., p. 71.

尔伯特空间中的矢量表示的，而动力学量（即可观察量）是作用在该空间上的自伴算符．实际上，对于有限个独立动力学变量的理论，在刻画这些对易关系的表象的性质上，存在一个所谓的斯通—冯诺依曼定理（Stone-von Neuman theorem）："所有描述有限维经典理论正则对易关系外尔形式的不可归约表象都是幺正等价的."[①] 问题的关键在于量子场论中有没有同样的定理．

所谓的"正则对易关系外尔形式"，是由于海森堡（Werner Karl Heisenberg）对易关系虽然适用于非约束的算符，但是并非每个矢量都处在非约束算符的区域，于是有必要确定所涉及非约束算符的定义域，这就需要复杂的技术处理．为此，外尔（Hermann Weyl）提出，有一种对易关系的形式可以避免这个困难，即外尔形式的对易关系：$\hat{U}(a)\hat{V}(b) = \exp(-ia.b)\hat{V}(b)\hat{U}(a)$，这里的 a、b 是一个 n—粒子系统的 $3n$—维位形空间中的矢量，而人们想把 $\hat{U}(a)$、$\hat{V}(b)$ 跟 $\hat{x}_j$，$\hat{p}_k$（j，$k = 1, \ldots, 3n$）用 $\hat{U}(a) = \exp(-ia.\hat{X})$，$\hat{V}(b) = \exp(-ib.\hat{P})$ 联系起来，$\hat{U}(a)$、$\hat{V}(b)$ 是酉（公正）算符，从而是约束的即任何地方都是确定的，因此没必要去管它们的定义域．正如粒子理论的海森堡正则对易关系可以推广到场论的等时正则对易关系（ETCRs），同样也可推广外尔关系的形式．首先要定义新的外尔算符：$\hat{W}(a, b) \equiv \exp[i(a, b)/2]\hat{U}(a)\hat{V}(b) \sim \exp i(a.\hat{x} + b.\hat{p})$，并且也服从乘法法则：$\hat{W}(a, b)\hat{W}(c, d) = \hat{W}(a+c, b+d)\exp[-i(a.d-b.c)/2]$，此方程等效于上述外尔形式的关系，该方程的进一步推广会产生标量场理论的等时正则对易关系的更严格形式：$\hat{W}(g_1, f_1)\hat{W}(g_2, f_2) = \hat{W}(g_1+g_2, f_1+f_2)\exp[-i\sigma(f, g)/2]$，这里的 g、f 是涂抹场算符（smeared field operator）$\hat{\phi}(g)$、$\hat{\pi}(f)$ 作用的检验函数，正如那对矢量 (a, b) 负责在粒子系统的有限维相位空间中找出一点，同样应对检验函

① Richard Healey, *Gauging What's Real: The Conceptual Foundations of Contemporary Gauge Theories*, New York: Oxford University Press, 2007, p. 187.

数 (g, f) 在一个场系统的无穷维相位空间中挑出一点,因此外尔算符 $\hat{W}(a, b)$ 推广到外尔算符 $\hat{W}(f, g)$[①]. 这里 $\sigma(f, g) = \int_{\Sigma} \mathrm{d}^3 x (g_1 f_2 - g_2 f_1)$.

非常遗憾,即便做了上述工作,但是希利也认同的结论是,斯通—冯诺依曼定理没有能够推广到像上面乘法规则显示的标量场理论的 ETCRs 的外尔代数场表象上,导致一个代数就拥有多个希尔伯特空间表象,不过它们都不是彼此幺正等价的. 从而存在标量场理论的 ETCRs 之类代数的不等价表象的一个连续无穷系列,既包括彼此不等价的福克表象,也包括等价于福克表象的表象. 而福克表象又非常重要,因为这种表象的基本状态常被解释成展示了场的粒子内容,从而辩护了把光子和其他规范粒子说成是由量子化规范场的福克表象模型化了的情形中的新现象. 有关这个问题的进一步考察,是阿希提卡和艾沙姆(Ashtekar and Isham 1992)研究了正则量子化自由麦克斯韦场的各种不同方法,有些涉及联络变量另一些涉及"圈"变量. 它们从一套普遍形式的外尔算符 $W[\cdot, f] = \exp\{i[A(\cdot) + \hat{E}(f)]\}$ 开始,其中 $A(\cdot)$ 是一个经典的"圈"和连接变量,$E(f)$ 对应于有(共)矢量场 f_k 的"涂抹(smear)"量子化场 $\hat{E}_k(x)$,经典变量定义了通过泊松括号运算的所谓泊松代数. 阿希提卡和艾沙姆证明了选择 $A(\cdot) = A(g)$ 〔其中 g^j 是一个用于"涂抹"量子化磁矢势算符 $\hat{A}_j(x)$ 的矢量场〕产生一个对应于有标量场理论的 ETCRs 的 $l'L$ 更严格方式产生的旧外尔代数. 为了达到量子化自由麦克斯韦场的理论,人们考虑这个抽象外尔代数的西(幺正)表象,一个这样的表象是自由麦克斯韦场的标准福克表象. 但是阿希提卡和艾沙姆也证明 $A(\cdot) = A(\gamma)$ 具有对应于不同外尔代数的泊松代数,它的西(幺正)表象并不包括这个福克表象. 正如他们所言:"因此,虽然两个经典泊松代数处于同样的立足点,相应的外尔代数则不然,如果人们选择用 $\hat{W}[\gamma, f]$ 代替 $\hat{W}[g, f]$,我们就不得不放弃使用纯粹在运动学基础上的福克表象的可能性."[②] 因此,选择涉及"圈"变量为量子化自由麦克斯韦场的起点,就排除了把光子看成那个场的量

---

① Ibid., p. 189.

② A. Ashtekar and C. J. "Isham, Inequivalent Observable Algebras: A New Ambiguity in Field Quantisation", *Physics Letters*, B274: pp. 393 – 398, 1992, p. 396.

子的想法．看来有必要进一步考察圈表象引起的困难．

第三节　解释量子场论的困难

早在 1970 年斯泰因（Howard Stein）就指出，"量子场论是形而上学研究的当代焦点"[1]．近二十多年来物理哲学家们做了许多努力，主要讨论也集中在本体论问题上："量子场能够被看成是描述粒子？如果说是，那么是在什么意义上？""量子场论真的是场的理论吗？如果说是，那么它们跟相应的经典理论描述的场之间是什么样的关系？"[2] 并且，这些问题是建立在任何量子理论面临的那些解释问题基础之上，包括测量难题和量子力学的非局域性的实质．希利进一步指出由量子场论引起的新加的解释问题不仅仅是本体论方面的，而且在量子化一个场时涉及的数学结构跟量子化一个粒子时的数学结构之间存在重大区别．事实上，一个经典粒子理论描述的是只包含有限个运动学上独立变量（自由度）的系统，而一个场论描述的是具有无穷多个自由度的系统，对一个经典理论进行正则量子化处理时，首先是用相应抽象算符之间的对易（或者反对易）关系代替正则变量之间的经典泊松括号关系，然后才是用作用在希尔伯特空间上的算符表示最终的代数．正如前面所说，虽然斯通—冯诺依曼定理表明的在通常空间中粒子理论的情况下所有的表象在本质上是等价的，但是这个定理不能推广到一个具有无穷多个自由度的系统．也就是说，由于任何一对表现良好的表象之间都是通过幺正映射联系起来的，故而斯通—冯诺依曼定理使得解释粒子的量子力学比解释量子场论的任务容易得多．而一个关于量子场系统算符的基本抽象代数，具有作用在态的希尔伯特空间上的很多不等价表象，量子场论的解释需要解释清楚这些不等价表象的意义及其他们之间的关系．如果说"表象的等价

---

[1]　H. Stein, "On the Notion of Field in Newton", Maxwell and Beyond, R. H. Stuewer（ed）, *Historical and Philosophical Perspectives of Science*, Minneapolis：University of Minnesota Press, 1970, p. 285.

[2]　Richard Healey, *Gauging What's Real：The Conceptual Foundations of Contemporary Gauge Theories*, New York：Oxford University Press, 2007, p. 203.

性意味着建立在不同表象基础上的理论体系的经验等价性：因为预言源自算符的期望值，而幺正等价性保证这些在所有表象中都是一样的"[1]．那么，由于表象的幺正等价性，故只是简化了量子化粒子理论的解释难题，而不能解决这个难题．解释量子力学还是要搞清楚有结果的测量过程，以及明白描述它们的概率．而解释量子场论对希利来说目前主要是看圈表象对这些理论的解释有什么好处，特别是圈表象对于局域规范属性或者非局域规范属性的存在意味着什么，圈表象对于量子场论描述的局域性或者分离性有什么意义．

希利考察了在各种量子力学解释范围内圈表象在回答上述问题时的作用，这里我们只是考察粒子解释．粒子解释使人们首先想到的是量子场的粒子本体论，以及规范场论中传递相互作用的规范玻色子（光子、有质矢量玻色子和胶子）．虽然量子场的粒子本体论和场本体论的争论还没有定论，但是和乐解释和圈表象是认可"粒子"概念的，而且希利也认同的标准是："任何量子场粒子本体论至少要求具有其 ETCRs 的福克表象，以便保证相关福克空间分解成希尔伯特空间的直积，跟有限个量子联系起来．"[2] 这使得量子场论的福克表象举足轻重．玻色场福克表象的希尔伯特空间是 n 维希尔伯特空间的无穷直积，每一个都牵涉对称矢量．以自由实克莱因—高登场为例，其总能量用作用在态的福克空间哈密顿算符 $\hat{H}$ 表示，总场能也可以分解成跟每个所谓的数算符 $\hat{N}(k) = \hat{a}^{\dagger}(k)\hat{a}(k)$ 相关的能量分量 $E(K) = \hbar\omega_k$，即 $\hat{H} = \int \hbar\omega_k \hat{a}^{\dagger}(k)\hat{a}(k)\mathrm{d}^3 k$，而总的场动量可以进行类似分解：$\hat{P} = \int \hbar k \hat{a}^{\dagger}(k)\hat{a}(k)\mathrm{d}^3 k$．这些分解意味着自由场包含各种数目的量子，每一个的动量是 $\hbar k$，而能量是 $\hbar\omega$，并且进一步支持了在一定条件下以福克表象为基础的粒子解释．其他自由场的状态和可观察量也具有福克表象，包括自由麦克斯韦场和自由杨—米尔斯场，它们都是按上述 ETCRs 进行量子化的．人们这样做是希望便于讨论光子、胶子和像 $W^{\pm}$、Z^0 那样的规范玻色子．正如阿希提卡和艾沙姆（1992）

① Richard Healey, *Gauging What's Real*: *The Conceptual Foundations of Contemporary Gauge Theories*, New York: Oxford University Press, 2007, p. 204.

② Ibid. , p. 206.

指出的，问题在于福克表象跟自由杨—米尔斯理论的圈表象之间的联系
存在困难："在非阿贝尔语境下采用福克表象明显具有运动学的障碍."①
其主要原因是："处理量子化麦克斯韦场的标准方法是使用传统外尔代数
A，然而，不存在先天理由让它是圈和1—形式或者圈和面上的外尔代数，
相反，在非阿贝尔理论（包括广义相对论）中，传统代数都不自然，因
为'涂抹出（smeared-out）'的联络代数 $\hat{A}(k)$ 都不是规范不变量.另
一方面，和乐是规范不变量.因此似乎是以闭合圈为基础的代数才有可
能有用地扩展到非—阿贝尔语境."② 也就是说，在量子化的杨—米尔斯
理论的解释思路中，基于福克表象的方法跟基于圈表象的方法之间确实
有不一致之处，坚持圈表象的人们会把规范理论理解成没有规范的世界，
而这也可能是一个没有规范玻色子的世界.就非—局域性与局域性的角
度而言，和乐解释与圈表象的出发点应该是非—局域性的，而标准福克
表象中的希尔伯特空间的粒子是局域性的，两者不能很好地协调，跟希
利规范理论解释的主旨相去甚远.阿希提卡和艾沙姆还指明，有源麦克
斯韦场的量子理论中，基本 ETCRs（算符外尔代数）的不等价表象的存
在引起了新的模糊性.然而包括更进一步讨论都无法定论.

希利还指出："在评价阿希提卡和艾沙姆（1992）的结论时，重要的
是要把他们探索对非福克表象需要的动机跟支撑目前解释方案的东西分
开."③ 他们主要想从无源麦克斯韦场得到启示，有利于发展建立在
"圈"变量基础上的量子引力理论，特别是跟他们想发展通过自对偶联络
改变广义相对论有关.所以，他们更关注微分同胚不变性，而不对跟有
荷物质场的相互作用所做的分析进行扩展，并且只是一再指向广义相对
论.然而，希利认为"广义相对论和量子引力对解释处于标准模型核心
的杨—米尔斯理论无关紧要，即使这些相互作用紧密相关"④.阿希提卡
和艾沙姆也为存在杨—米尔斯的圈表象不能在标准福克空间中表示的想

① A. Ashtekar and C. J. "Isham, Inequivalent Observable Algebras: A New Ambiguity in Field Quantisation", *Physics Letters*, 1992, B274: pp. 393 – 398, p. 398.

② Ibid. , pp. 397 –398.

③ Richard Healey, *Gauging What's Real: The Conceptual Foundations of Contemporary Gauge Theories*, Oxford: Oxford University Press, 2007. p. 208.

④ Ibid. .

法提供了一个不完全是数学好奇心的理由，即和乐是规范不变量，这一点跟联络算符不一样．按照希利的观点，如果规范对称仅仅是纯粹形式上的对称，那么无规范相关量的理论体系实际上为相关问题提供了内在的表象．不过阿希提卡和艾沙姆倾向于作为和乐的是算符而不是可测量值上的量，从而它们与理论所涉及的领域之间的关系是非常间接的．而希利认为我们尚不明白为什么规范不变量的和乐算符比规范相关的算符的描述更到位，试图拯救量子化的非阿贝尔杨—米尔斯理论的粒子解释不可能得到这样的理由，即便不考虑"圈"代数的福克表象的不适当性．困难也不少．难道量子场论的解释犯了策略性的错误？进一步的讨论需要考察量子场论的整体性解释．

第二章　量子规范场论的整体性解释问题

上一章对量子场论的基本概念和本体论问题的考察，以及对规范场的实在性研究基本上属于概念性研究．对量子场论的整体性解释应该以基本原理和科学定律为中心，对其数学结构、物理结构、实验检验等进行系统考察．或者说，更多的是一种科学方法论层面研究．

第一节　代数量子场论

对量子场论的整个理论体系进行系统解释是非常晚的事情，倒不仅仅是物理学哲学家们没有意识到其重要性，而是太难．早在 20 世纪 30 年代开始，物理学家狄拉克、约旦（Jordan）、海森堡等人就建立了量子电动力学，但是在计算物理量时碰到了积分发散的问题，后来费曼、朝永振一郎、施温格（Julian Schwinger）、戴森（Dyson）等人，逐步发展出一套消除无穷大的重整化方法，最终在 20 世纪 70 年代建立起了粒子物理标准模型．甚至在 1993 年物理学哲学家布朗（L. M. Brown）就主编过一本书《重整化：从洛伦兹到朗道（及其他人）》，其中第二章是米尔斯（R. Mills）讲"QCD 中无穷大教程"，而第四章则是曹天予的"重整化的新哲学"，第五章是施韦伯（S. S. Schweber）的"变革重整化理论的概念化"，都试图为物理学家在处理微扰理论中出现无穷发散时人为选择截断（cut off）能量标度的重整化方法辩护，并且进一步维护像温伯格（Gerald

M. Weinberg）那样把有效场论（EFT）作为基础理论的思想．当然，重整化方法严格讲是一种近似方法．

一、代数量子场论的产生

面对量子场论数学基础的缺陷，物理学家和数学家以及物理学哲学家并没有坐以待毙，而是主动出击寻找量子场论的公理化系统，主要是推广量子力学中的算子理论，早在 1964 年哈格和喀斯特勒（R. Haag and D. Kastler）就在《数学物理杂志》发表论文"代数量子场论方法"．而在物理学哲学界，1988 年的《量子场论的哲学基础》第四部分就是讨论量子场论的数学基础，其中第一篇论文讲为什么人们想对量子场论进行公理化，第二篇论文是"量子场论的代数方法"．可见，物理学哲学家们比较早就认为，在量子场论的解释问题上，以重整化为核心的微扰理论方法，不如以算子代数为中心的代数方法更根本．换言之，物理学家实际使用的"传统"量子场论（"conventional" quantum field theory）与代数量子场论（algebraic quantum field theory）是研究量子场论基础的完全不同的思路，并且逐渐形成不同的纲领．1999 年曹天予主编的《量子场论的概念基础》是当时全部在量子规范场论方面得诺贝尔奖的物理学家与物理学哲学家对话的会议论文集，主要是走传统量子场论的道路．2007 年出版的《科学哲学手册》的《物理学哲学》卷中汉斯·霍尔沃森（Hans Halvorson）的近两百页的长文《代数量子场论》（加上 M. 缪勒长达六十页的"附录"），对代数量子场论的数学体系进行了系统介绍，开宗明义地认为要使代数量子场论成为研究量子场论基础的自然起点．但是真正在物理学哲学层面上从代数量子场论角度系统解释量子场论的，还是鲁切（L. Ruetsche）2011 年出版的《解释量子理论——可能性的艺术》，其显然是把量子场论作为量子理论的一种来系统解释，不仅与传统量子场论的纲领不同，也撇清了经典规范理论的解释问题．该书也于2014 年获得了拉卡托斯奖．

为什么要研究代数量子场论呢？霍尔沃森在《代数量子场论》一开始就讲，在分析传统的科学哲学中，研究一个理论 T 的基础最起码要澄清这个理论 T 的指称．而在 20 世纪早期，认为 T 的指称一定是某些最好为一阶形式语言的公理的一个集合，但人们很快就认识到，并不是很多有意思的物理理论都能按这样的方式形式化，而在很多情况下，我们无法置身于公理之下.① 因此，这个标准有些放宽松，不过，只是放宽到这个标准还在职业数学家共同体所能放宽的范围. 在很多哲学家中存在一个不成文的假定，研究一个理论的基础，要求这个理论具有一个数学描述，比如研究统计力学、狭义和广义相对论以及非相对论量子力学的情况. 在任何情况下，不管所拥有的数学描述是不是多种多样的，拥有这样一个描述对于我们能够做出安全有效的指称都具有巨大帮助. 所以，物理学哲学家们把他们的研究对象取为理论，这些理论对应着数学对象（或许是模型集）. 问题在于不清楚"量子场论"能够置于数学世界的什么地方. 如果说量子力学的希尔伯特空间和狭义相对论的闵可夫斯基四维时空理论以及广义相对论中的黎曼几何，成为相关理论的数学基础的话，那么量子场论至今还没有相媲美的数学基础. 但是量子场论的成功，特别是粒子物理标准模型的成就，比之量子力学和相对论有过之而无不及. 在缺乏某种数学上明确的 QFT 描述的情况下，物理学哲学家有两种意见：要么找到一种理解解释任务的新方法，要么对量子场论的解释保持沉默. 霍尔沃森总结道："正是这个原因 AQFT 是量子场论基础特别感兴趣的. 简言之，AQFT 是我们有关 QFT 处于数学世界什么位置的最好说法，从而是基础研究的自然起点."② 关键是，有些哲学问题只能建立在理论的数学基础上进行推论，尤其是像本体论之类的问题.

二、代数量子场论的基本问题

代数量子场论涉及的工具是专业性很强的算子代数，霍尔沃森首先需要一个代数学前言，为其余部分的数学前提提供一个简短回顾，包括"冯·诺伊曼代数"的定义、"C*—代数及其表示""冯·诺伊曼代数的类型划分""模理论"定义. 还对可观测代数网的结构做了介绍. 因为在 AQFT 看来，所谓的代数之网是量子物理系统的数学描述之基础，量子场

① 霍尔沃森指出，这样的思路是 P. 费依阿本德的说法.

② Hans Halvorson（with an appendix by Michael Müger），"Algebraic Quantum Field Theory"，Jeremy Butterfield and John Earman（eds.），*Philosophy of Physics*（Handbook of the Philosophy of science），Elsevier B. V.，2007，pp. 821 – 822.

论中重要的物理信息, 不是包含在单个代数中而是包含在代数的网里面, 即从有限时空区域到定域可观测量的映射: $O \rightarrow A(O)$. 其关键在于, 为了固定物理上有意义的量不必明确具体化可观测量, 定域客观测量的代数跟时空区域联系的方法足以提供具有物理意义的可观测量. 全部定域可观测量, 不同于包含可观测量物理信息的子代数, 即代数的网结构才重要.① 在此基础上才可以讨论粒子图景之类的问题. 相对论 QFT 的主要应用是在于基本粒子物理, 但是仍然不完全清楚基本粒子物理真正关于粒子什么. 实际上, 除了 QFT 准许粒子解释 (通过福克空间) 的原初意义, 还存在很多有关相对论 QFT 粒子本体论可能性的隐含意义.

在算子代数基础上, 霍尔沃森讨论了非局域性 (非定域性) 问题. AQFT 的基本假定是, 可观测量 $A(O_1)$ 和 $A(O_2)$ 在 O_1 跟 O_2 类空分离时是相互对易的. 这个要求被称为 "微观因果性", 也叫 "爱因斯坦因果性", 因为 $A(O_1)$ 和 $A(O_2)$ 的对易性, 跟相对论约束的 "无信号传递定理" 存在相关性. 也就是说, 如果 $a \in A(O_1)$ 和 $b \in A(O_2)$ 有 $[a, b] \neq 0$, 那么 a 的测量可能改变 b 的测量的统计性. 虽然在非相对论量子力学中也有参考系的问题, 但是根本不提时空这个事实. 然而, 在那里还涉及光信号的相对论禁令. 霍尔沃森考察了一对冯诺依曼代数和一对 C^* 代数间的独立性概念, 发现 C^* 独立性并不意味着微观因果性. 因此需要引入与类空分离区域结合的代数对之间的独立性. 在定义了冯诺依曼代数的贝尔类型测量的一般概念, 包括相应的贝尔算子、贝尔不等式和贝尔关联, 最后得到一个命题: 假定 R_1 和 R_2 是在 H 上的冯诺依曼代数使得 $R_1 \in R'_2$ 并且 (R_1, R_2) 满足施列德性质 (逻辑独立性的类推), 如果 R_1 和 R_2 是真正无限的, 那么在 H 中存在一个稠矢量集, 导致 (R_1, R_2) 是贝尔关联态. 并且注释道: 如果在 H 上的冯诺依曼代数的一个网 $O \rightarrow R(O)$, 满足属性 B (子代数网约束条件) 和非平凡性, 那么上述命题适合于代数 $R(O_1)$ 和 $R(O_2)$, 只要 O_1 和 O_2 是强类空分离的. 然后, 霍尔沃森指出 "AQFT 中局域代数的Ⅲ型性质表明局域系统从其环境脱

① Kuhlmann, Meinard, "Quantum Field Theory" *The Stanford Encyclopedia of Philosophy* (Winter 2012 Edition), Edward N. Zalta (ed.), URL = < http: //plato. stanford. edu/archives/win2012/ entries/quantum-field-theory/ >.

离纠缠是不可能的"①．也就是说，在代数量子场论中量子关联也在一定条件下成立．

在 AQFT 中值的确定性问题．非相对论 QM 的"测量问题"表明，理论的标准方法陷入进退两难之境：要么（1）在需要解释测量结果时人们必须做出动力学（"塌缩"）特设性调整，要么（2）跟现象相反，测量并没有结果．对这个困境存在两个主要回应：一方面，有人提议我们要放弃 QM 的幺正动力学，用统计动力学精确预测我们有关测量结果的实验；另一方面，有人提议我们坚持量子态的幺正动力学，但是有些量（比如粒子位置）即便不能由量子态具体化也能够取值．两种方法（改变动力学的方法和具有附加值的方法）用来回应非相对论 QM 中的测量问题是完全成功的，但是一旦要把量子力学跟相对论结合，两种方法就都会出问题．特别是，附加值的方法（比如德布罗意—玻姆导波理论），明确要求用所选择的参照系来确定附加值的动力学，而在此情况下有可能违背洛仑兹不变性．另外，量子力学的"模态"解释，在精神实质上也类似于德布罗意—玻姆理论，但其出发点更加抽象，即赋予某些可观察量的确定值这个问题，不是从直观物理动机出发对确定值（如粒子位置）进行选择，模态解释从数学角度出发，选择量子态（比如密度算符）的谱分解作为确定的．就动机而言，跟德布罗意理论不一样的是，模态解释并不明显违背相对论约束的精神实质和字面意义，比如洛仑兹不变性．因此，似乎有希望在 AQFT 的框架内发展一种模态解释，这也是狄克斯（Dieks，2000）提出 AQFT 模态解释的出发点．

量子场和时空点的问题．在 QFT 的标准（启发性的）表述中，基础物理量（可观察量，或者更一般的量子场）是由时空点标记的算子 $\varphi(x)$．在这个事实的基础上，泰勒（Teller，1995）按照一个算子场及其期望值的观念描述了 QFT 的本体论．另一方面，QFT 的数学方法（比如怀特曼途径）避免在这些点使用算子，有利于用检验函数 $\varphi(f)$ 涂抹

---

① 汉斯·霍尔沃森：《代数量子场论》（附迈克·缪格写的附录），载《物理学哲学》（爱思唯尔科学哲学手册），J. 厄尔曼、J. 巴特菲尔德（英文本丛书主编：D. 加比、P. 撒加德、J. 伍兹），程瑞、赵丹、王凯宁、李继堂译（中译本丛书主编：郭贵春、殷杰），北京师范大学出版社 2015 年版，第 870 页．

(smeared) 在（时）空上的算子．按照阿伦采纽斯（Arneznius，2003）的观点，这个事实支持了这样的观念，即时空没有类空事件，故时空点上也就更加没有场的值．随着 QFT 在数学上越来越严格，形成一种直观印象，不仅难于确定一点的场值，而且也不可能这样做，或者说这些量简直就不存在．这个直觉有时为启发式或者操作主义论证所加强．比如，玻尔和罗森菲德（Bohr and Rosenfeld，1950）就有不可能测量一点的场强的论证．又如，哈格（Haag，1996）断言某一点的量子场强不可能是真正可观察的．甚至哲学家们也有这样的说法，"场算子需要被'涂抹'在空间里"（Huggett，2000）．但是反对在一点的场算子论证，常常把可测量性问题与存在性问题混淆，很少产生一个足以做出形而上学结论的精确水平．①

对代数量子场论来说，更为重要的问题是场与表象之间的关系问题，即从场到表象和从表象到场．这就涉及超选择规则．

三、超选规则的理论

按照代数量子场论，可观察量代数的抽象网才是最原始的．或者按照鲁切（Laura Ruetsche，2002）的术语，存在所谓"代数扩张主义"（Algebraic Imperialism）的立场："量子场论的物理内容是藏在网：$O \rightarrow \mathfrak{U}$ (O) 中，对应于物理对称（包括动力学）的 Aut $(\mathfrak{U})$ 的子群中，以及在准局域代数 $\mathfrak{U}$ 上的态．一个 $\mathfrak{U}$ 的表象（H，π）可能有助于计算，但是没有本体论意义．"② 这样一个态度对于量子力学的传统希尔伯特空间形式化体系中那些偏见来说似乎是不可理解的．这样一来，如霍尔沃森所言，哈密顿量在哪儿？跃迁几率在哪？以及我们如何描述测量？代数形式化体系的抽象性和一般性似乎掏空了人们在物理理论中期望的大量内容．然而，其中一些人担心抽象代数形式化体系缺少内容，这一担心是没有事实根据的，实际上，GNS 定理证（Gelfand-Naimark-Segal theorem）

① 汉斯·霍尔沃森：《代数量子场论》（附迈克．缪格写的附录），载《物理学哲学》（爱思唯尔科学哲学手册），J. 厄尔曼、J. 巴特菲尔德（英文本丛书主编：D. 加比、P. 撒加德、J. 伍兹），程瑞、赵丹、王凯宁、李继堂 译（中译本丛书主编：郭贵春、殷杰），北京师范大学出版社 2015 年版，第 882—883 页．

② 同上书，第 894 页．

表明每个 C* 代数都能够用一个希尔伯特空间中的向量表示，从而证明所有人们不再需要的希尔伯特空间能被隐藏在代数自身内部.

但是 QFT 的传统词汇并非全部都能够在代数背景中复制其所有部分. 甚至，似乎没有办法解释诸如自旋（场算符的对易关系）跟统计学之间关联的 QFT 的深层理论事实. 这样的担心迫使人们转向第二个关于表象问题的主要观点，如鲁切（2002）所谓的希尔伯特空间保守主义（Hilbert Space Conservation）的立场："理论不是网，而是该网加上一个具体的表象."[①] 事实上，希尔伯特空间保守主义可能被看成是主流（拉格朗日量）QFT 的大多数工作者的默认观点，因为抽象代数（及其表象）在那起不到核心作用. 不过，保守主义观点面临认识论困难：人们怎样决定哪一个是正确表象呢？虽然如此，还是容易想到代数形式化体系也会引起一个解释问题：如果人们坚持做 QFT 的老方法，不等价表象的问题并不产生，从而也不会有这样的解释困境. 因此，不等价表象正向人们透露了基础重要性的某些信息，或者它们正是些数学玩意儿？

虽然代数方法有许多有力论证，但是这些论证因为各种原因被反对. 因此，霍尔沃森（Halvorson）着力讨论代数方法的另一个有力论证——超选择规则. 正是在超选择规则的分析中代数方法最清楚地展示了它的优美、有用和基础重要性. 问题的起因是，威克（G. C. Wick）、怀特曼（A. S. Wightman）和维格纳（E. P. Wigner）1952 年论证了，存在具有状态空 H 的物理系统，并且态矢量 ψ_1、$\psi_2 \in H$ 使得线性结合

$$2^{-1/2} \ (\psi_1 + e^{i\theta}\psi_2), \ \theta \in [0, 2\pi)$$

产生了"经验上下不可区分的"态. 在此基础上，威克等人认为在上述两个态矢量之间存在"超选择规则"，或者说它们处于不同的"超选择截面"内. 超选择规则意味着，人为抹杀状态空间和可观测量代数之间的区别，结果就会混淆什么才是最终理论的态和可观测量的问题. 目前有两种提供超选择规则的方法，第一种是以更加原则性的方式导出"状态

———————

① 汉斯·霍尔沃森：《代数量子场论》（附迈克·缪格写的附录），《物理学哲学》（爱思唯尔科学哲学手册），J. 厄尔曼、J. 巴特菲尔德（英文本丛书主编：D. 加比、P. 撒加德、J. 伍兹），程瑞、赵丹、王凯宁、李继堂译（中译本丛书主编：郭贵春、殷杰），北京师范大学出版社 2015 年版，第 895 页.

空间抹杀"方法,从场代数开始的"从上到下"的超选择规则方法;第二种是从局域代数开始,考察其物理表象的集合.按照多普利克尔—哈格—罗佰茨(Doplicher-Haag-Roberts)的理论(简称DHR选择标准),物理表征是那些仅在局域区域观测上不同于真空表征的表征.这种情况下,超选择截面概念仍然存在,不过没有场概念或者规范群的概念.不过,通过深层数学分析,霍尔沃森认为不等价表征是不相关的,并且不成问题.相反,正是表象范畴的结构提供了QFT的真正有趣的理论内容.①

第二节　传统量子场论

在《量子场论的概念基础》② 一文中,赫拉德·特霍夫特(Gerard 't Hooft)这位和他老师韦尔特曼(Veltman)因证明弱电理论可以重整化而获得1999诺贝尔物理学奖的物理学家,对量子场论的基本思想给出了极具权威性的介绍.而其耐人寻味的开场白是:"有那么一些宝贵的科学成就,它们取得的成功远远超过了它们应当取得的,量子场论就是其中之一,如果考虑到它是建立在明显不稳的逻辑基础上的话.所有已知的亚原子粒子似乎都以惊人的准确性遵循量子场论的一种范本规则,这一范本拥有很普通的名字'标准模型'.该模型的创立者们从未想到会有这样的成功,人们能够理所当然地质问它成功在哪里."③ 在特霍夫特看来,用量子力学描述的亚原子相互作用中的有效能与其静止能量mc^2相当或者还经常大些,其速度也常常接近光速,所以相对论效应将同样重要.因而20世纪上半叶提出的问题——"如何使量子力学与爱因斯坦的狭义

---

① 汉斯·霍尔沃森:《代数量子场论》(附迈克·缪格写的附录),《物理学哲学》(爱思唯尔科学哲学手册),J. 厄尔曼、J. 巴特菲尔德(英文本丛书主编:D. 加比、P. 撒加德、J. 伍兹),程瑞、赵丹、王凯宁、李继堂译(中译本丛书主编:郭贵春、殷杰),北京师范大学出版社2015年版,第897页.

② 杰拉德·特霍夫特:《量子场论的概念基础》,《物理学哲学》(爱思唯尔科学哲学手册),J. 厄尔曼、J. 巴特菲尔德(英文本丛书主编:D. 加比、P. 撒加德、J. 伍兹),程瑞、赵丹、王凯宁、李继堂译(中译本丛书主编:郭贵春、殷杰),北京师范大学出版社2015年版,第772—841页.本节根据该文完成.

③ 同上书,第772页.

相对论相一致"? 直到 20 世纪六七十年代量子规范场论才给出了回答. 而特霍夫特就是要解释量子场论是如何来回答这个问题的.

量子场论是如何对场进行量子化的呢? 量子力学的希尔伯特空间中的态包含若干数目的粒子, 而从某个入态演化到给定的出态的概率是由量子力学的跃迁振幅来描述的, 即 $_{out}\langle \psi' \mid \psi \rangle_{in}$. 同样的, 在相互作用过程中, 由所有入态演化到出态形成的向量空间中所有这些振幅的集合称为散射矩阵. 问题就在于, 如特霍夫特所说的, 该如何以某种方式构建散射矩阵使得: (1) 它在洛伦兹变换下是不变的; (2) 它满足量子因果性的严格定律. 量子因果性指的是可观测效应不得以超光速行进, 在实践中指的是要求定域算符 $O_i(x, t)$ 的任意集合, 在向量 $(x - x', t - t')$ 是类空的情况下, 对易子 $[O_i(x, t), O_j(x', t')]$ 为零. 这就是要散射矩阵满足色散关系. 具体如何建构满足洛伦兹不变性和因果性的相互作用媒介, 定域算符用场来建构, 然后就是建立起相对论的协变场方程方案, 包括人为引入非线性项和"量子化"数学程序. 还认识到, 不仅量子化的场能够描述亚原子粒子, 而且能够进一步引入相互作用 (基本上通过在场方程中增加非线性项) 的方式是非常有限的. 一方面, 量子化所要求的相互作用都能够以拉格朗日函数 L 的形式给出; 另一方面, 相对论要求该函数 L 是洛伦兹不变的. 而且, 自洽的量子场论还会满足更多的限制.[①] 这么一个特霍夫特总结的量子化场的思路.

特霍夫特首先介绍了标量场的量子化问题. 其中, 场被看作一个物理变量, 是时空坐标的 $x = (x, t)$ 的函数, 为了保证和狭义相对论一致, 若一个场在 $x' = LX$ 的齐次洛伦兹变换下, 一个场 φ 有如下变换 $\varphi'(x) = \varphi(x')$, φ 就被称为标量场. 然后通过量子化, 标量场出现能量包, 其行为如同无自旋的玻色—爱因斯坦粒子. 按照特霍夫特的表述, 洛伦兹不变的场方程通常采取的形式是

$$(\partial_\mu^2 - m_{(i)}^2) \varphi_i = F_i(\varphi); \quad \partial_\mu^2 \equiv \vec{\partial}_\mu^2 - \partial_t^2$$

---

① 杰拉德·特霍夫特:《量子场论的概念基础》,《物理学哲学》(爱思唯尔科学哲学手册), J. 厄尔曼、J. 巴特菲尔德 (英文本丛书主编: D. 加比、P. 撒加德、J. 伍兹), 程瑞、赵丹、王凯宁、李继堂译 (中译本丛书主编: 郭贵春、殷杰), 北京师范大学出版社 2015 年版, 第 774 页.

其中，下标 i 代表标量场不同的可能种类，$F_i(\varphi)$ 可是场 $\varphi_j(x)$ 的任意函数. 不过，一般假定存在一个势函数 $V^{int}(\varphi)$，使得 $F_i(\varphi)$ 是 V^{int} 的梯度. 此外，还要假定 V^{int} 是一个多项式，并且其次数最多为 4，以减少 $F_i(\varphi)$ 函数的任意性，保证能量守恒以及理论的量子化.

为了理解这类方程经典解的一般结构，暂且在上述方程的 $F_i(\varphi)$ 上加上 $-J_i(x)$ 函数. 再用 $J_i(x)$ 的幂展开该解：

$$\left[m^2_{(i)} - \partial^2_\mu\right]\varphi_i(x) = J_i(x) - \frac{\partial}{\partial\varphi_i}V^{int}\left[\varphi(x)\right]$$

而 $\varphi_i(x) = \varphi^{(1)}_i(x) + \varphi^{(2)}_i(x) + \varphi^{(3)}_i(x) + \cdots$

$$= \int d^4 y\, G_{ij}(x-y)\{J_i(y) - F_j[\varphi^{(1)}_i(y) + \varphi^{(2)}_i(y) + \varphi^{(3)}_i(y) + \cdots]\}$$

函数 $G_y(x-y)$ 是下列方程的一个解：

$$(m^2_i - \partial^2_\mu)\,G_{ij}(x-y) = \delta_{ij}\delta(x-y)$$

而 $\varphi^{(2)}_i(x)$ 是 $J_i(y)$ 中的二次项，$\varphi^{(3)}(x)$ 是其中的三次项，以此类推.

再把 $J_i(y)$ 中相同次幂的项相加可以发现求解场方程的一个递归过程，其解可以写成许多项的和. 这些项中每一个都可以用图示的形式表示，即为著名的费曼图. 函数 $G_y(x-y)$ 即格林函数，在量子化理论中，更有意义的是费曼传播子：

$$G^F_{ij}(x-y) = (2\pi)^{-4}\int d^4 k\, e^{ik\cdot(x-y)}\frac{\delta_{ij}}{k^2 - k^{02} + m^2_i - i\varepsilon}$$

其中无穷小数 $\varepsilon > 0$. 最终得到场方程解的完全展开.

在有效场中存在一个无质量的事实，在理论上是由一个连续对称的自发破缺引起的，即著名的戈斯通定理：若一个连续对称（它的对称群具有 N 个独立的生成元）自发破缺为一个剩余对称（它的群具有 N_1 个独立的生成元），则产生 $N - N_1$ 个无质量的有效场. 量子场论跟"用对易子取代泊松括号"的旧版量子化不同，期望每个经典理论有一个量子力学的对应不太合理. 特别是，一个场理论拥有无限个物理自由度，经过"量子化"后，会产生使理论没有意义的无穷大. 为此，要用一个严格有限的理论来取代希望量子化的经典场理论，这就需要费曼路径积分这种

"无穷维"积分工具.正如特霍夫特强调的,量子化场理论的费曼规则最初是通过对微扰理论的仔细分析而得到的.甚至,在应用费曼规则时,对作用量中变量的线性项,在必要时可以手动添加,只要在计算结束时去掉它们.比如,前面所说的传播子极点周围积分的问题,考虑位置空间中的传播子,取定其极位置如下:

$$\int d^4k \, \frac{e^{ik.\,x-ik^0t}}{m^2 + k^2 - k^{0^2} - i\varepsilon}; \varepsilon \downarrow 0$$

极点在 $k^0 = \pm (\sqrt{m^2 + k^2}) - i\varepsilon$ 处.考虑 $t = -T + i\beta$ 时刻的这种传播子,其中 T 和 β 都很大并且为正时,如果 t 趋于 $-T + i\beta$,则传播子趋于零.最终得出有利于处理散射矩阵的费曼规则.

特霍夫特介绍完标量场后接着简单介绍旋量场,重点介绍的是规范场,特别是"可重整的"四矢量场.有下界的哈密顿量的矢量场,其拉格朗日量

$$L = -\frac{1}{2}\alpha(\partial_\mu A_\nu)^2 + \frac{1}{2}\beta\partial_\mu A_\mu \partial_\nu A_\nu$$

通过约化后重新写作:

$$L \rightarrow -\frac{1}{4}F_{\mu\nu}^a F_{\mu\nu}^a; F_{\mu\nu}^a = \partial_\mu A_\nu^a - \partial_\nu{}_\mu^a$$

进一步得出,任意可以写为时空梯度 $A_\mu^a = \partial_\mu \Lambda^a (x, t)$ 的场 A_μ^a,都有 $F_{\mu\nu}^a = 0$,因而对拉格朗日量和哈密顿量都不起作用.这样的场可以任意地强,但仍然携带零能量,可以用来表示没有能量的粒子和力,这在正统量子场论是不可接受的.为了避免理论具有这样的特征,可以进行下述类型的场置换:

$$A_\mu^a \rightarrow A_\mu^a + \partial_\mu \partial_\mu \Lambda^a Vx + \cdots$$

并且保证它们完全不影响描述的所有物理态,这就是所谓的定域规范变换,也就是说理论必须满足定域规范不变性.上述置换的附加项不影响拉格朗日量的双线性部分.实际上想说明矢量场理论就是著名的杨—米尔斯场理论.[①]

---

① 杰拉德·特霍夫特:《量子场论的概念基础》,《物理学哲学》(爱思唯尔科学哲学手册),J. 厄尔曼、J. 巴特菲尔德(英文本丛书主编:D. 加比、P. 撒加德、J. 伍兹),程瑞、赵丹、王凯宁、李继堂译(中译本丛书主编:郭贵春、殷杰),北京师范大学出版社2015年版,第797页.

特霍夫特概括了 1954 年的杨—米尔斯理论. 大致意思是，对一个定域里群的无穷小生成元的结构常数的考察，引入标量场、旋量场和定域规范变换：

$$\psi'(x) = \Omega(x)\,\psi(x);\quad \varphi'(x) = \Omega(x)\,\varphi(x)$$

在此基础上形成不同维度的规范矢量. 加上规范—协变梯度的可能性要求，就可以引入矢量场

$$A_\mu^a(x): D_\mu\psi(x) \equiv \left[\partial_\mu + igA_\mu^a(x)\,T^a\right]\psi(x)$$

加上群结构常数公式：$\left[T^a,\ T^b\right] = if_{abc}T^C$

矢量场公式化简为：$A_\mu^{a'} = A_\mu^a(x)\ -\dfrac{1}{g}\partial_\mu\Lambda^a(x)\ +f_{abc}\Lambda^b(x)\,A_\mu^C(x)$

然后在协变梯度和协变微商以及杨—米尔斯场 $F_{\mu\nu}^a$ 的定义：

$$F_{\mu\nu}^a(x) = \partial_\mu A_\nu^a - \partial_\nu A_\mu^a + gf_{abc}A_\mu^b A_\nu^C$$

及其定域规范变换：

$$F_{\mu\nu}^{a'}(x) = F_{\mu\nu}^a(x)\ +f_{abc}\Lambda^b(x)\ F_{\mu\nu}^C(x)$$

基础上为矢量场建构起一个定域规范不变的拉格朗日量：

$$L_{YM}^{inv}(x) = -\frac{1}{4}F_{\mu\nu}^a(x)\ F_{\mu\nu}^a(x)$$

而且，正是结构常数 f_{abc} 使得上式中相互作用量的出现，而 f_{abc} 不为零就形成一个非阿贝尔规范理论.

重要的是，特霍夫特在"对定域规范不变性的需求"小节中，明确指出，早期认为可以为违背定域对称的矢量场添加质量项，以适应粒子物理中观测到的情形. 后来知道这会出现不可重整化的问题，因为可重整化性要求我们的理论直到最微小的距离尺度上都是一致的. 至少在原则上，一个质量项会把贡献于矢量场公式中的用 $\Lambda(x)$ 描述的场组态转变为物理上可观测的场，因此拉格朗日量依赖于 $\Lambda(x)$. 但是，因为 $\Lambda(x)$ 缺乏动力学项，激烈振荡的 Λ 场没有携带巨大的能量，故它们不大可能会受到能量守恒的抑制. 不受控制的短距离振荡是理论成为不可重整化的真正的物理原因.[1] 正是重整化的要求使得量子场论中定域规范

---

[1] 杰拉德·特霍夫特：《量子场论的概念基础》，《物理学哲学》（爱思唯尔科学哲学手册），J. 厄尔曼、J. 巴特菲尔德（英文本丛书主编：D. 加比、P. 撒加德、J. 伍兹），程瑞、赵丹、王凯宁、李继堂 译（中译本丛书主编：郭贵春、殷杰），北京师范大学出版社 2015 年版，第 799 页.

变换中的对称性必须是精确对称而非近似对称. 而且, 正是这一要求与亚原子世界中绝大多数矢量粒子都携带有质量这一事实冲突, 这就需要引入希格斯机制.

希格斯机制［即布劳特—恩格勒—希格斯（Brout-englert-Higgs）］正是针对杨—米尔斯规范理论中的精确定域规范不变性的要求. 在整体对称性情形下, 物理粒子正好是整体对称群的表征. 但是, 如果标量势函数的最小值不是发生在 $\varphi = 0$ 处, 有可能发生在其他 φ 值处, 这些值在规范群下就不是不变的, 它们就会形成群的一个非平凡表征, 只能在规范群的一个子群下是不变的. 假若该不变子群完全是非平凡的话, 物理粒子正好是不变子群的表征, 而其余的对称性都难以发现. 戈德斯通玻色子表征了跟整体对称变换相关的场激发. 整体戈德斯通玻色子虽然携带动能项, 但是它们以光速运动带走了能量, 因而没有质量, 最终原因是在整体对称性情形下, 如果场是时空无关的话, 戈德斯通场不携带能量. 与此相反, 定域规范对称性要求, 即使戈德斯通场确实依赖于时空的话, 也不携带有能量. 因而, 在定域对称情形下, 戈德斯通模完全在理论的鬼场部分中, 戈德斯通粒子则是非物理的.[①]

在希格斯机制的介绍中, 特霍夫特首先介绍 SO（3）群的情形以及规范固定的例子, 他总结如下: 定域规范群 SO（3）通过希格斯机制破缺为其子群 SO（2）, 或者破缺为等价的 U（1）. 因而, 三个矢量玻色子中两个获得了质量, 而剩下一个无质量的 U（1）光子, 同时, 三个标量中的两个变为鬼粒子, 第三个变为希格斯粒子. 然后重点介绍标准模型, 在特霍夫特看来仅仅是希格斯机制的一个案例, 其规范群为 SU（3）× SU（2）× U（1）. 其中矢量场集分解为三个群: 与 SU（3）相关的 8 个, 与 SU（2）相关的 3 个, 与 U（1）相关的 1 个. 标量场 φ_i 形成一个对这三个群中两个的二维复表征: 在 SU（2）下是二重态, 在 U（1）下作为一个具有电荷 1/2 的粒子在旋转. 其实, 用四个实场分量来表征希格

---

① 杰拉德·特霍夫特:《量子场论的概念基础》,《物理学哲学》（爱思唯尔科学哲学手册）, J. 厄尔曼、J. 巴特菲尔德（英文本丛书主编: D. 加比、P. 撒加德、J. 伍兹）, 程瑞、赵丹、王凯宁、李继堂译（中译本丛书主编: 郭贵春、殷杰）, 北京师范大学出版社 2015 年版, 第 806 页.

斯标量，会发现希格斯机制消除了其中三个，留下一个中性的、物理的希格斯粒子．$SU(2) \times U(1)$ 破缺为一个对角化子群 $U(1)$．四个规范场中的三个获得了一个质量．留存下来的那个光子场是在对矢量场重新对角化后而得到的，它是初始的 $U(1)$ 场和 $SU(2)$ 规范场三分量之一的线性组合，最后介绍标准模型中的费米子所形成的三个"族"．

当然，标准模型的实现有赖于规范理论的重整化．特霍夫特采用的正规化方法，采用的是"点阵截断"，或者泡利—维拉斯截断，或者通过 $n = 4 - \varepsilon$ 维的维数正规化方法．它们都能够在极限 $\varepsilon \to 0$ 下在形式上得到物理理论．一般通过在拉格朗日量中增加定域相互作用项，从而把一个方案的结果映射到其他方案的结果上．然后使得所选择的项相互抵消，理论保持有限并且定义明确．早在 1953 年人们就注意到，虽然理论的微扰展开有赖于如何把拉格朗日量中的裸参数分为最低阶的参数和重整化需要的抵消项，但是整个理论应该不依赖于此．可以把这解释为一种不变性，把从最低阶到最高阶修正的参数置换行为解释为一种群操作，即所谓"重整化群"，并把标度变换称为"重整化群变换"．

第三节　量子规范场论的解释策略

物理学家实际使用的"传统"量子场论（"conventional" quantum field theory）与代数量子场论（algebraic quantum field theory）是研究量子场论基础完全不同的两种思路，并且逐渐形成不同的纲领．

鲁切的《解释量子论——可能性的艺术》（Interpreting Quantum Theories—The Art of Possible）[①] 获得了 2014 年度拉卡托斯奖，此处的量子论是复数形式，其量子理论指的是无穷大系统的量子理论（即量子场论）．在鲁切看来，包括传统量子力学哲学所谓"解释"与数理逻辑对一个形式体系中的符号赋予意义，使其理论中的每一句话都为真是一样的，主要是对可被部分解释的形式系统赋予内容，而这样的传统解释观对于复

———————————

① Laura Ruetsche, *Interpreting quantum theories：The art of the possible*, Oxford university press, 2011.

杂的量子场论解释无济于事．比如在量子力学解释中我们至少可以说态是希尔伯特空间中的矢量，而量则是希尔伯特空间上的哈米特线性算符，可是在无穷维的量子场论中态和量的正确集合是什么都不清楚．完全不同的是，在无穷维量子场论中还没有现成的要解释的形式体系，鲁切指出，正是在此意义上可以说"科学哲学是科学的继续"．比如，要想描述"自由玻色量子场"，按照量子力学的思路，需要代表场的态的矢量形成的希尔伯特空间，这样的矢量空间可以通过经典克莱因高登方程的解得到，并进一步用复数来定义乘积概念．不幸的是，至少有两种不同的乘积定义方式导致不同的玻色子场的不同希尔伯特空间．如前所述，在鲁切的"希尔伯特保守主义"和"代数扩张主义者"中，前者认为只要我们用无穷维量子场论来描述某种东西，那么我们就会使用某个希尔伯特空间；后者认为我们并不一定要进行这样的选择，因为它们只是些"描述性的碎语"，这其实是一种"代数结构主义"．《解释量子论——可能性的艺术》多数章节即是围绕这两种路径进行的批判性论证和发展．可见，鲁切的量子场论解释主要是从形式体系开始的，有必要跟粒子物理标准模型的实验研究结合起来．

　　虽然量子规范场论是所有试图统一量子力学和相对论的理论（量子电动力学、量子规范场论、量子引力，甚至弦论）中最成功的基础理论，不仅能够统一描述自然界中的电磁力、弱相互作用力和强相互作用力，甚至广义相对论也可以看作一种规范理论．在其基础上建立的粒子物理标准模型中的61种基本粒子都被找到，其中包括最神秘的产生所有粒子质量的希格斯粒子，提出希格斯机制的希格斯和恩格勒也因此获得了诺贝尔奖．事实上，直接因为量子规范场论获得诺贝尔奖的已经有15位．遗憾的是，量子场论跟量子力学和广义相对论最大的不同在于，量子力学有一个希尔伯特空间（甚或算子）理论为基础，广义相对论有黎曼几何作为基础，而量子场论是按照非常复杂的方式发展起来的，背后并没有一个现成的统一数学公理化体系，只有著名的重整化方法，即一种看似近似处理的方法（实则重整化群也是一种概念化处理）．甚至最新发现的引力波，不仅加深了人们对引力场的认识，而且新加重了量子力学和广义相对论的不统一问题，毕竟量子场论中的量子规范场论相当成功，而量子引力始终没有成功，量子引力理论希望从量子场论得到启发，反而显得量子场论的解释问题更加突出. 所以, 量子场论的哲学问题最重要的还是对量子场论的解释.

代数量子场论重点把量子力学的数学方法发展到量子场论(即无穷自由度系统的量子力学). 在有限自由度的量子力学中, 一种是代数方法, 把可观察量看作抽象代数实体, 系统的态是从可观察量到期望值的线性函数; 另一种是希尔伯特空间理论, 把可观察量看作是某些希尔伯特空间上的自伴算符, 而系统的态则是相同希尔伯特空间中的矢量(或者算子). 根据斯通—冯诺依曼定理这两种方法是等价的. 问题在于, 在量子场论中这种等价性崩溃了, 每一个具体的代数理论都对应着无数多个不同构的希尔伯特空间理论. 为此, 才产生出代数方法优先的"代数扩张主义"和选择众多希尔伯特空间作为量子场论表象的"希尔伯特保守主义". 传统量子场论虽然贴近物理学家的实践及其成就, 但也有许多令人诟病之处, 除它说不清楚截止的实质从而不利于讨论其本体论问题之外, 还有人认为由于它在数学上不严格, 因此我们实际上并不知道它尽力建立的结果. 当然, 要是代数量子场论不能适合解释粒子物理标准模型, 那么可能就显得"中看不中用".

代数量子场论的解释方法跟传统量子场论的解释方法各有侧重, 甚至出现华莱士(D. Wallace)和弗雷泽(D. Fraser)针锋相对的论战, 在著名的《现代物理学史和哲学研究》杂志上, 华莱士发表论文《认真对待粒子物理学: 对量子场论代数方法的批评》(2011), 弗雷泽以《如何认真对待粒子物理学: 对公理化量子场论的进一步辩护》(2011)进行回应, 其中两种相互竞争的方法都关注不同的数学体系和技巧与实验现象之间的关系问题. 更重要的是, 量子场论中包括本体论、认识论和科学方法论在内的很多问题的讨论都取决于这两种方法的取舍或者协调. 何况两种相互竞争的方法本身就牵涉到量子力学跟相对论的相互协调和结合问题, 以及量子场论跟其他物理学理论的关系问题. 总之, 目前重点研究代数量子场论和传统量子场论这两种解释方法.

面对代数量子场论和传统量子场论这两种解释纲领, 我们的思路是, 我们不认为代数量子场论和传统量子场论是完全对立的. 为了协调两种纲领, 基本思路是在考察量子场论中理论和实验之间的关系问题过程中, 尽力发挥代数量子场论中算子理论的公理化形式体系的功能, 而在面临粒子物理标准模型中的科学事实时，充分发挥传统量子场论的精确计算能力. 在算子理论中有望把量子力学跟狭义相对论协调起来，而在具有截止的拉格朗日量方法中能够根据需要逼近科学事实. 把代数量子场论的方法推进到粒子物理标准模型的研究方法，主要是充分发挥代数量子场论中丰富的数学结构，毕竟粒子物理标准模型中的物理结构一定少于代数量子场论中的数学结构，而数学结构中比物理结构多出来的那部分就叫剩余结构. 然而，在面对实验研究和数据分析时，无论是理论物理学家还是实验物理学家使用的都是传统量子场论. 特别是，理论物理学家的粒子物理标准模型和希格斯机制，以及各种高能物理实验的数据分析，都是属于传统量子场论的研究纲领.

　　由此看来，我们有必要回到近现代科学革命及其科学方法论的问题上来，只有这样才能弄清楚量子场论的整体性解释的进路.

第三章　科学方法论及其核心问题

近现代科学脱胎于古希腊自然哲学，形成以数学和实验相结合的科学方法后，加速发展到当代大科学研究的时代．有种说法认为近现代物理学只能产生于得天独厚的古希腊传统．的确，近代科学革命始于天文学革命，从柏拉图（Plato）发出用匀速圆周运动的模型去拯救行星运动轨道的号召后，西方天文学就走上模型化的道路，以托勒密（Claudius Ptolemy）为代表的地心说体系跟亚里士多德（Aristotle）自然哲学形成一个封闭的体系．第一个打破这个体系的哥白尼是不满意托勒密的"均衡点"理论有违匀速圆周运动的古训，特别是其背后的柏拉图式的"和谐"思想，才建立起日心说体系．开普勒（Johannes Kepler）也是在近乎神秘的"巫术式"新柏拉图主义的新自然哲学指导下，得出了行星运动三定律．伽利略重点改变科学研究方法，除了使用望远镜进行科学观察，还通过把数学跟观察实验相结合的科学方法对地面物体的力学现象进行研究，提出伽利略相对性原理以及惯性原理，彻底遏制住地心说对地动说的诘难．而笛卡尔式的机械论世界观彻底打破了亚里士多德自然哲学，使得人们最终放弃地心说并彻底接受日心说．最后牛顿（Isaac Newton）把科学方法论的伽利略风格发挥到极致，并形成牛顿力学式机械论世界观，不仅完成了天文学革命，而且使牛顿力学完全取代亚里士多德物理学．可见，近代天文学、力学和物理学革命的成功，最后一个关键环节是近代科学方法论取代了传统的自然哲学的作用．

如果说近代科学革命成功之前科学理论是以自然哲学为核心的话，

则近现代科学背后主要是科学方法论起支撑作用．也正因为如此，狭义的当代西方科学哲学才以科学方法论为核心．当然，库恩（Kuhn）意义上的范式概念，是在考察近代科学革命，尤其是哥白尼天文学革命和伽利略—牛顿力学和物理学革命基础上形成的，也就是说，是以具体科学理论为核心的．相对于上述"科学范式"而言，狭义的具体学科领域内部的"科学理论的范式"，诸如，天文学中的托勒密地心说、哥白尼和牛顿天文学、爱因斯坦天体力学和宇宙学，物理学中的亚里士多德物理学、伽利略—牛顿物理学、相对论和量子力学，化学中的燃素化学、氧化学说、量子化学，等等．然而，像化学这样的经验科学可能在不同的文化传统中都可以发展起来，但是物理学这样的精确性数理科学只有在得天独厚的古希腊传统才可能．而伽利略—牛顿物理学这样的精确科学也不太可能在自然哲学的框架下进行，只能在科学方法论的指导下向前发展．换言之，伽利略—牛顿之前科学主要跟自然哲学结合在一起，相辅相成，而伽利略—牛顿的成功是用科学方法论替代了自然哲学的作用．伽利略—牛顿之后自然哲学基本上淡出，如果在科学背后有什么类似于昔日自然哲学的东西的话，那就是科学方法论．这一点也不难理解，正如一般哲学史所言，大致上讲古代重点在本体论，近现代是认识论和方法论．狭义的现代西方科学哲学主要是科学方法论，也是这层意思．因此，考察当代基础科学研究的范式，最主要的内容是考察当代基础科学的研究方法．另外，狭义的科学哲学，主要是以科学理论为研究对象（近来逐渐扩展到科学活动），其研究内容主要是科学方法论．所以我们有必要简单回顾一下科学史中科学方法论的基本特征．

第一节　近代科学方法论的伽利略—牛顿风格

谈到科学方法论，更多的是想到培根的归纳法和笛卡尔的演绎法．事实上，在科学史上培根在伽利略后面，而且伽利略开创的数学跟实验相结合的科学方法才是确实发挥作用的科学方法．一般意义上的科学（science）指的是16—17世纪近代科学革命后的学科体系，所以科学方法论都会从近代科学革命谈起．

一、近代科学革命

虽然近代科学革命发端于天文学革命，即哥白尼日心说对托勒密地心说的革命，但是近代科学革命的关键人物还是伽利略．众所周知，1543年哥白尼出版的《天体运行论》，把西方天文学的宇宙中心从地球移到太阳，这是对古希腊托勒密的地心说的一场革命，尽管这场革命的真正完成还有赖于第谷（Tycho Brahe）、开普勒、伽利略和牛顿等人的工作，特别是伽利略《关于托勒密和哥白尼两大世界体系的对话》的论证，开普勒天体力学体系和牛顿《原理》的集大成．不过，我们这里要强调的是，哥白尼革命是完全根植于古希腊天文学传统的．自从柏拉图向天文学家发出"拯救现象"的号召后，古希腊天文学家（主要是柏拉图的弟子）就开始用匀速圆周运动的正圆来描述各种天体的运动现象，并且采用了本轮—均轮以及偏心圆等方法，而到集大成者托勒密的《至大论》（即《天文学大成》）还使用了均衡点模型，形成了一个精确的说明天体运动的模型．而哥白尼的《天体运行论》最主要的工作是把宇宙中心从地球移到太阳后，大大简化了天体运动的模型，比如托勒密要用 80 个圆才能说得清楚的现象，哥白尼用 34 个就可以（对此科学史界有争议）．但是，哥白尼体系完全继承了柏拉图用匀速圆周运动"拯救现象"的传统，所使用的天文观察材料跟托勒密是一样的，字面上也主要是在重新解释托勒密的体系，精确性也不比托勒密强多少，虽然取消了均衡点概念却基本上保留了天球概念的用法，甚至在"等分点"问题上比托勒密还倒退了．所以，才会有"与其说哥白尼是新天文学的开创者不如说他是最后一位旧天文学家"这样的说法，或者哥白尼革命是一场"胆怯的革命"的说法，甚或像科恩说的"如果说天文学中有过一场革命的话，那么，这是一场开普勒和牛顿的革命，而决不是什么不折不扣或确凿无疑的哥白尼革命"①．可能库恩在《哥白尼革命》一书中的说法要中肯些："它的意义只有同时从它的过去和未来，产生它的传统和由它产生的传统中，才可能找到."或者说，《天体运行论》这样的科学著作是"从一个科学思想传统中产生，又成为颠覆它的新传统的来源"．可见，没有托勒密体

---

① ［美］I. B. 科恩：《科学中的革命》，鲁旭东等译，商务印书馆 1999 年版，第 158 页．

系就完全不可能有哥白尼体系，没有托勒密体系，不仅没有产生哥白尼体系的土壤，而且哥白尼体系也没有革命的对象．正是在这个意义上，我们认为所谓的"李约瑟问题"没有直接的问题域，当然对反思中华文化中的科学元素还是有启发意义的．因为像哥白尼体系那样的东西，在中国文化传统中既没有得以产生的土壤也没有被革命的对象（虽然我们也有《易经》或者《黄帝内经》之类）．同样的道理，我们之所以不可能有近代物理学革命，那是因为我们没有亚里士多德物理学，又何来伽利略—牛顿物理学呢．

二、伽利略—牛顿风格

要不是伽利略的《关于托勒密和哥白尼两大世界体系的对话》（简称《对话》）对日心说的论证，人们是不太可能接受日心说的．事实上，《天体运行论》（1543）直到 1600 年才被教会列入下令修改的书目，因为伽利略等人对日心说的宣传到 1616 年才列入禁书目录．而伽利略的《对话》（1932）刚出版后第二年（1933 年）就遭禁止，这也说明伽利略《对话》的革命性．《对话》站在日心说立场对地心说进行批判，其中最关键的问题是，哥白尼日心说无法令人信服地说明，为什么地球以每 24 小时自转一周的速度运动时，我们在地球上却感觉不到？如果地球高速旋转，为什么物体下落时没有落在其正下方的后面？向西打出的炮弹不比向东时远些？这些无法驳倒亚里士多德论证过的地静说．对此，伽利略提出相对性原理和惯性概念，认为这是因为地面上的物体由于惯性随地球一起运动，于是地心说对日心说的诘难迎刃而解．虽然伽利略那里的惯性概念还有圆周运动的残留．当然，伽利略带来的近代科学革命，主要表现在他出版的《关于两种新科学的谈话》，特别是对亚里士多德物理学的一场革命．伽利略在研究匀变速运动规律时，不像亚里士多德那样去寻求运动物体的质料因、形式因、动力因和目的因，这样一些带有思辨性色彩的根本原因，最终的目的因是上帝这个推动者．相反，伽利略不管那些根本原因，只管物体运动的位移 s、时间 t、速度 v、加速度 a 等这些可观测量．这些源自对自然界进行观察实验的可观测量，既有自然属性又有数学属性．按照胡塞尔（Edmund Gustav Albrecht Husserl）的说法就是伽利略第一次把自然界数学化了，得到这些可观测量之间的数学关系就是科学规律，比如 $s = v_0 + 1/2at^2$ 就是匀变速运动学公式．重要的是，这样的运动定律公式，既不是通过简单的实验数据归纳总结出来的——科学史家已经复制伽利略实验证明了这一点，也不是完全从一些基本原理演绎出来，而是靠数学跟实验的完美结合这样的科学方法得出，这就是所谓的"伽利略风格"．

当然，伽利略风格的形成始于他对自由落体运动的研究．正如伽利略在《关于两门新科学的谈话》(简称《谈话》)中第三天"位置的变化 [De Motu Locali]"开宗明义地指出的，"我的目的是着手建立一门非常新的涉及一个古老课题的科学．在自然界，也许没有比运动更古老的了，关于它，哲学家们写了为数不少的书；不过我借助于实验室发现了它的某些性质，这些性质是值得知道的，并且是迄今为止还没有被观察和论证的．人们做过某些表面的观察，例如重物的自由落体 [naturalem motum] 运动是不断加速的；但是并没有告诉我们这种加速度发生的范围；因为就我所知，还没有人指出在相等的时间间隔内，一个从静止开始的落体经过的距离之间的比例等于从 1 开始的奇数"①．伽利略认为加速运动的落体现象能够展现所观察到的加速运动的本质特性，并且指出，"经过一再努力，我们相信我们成功了，我们这种信心，主要是被如下的考虑证实了，即看到实验的结果准确地和一个又一个为我们所证实的性质相符合和一致"②．在《谈话》中，在提出定理"从静止开始下落的物体以匀加速运动所通过的距离之比等于通过这些距离所用时间的平方之比"③ 之后，先是借助几何图形进行理论上论证，然后为了证明这种匀加速运动是"在自然中所遇到的落体的情形"，借萨尔维亚蒂 (Sdviati) 之口说，"跟一个真正的科学家一样，你提出了一个非常合理的要求，这在那些把数学证明用到物理结论上的科学家来说是必须的，就像在光学、天文学、力学、音乐等方面的作者那里看到的那样，他们用作为所有后

---

① ［意］伽利略：《关于两门新科学的谈话》，武际可译，北京大学出版社 2006 年版，第 141 页．

② 同上书，第 148 页．

③ 同上书，第 160 页．

来结果基础的感觉经验证实他们的原理"①．由于自由落体运动速度太快不好测量，伽利略改用斜面上的匀加速实验进行说明．下面就是伽利略所描述的著名实验：

　　取大约 12 库比特长、半库比特宽、三指（英寸）厚的一个木质模件或一块木料，在上面开一条比一指稍宽的槽，把它做得非常直、平坦和光滑，并且用羊皮纸（给它画上线）铺上，羊皮纸也是尽可能地平坦和光滑，我们沿着它滚动一个硬的、光滑的和非常圆的黄铜球．把这块木板放在倾斜的位置，使一端比另一端高出 1 或者 2 库比特，照我刚才说的把球沿着槽滚下，并用马上将要描述的方法（水漏）记录下落所需的时间．我们不止一次地重复这个实验，为的是精确地测量时间，以使两次观察的偏差不超过 1/10 次脉搏．在完成这种操作并且确认它的可靠性之后，我们现在仅在槽的 1/4 长度上滚这个球；在测得它下降的时间后，我们发现它精确地是前者的一半．接下去我们尝试别的距离，把球滚过整个长度的时间与 1/2、2/3、3/4 或者任何分数长度上的时间做对比，在成百次重复的这种实验中，我们总是发现通过的距离之比等于时间的平方之比，并且这对于平面（即我们滚球的槽所在平面）的所有倾角都是对的．我们还观察到对于平面不同倾角的下落时间相互之间的精确比例，我们下面会知道，作者曾经对它预测并且做了证明．②

　　关于实验在伽利略运动定律中的地位问题，科学史界早已研究过，正如德雷克（Stillman Drake）1973 年在《ISIS》中指出的："自托马斯·塞特尔（Thomas Settle）发表经典论文已经十多年了，文中说伽利略关于斜面实验的著名陈述是完全可靠的，塞特尔论文回应了之前亚历山大·柯瓦雷（Alexandre Koyré）试图证明伽利略使用他所描述装置的实际观察

---

　　① Galileo Galilei, *Two New Sciences*, Translated by Stillman Drake, The University of Wisconsin Press, 1974, p. 169.
　　② ［意］伽利略：《关于两门新科学的谈话》，武际可译，北京大学出版社 2006 年版，第 164 页．

是不可能获得在《两种新科学》里的结果的."① 事实上，说伽利略是近代实验物理学之父也好，说他是近代物理学之父也好，都没有问题．问题在于伽利略是如何想到要挑选距离、速度、时间这些可观测量来考察自由落体运动和匀变速运动的现象及其规律的．应该说中世纪的物理学家就已经开始使用这些概念，只是还不够成功．不可否认的是，伽利略肯定受到中世纪物理学家的影响，特别是默顿学派关于运动分类以及伽利略前的冲力理论（impetus theory）的影响，最明显的例子就是伽利略早年错误接受了"自由下落物体的距离是与下落速度成正比的"理论，甚至还有亚里士多德自然运动和强迫运动观念的残余．但是，伽利略肯定彰显了科瓦雷（Koyré）所说的新柏拉图主义的数学优先的倾向，与此同时，又特别强调实验的重要性，加上他的实验才能，最终得出自由落体定律．也就是说，伽利略已经非常明确地把自然哲学（natural philosophy）同科学（science）区分开来．对此，德雷克（Drake）在引用伽利略在《对话》中借萨尔维亚蒂之口所说的"我们在丛林或者未知陆地需要向导，但是在平原和开阔地只有盲人才需要向导，这样的人最好待在家里，而任何头上长眼有点头脑的人都可以充当他们的向导"时明确指出，"在此隐喻中，哲学是丛林和未知大陆，而观察自然就像走在平原和开阔地，伽利略在其他地方告诫他的读者直接观察而不要依赖书本或者其他权威．在伽利略的成熟科学概念中，科学是一个无需超出'感觉经验和必要证实'的小领域．现在的哲学家们可能会说这样一个领域只是幻想，在人类知识里没有什么东西不诉求于观察和数学证明"② ．应该说，伽利略之前的中世纪物理学家（可以称为物理学家的话）就已经把自然哲学跟物理学区分开来．因此，问题的关键在于伽利略完美地把数学与实验探索结合起来的方法．

关于方法论的问题，伽利略自己曾经在 1639 年给贝利阿尼（Beliani）

---

① Stillman Drake, "Galileo's Experimental Confirmation of Horizontal Inertia: Unpublished Manuscripts" (Galileo Gleanings X Ⅻ) *ISIS* 64 (1973): 291 – 305. Also see *Essays on Galileo and the History and Philosophy of Science* Volume Ⅱ, University of Toronto Press, 1999, p. 170.

② Stillman Drake, "Ptolemy, Galileo, and Scientific Method", *Studies in the History of the Philosophy of Science* 9 (1978): 99 – 115. Also see Essays on Galileo and *the History and Philosophy of Science* Volume Ⅰ, University of Toronto Press, 1999, 273 – 292, SS. 274 – 275.

的信中谈道："我处理［跟你一样的］材料，但是更加详细些，着眼点也不一样；因为我不作其他假设，除了定义我要处理的运动概念、确定我要证实的事例，这是模仿阿基米德研究螺旋线运动所进行的解释——由两种运动组成，一种是直线运动，另一种是圆周运动——然后直接证实其性质．我的意思是我想检验运动物体里发现的性质，从静止开始运动的物体，以同样的方式增加速度；即速度增加不是跳跃式的，而是随时间稳定增加．因此物体在两分钟内获得的速度是第一分钟获得的两倍，在三分钟或者四分钟获得的速度是第一分钟获得的三倍或者四倍．不增加任何假定，我进一步证实我所证明的这样的物体通过的空间跟时间的平方成正比，并进一步证明了很多其他事例……回到我关于运动的专著，我假定论证的是运动，因此，即便结果跟下落重物的自然运动的事例不一致，对我来说也没关系，正如在自然界中没有一个按螺旋线的运动这一点并不影响阿基米德的证明一样．但是在这一点上，我会说我很幸运；因为重物的运动及其事例如期地跟我通过定义运动证明的事例一致．"①德雷克认为伽利略本人的科学方法可能只有到德国物理学家赫兹（Heinrich Hertz）才得到清楚表述，"我们形成外在对象的图像或者符号，并且我们所给的形成，使得思想中的图像的必然结果是所描述的东西的本质的必然结果．为了满足这样的要求，在自然跟思想之间必定存在某种符合，经验教会我们这种要求能够被满足，因此这样的符合确实存在"②．可见，伽利略的科学方法就是如何使理论上的分析跟实验上的事例完全符合．

　　牛顿力学更加成熟，并形成了所谓的牛顿风格（这是著名科学史家I. B. 科恩的提法）．牛顿风格是伽利略风格的发展，通过微积分把数学与实验天然结合起来，因为牛顿的微积分不仅是用几何学语言表述的，而且它们本身就是从物体运动现象中体悟出来的，其中有些数学公式就成为物理学定律．当然，牛顿那里的理论分析是一个包括微积分在内的体系，那里的实验也是包括天上地面的诸多实验观察现象，所取得的物

① Stillman Drake, "Galileo's New Science of Motion" Essays on Galileo and *the History and Philosophy of Science* Volume Ⅱ, University of Toronto Press, 1999, 171 – 186, S. 186.

② Ibid. .

理学理论也远远超出匀变速运动规律，是以万有引力定律和牛顿三定律为核心的牛顿物理学．甚至，牛顿《自然哲学的数学原理》（简称《原理》）中的微积分推广到不同的数学分支，加上机械运动现象扩展到各种自然现象，就形成了现代自然科学的各门学科．再回到"李约瑟问题"，显然我们中华文化历史上就没有类似于亚里士多德物理学那样的物理学体系，虽然我们也有与亚里士多德的"力是维持物体运动的原因"和伽利略的"力是改变物体运动的原因"认识相近的说法，比如"力者物之所奋也"，只不过这些仅是些只言片语（相对于亚里士多德的物理学体系），自然也就没有近代物理学产生的土壤和革命的对象．对此，我们也没有什么可遗憾或者悲观的，事实上，"李约瑟问题"也可以问成"为什么印度文明一度辉煌，而近代科学革命却没有在印度发生"．甚至推广到任何非古希腊传统的文化．其实，近代科学革命就脱胎于"得天独厚的古希腊"，哪怕是纯粹的其他西方文明也产生不了近代科学革命，比如靠巴比伦文明、古埃及文明．各种文明各有特色，对人类做出了各自的贡献．随着历史的发展，世界文化的融合，各种文化都可能对科学发展做出自己的贡献，从小受中国传统文化熏陶的杨振宁，不是也做出了像杨—米尔斯理论那样的成就么．

第二节　当代基础科学的方法论的核心问题

当代基础科学的典型代表很多，在当代物理学基础理论中，把相对论和量子力学结合起来的量子场论中，规范理论是最成功的，换言之，最能体现当代基础科学方法风格的是量子规范场论，其核心理论就是杨—米尔斯理论．

一、杨—米尔斯理论

伽利略—牛顿风格形成的近代物理学，发展到现代的爱因斯坦相对论，以及海森堡和薛定谔的量子力学后，相对论和量子力学的成功结合，揭示出自然的基本粒子结构及其四种相互作用力的统一理论，成为时代的主流．虽然经典电磁理论是第一个发展起来的规范理论，但是它的结构比起后来发现用来描述弱相互作用和强相互作用的规范理论简单得多．正是靠杨振宁和米尔斯（Mills）（1954）的工作，使得推广电磁理论后得到的理论，不仅强有力而且具有丰富的数学结构．杨振宁和米尔斯发展了拥有结构群 SU（2）的规范理论，用以描述核子（质子和中子）间的强作用力（近似）同位旋对称性，这种理论成为后来经验上成功的弱和强相互作用的所谓粒子物理标准模型的范式．因为这段历史，凡是享有由杨振宁和米尔斯发展起来的共同结构的基本要素的理论，现在都以杨—米尔斯理论为人所知．因为经典电磁理论也拥有该理论的大量共同结构，因此我们也把它包括在经典的杨—米尔斯理论之内，只是有个方面不是典型的杨—米尔斯理论一样．不像其他杨—米尔斯理论，经典电磁理论的结构群 U（1）是阿贝尔群，即群的元 g_1、g_2 满足对易规律：$g_1 \circ g_2 = g_2 \circ g_1$．而非阿贝尔群则不满足这个定律，但是只有非阿贝尔杨—米尔斯理论才能展示出这类结构的丰富性．理解这个结构的丰富性非常重要，因为它一定要包含在杨—米尔斯规范理论的任何适当解释之中．

事实上，除了描述引力的广义相对论，描述自然界四种基本相互作用力中另外三种基本相互作用力的最好理论，都是杨—米尔斯类型的理论，分别是量子电动力学、量子弱电理论和量子色动力学，而且它们还有一个共同的核心：局域规范对称性．杨振宁和米尔斯在 1954 年的开创性论文中，就相信所谓的杨—米尔斯理论具有一个共同的基本性质：“我们希望探究这种可能性，要求所有的相互作用在所有时空点的同位旋独立旋转的情况下都是规范不变量，使得同位旋在两个时空点上的相对方向成为在物理上无意义的量．”[1] 他们认为像时空点上的同位旋这样的局域性相位并不是有意义的物理量．而瓜依（A. Guay）对此进行分析认为：“这一段经常以被动方式解释而这里以主动方式，比如，在主纤维丛形式化体系中，对于任何局域截面的改变（被动观点），存在一个相应的主丛的整体同构（主动观点），因此在杨—米尔斯理论的语境中，即便在自由物质场的时空点上的值，严格来说也不是一个物理量．结果，真正的规范概念似乎很难找到根据．甚至在杨—米尔斯理论中势的局域相互作用，

---

[1]　Yang C. N. and R. L. Mills " Conservation of Isotopic Spin and isotopic Gauge Invariance. " *Physical Review* 96（1）：191 – 195，1954，p.192.

在理解成相互作用场的局域值时，不是物理的."① 这一点甚至可以从吴大峻和杨振宁在 1975 年用纤维丛理论讨论量子电动力学时的理论演绎出来，他们写道："［量子］电磁场是非可积相位因子的规范不变量."② 这已经成为杨—米尔斯理论的标志. 实际上只有与电磁相互作用关联的相位因子在环路积分时才是规范不变量. 而且，在量子电动力学、量子弱电理论和量子色动力学的 U（1）、SU（2）×U（1）和 SU（3）规范群中，只有电动力学是阿贝尔群. 当然，量子电动力学、量子弱电理论和量子色动力学都属于杨—米尔斯理论.

其实，从物理学中最基本的对称性原理层面来看，杨—米尔斯理论与伽利略—牛顿力学、麦克斯韦电磁理论、相对论、量子力学处在同一条路线上. 正如伽利略相对性原理从力学推广到电磁理论等物理学就成为狭义相对性原理，进一步推广到非匀速参照系之间就成为广义相对性原理，广义相对论的局域性对称性原理最后发展成杨—米尔斯理论中的局域性规范对称性原理. 特别要提的是，早在 20 世纪 80 年代初，科学家们就意识到，杨—米尔斯理论中物质场方程中引入规范场后总的相互作用场方程又恢复协变性，这也可以视为中国易经中的三易（变易、不易、简易）的现代翻版. 当然，即便杨振宁受到易经的影响，也只是一种启发作用. 重要的是，杨—米尔斯理论是现代物理学发展史上的一个里程碑.

可见，近现代物理学理论始于伽利略—牛顿风格，这是从科学方法论特征的层面讲的. 虽然从伽利略到杨振宁已经发生了大大小小无数次科学革命，但是其科学研究的方法论特征却是在加强，正如爱因斯坦在评价牛顿时所说的，正是牛顿规定了物理学的发展方向，因为当代物理学还在使用牛顿采用的"时间""空间"等基本物理概念. 同样，我们也可以说，伽利略已经规定了物理学的科学研究方法论，这是伽利略的科学研究方法和一些基本的物理学原理规定了直到杨—米尔斯理论的发展

---

① Alexandre Guay, *A Partial Elucidation of the Gauge Principle*, Preprint Submitted to Elsevier, 4 January 2008.

② Wu Tai Tsun and Yang Chen Ning , "Concept of Nonintegrable Phase Factors and Global Formulation of Gauge Fields." *Physical Review D* 12 （120）: 3845 – 3857 （December）, 1975, p. 3846.

方向.

二、粒子物理标准模型

概括地讲，粒子物理的标准模型是统一描述所有基本粒子，及其相互之间的强相互作用力、弱相互作用力和电磁力的理论. 就具体理论而言，粒子物理的标准模型包括电弱统一理论和量子色动力学，它们都是规范场论. 在标准模型中，所有基本粒子分成费米子和玻色子，费米子自旋为半整数并且遵守泡利不相容原理，玻色子自旋为整数并且不遵守泡利不相容原理，而费米子之间的相互作用力是通过中介玻色子来传递的，由于每组中介玻色子的拉格朗日函数在规范变换中不变，所以这些中介玻色子就被称为规范玻色子. 标准模型中规范玻色子包括 8 种传递强相互作用的胶子，1 种传递电磁相互作用的光子，3 种传递弱相互作用的 W^+、W^- 和 Z^0 玻色子，这些规范玻色子自旋为 1；另外还有玻色子自旋为零的希格斯玻色子，正是它形成的希格斯场，使得在其中运动的夸克和轻子以及传递弱相互作用的 W^+、W^- 和 Z^0 玻色子获得质量，可以说希格斯玻色子是质量之源. 也正是在此意义上可以说希格斯玻色子是标准模型的拱心石.

另外，标准模型所预言的 62 种基本粒子中，除了 13 种规范玻色子和希格斯玻色子外的 48 种费米子，又分成发生强相互作用、电弱作用的夸克和只发生电弱作用的轻子. 轻子分成 6 类，分别是电子和电子中微子、μ 子和 μ 子中微子、τ 子和 τ 子中微子. 夸克又分成 6 味：上夸克和下夸克（u、d）、粲夸克和奇异夸克（c、s）、顶夸克和底夸克（t、b），每味再分成三色共 18 种夸克. 这些轻子和夸克还有其对应的反粒子，总共 48 种. 除了引力子因质量太弱没有观察到外，建造 LHC 时希格斯玻色子是唯一一个在实验室中还没有找到的基本粒子，而粒子物理的标准模型的重点是引力之外的三种基本相互作用力，所以希格斯玻色子的实验验证就更加重要，这也正是 LHC 的首要目标，对标准模型具有举足轻重的意义. 就标准模型对粒子物理的意义而言，自从 1932 年发现中子之后，新发现的粒子越来越多，在标准模型之前一直无法对它们进行统一描述，相反，自从 20 世纪六七十年代有标准模型后，粒子物理学从找不到一个理论框架来理解实验数据的局面，转变成如果物理学家提出的理论比标准模型还新，那么就会出现超出当时的实验技术水平而得不到检验的局面. 在实际运用中以及就理论和经验的符合角度而言，标准模型可谓名副其实. 按照科学哲学研究的惯例，往往选择成熟理论进行考察，所以粒子物理的标准模型本身就是一个很好的案例.

可见，一方面，在理论上粒子物理标准模型以杨—米尔斯理论为核心，无论是弱电统一理论还是量子色动力学，都是杨—米尔斯类型的规范理论；另一方面，整个粒子物理标准模型包含的 62 个基本粒子（引力子太弱除外）都得到了实验验证. 前者是从理论角度看粒子物理标准模型，后者是从实验角度看粒子物理标准模型，粒子物理标准模型是理论物理和实验物理相结合的典范. 同时，简单地把粒子物理标准模型说成是数学跟实验的完美结合也显得过于简单化.

三、科学哲学对理论和实验关系问题的反思

事实上，自从近代物理学发展到当代物理学，即建立起相对论和量子力学后，第一个科学哲学学派维也纳学派和随后的柏林学派，就把理论与观察之间的关系问题作为最主要的问题. 其中的理论也并非只是其中的数学部分，所谓的观察更多的是指包括实验中的观察. 也就是说，自从当代西方科学哲学产生以来，理论与实验之间的关系问题一直是科学哲学研究的主题. 只是逻辑实证主义因为语言分析和证实原则的语境下，更多的是从理论术语（理论部分）和观察术语（观察部分）之间的关系（对应原则）入手，而随后的科学哲学家们，则从自己的科学观角度回应了理论和实验之间的关系问题，比如汉森（Hansen）和波普强调"观察渗透理论"，库恩（Kuhn）和拉卡托斯（Lakatos）的理论和实验都取决于"范式"和"科学研究纲领". 这些学说都被新实验主义批评为"理论优位观"（theory-dominated view），认为应该从实验自身的角度研究实验，强调"实验本身具有生命"（［E］xperimentation has many lives of its own)[1]，反对"理论优位观"，认为实验本身就能够产生真正的知识.

就粒子物理标准模型的成功而言，无论是理论优位观还是新实验主

---

[1] Ian Hacking, *Representing and Intervening*: *Introductory Topics in the philosophy of Natural Science*, Cambridge University Press, 1983, p. 165.

义都有失偏颇. 历史上, 粒子物理标准模型既不是纯粹从理论到实验建立起来, 也不是对实验的简单总结. 就科学哲学的科学理论结构观而言, 科学理论完全可以从逻辑经验主义的部分解释理论、各种各样的语义学理论观以及模型观等角度去考察. 实验也可以分成验证性实验和探索性实验, 等等, 理论跟实验之间的关系也就错综复杂了. 考察当代基础科学的研究范式就是要揭示出当代基础科学研究中理论和实验之间的复杂关系.

第四章　理论与实验（观察）的关系问题

　　科学哲学研究往往从成熟科学理论开始．2013 年度诺贝尔物理学奖颁给比利时物理学家弗朗索瓦·恩格勒（Francois Englert）和英国物理学家彼得·希格斯（Peter Higgs），因为他们 1964 年提出的希格斯机制在 2012年被欧洲核子中心（CERN）通过大型强子对撞机（LHC）上的探测器找到的希格斯粒子所证实．这是对粒子物理标准模型的又一次也是最重要的一次肯定，同时也是 LHC 物理的一个里程碑．找到希格斯粒子意味着物理学真正进入 LHC 物理时代，LHC 是人类迄今最大的科学工程，粒子物理标准模型是人类最成功的物理学理论，寻找希格斯粒子的过程把最成熟理论跟最大的实验结合起来，对科学哲学中理论和实验的关系问题具有重要的启示作用，特别是使我们认识到实验数据的分析成为连接理论和实验的关键．

第一节　理论与观察 (实验) 的关系问题

　　在科学哲学中，最早的科学哲学学派维也纳学派和柏林学派，从探索科学理论的内在逻辑结构开始，把科学理论分成理论部分和观察部分；历史主义强调科学理论的演变过程，认为观察渗透理论，甚至不同范式之间的理论和观察不可通约；旷日持久的科学实在论和反科学实在论之争，为理论和观察的区分以及可观察与不可观察争论不休；科学知识社会学也从社会学转向走向科学文化转向，又回到科学实践．诸多后实证主义理论，既离不开科学理论和科学实验，又试图异军突起．"找到希格斯玻色子"意味着，它不仅仅是理论发明，也不是单纯实验发现；它既是理论产物，又是实验对象．找到希格斯粒子对理论和实验关系问题具有重要启示．

一、理论优位还是实验优位

在科学哲学中，逻辑实证主义在语言分析和证实原则的语境下，更多地从理论术语（理论部分）和观察术语（观察部分）之间的关系（对应原则）入手，包括早期的波普都在理论和观察之间做出明确的区分．按照公认观点，理论的独立性和中性可观察事实，使后者能够成为科学知识的基础，这种观点还和观察术语（"红""重""湿"等）和理论术语（"电子""电荷""引力"等）的区分结合起来，用来考察理论的检验问题，只要是能够还原为观察经验的理论都是好理论．而随后的科学哲学家们，则从自己的科学观角度回应了理论和实验之间的关系问题，比如汉森和波普强调"观察渗透理论"．汉森认为即便两个观察者视网膜上的图像是一样的，他们的视觉经验也可能不一样，在他看来"X 的先前知识形成对 X 的观察"①．所以，所谓的科学观察都是在一定的理论背景下完成的，没有受过专业训练的 X—光影像师是不可能看出肺部 X—光照片的医疗信息的．库恩和拉卡托斯的理论和实验则分别取决于"范式"和"科学研究纲领"．按照范式理论，随着科学的发展，发生各种各样的科学革命，建立起各种范式，比如牛顿力学范式．在牛顿力学里面，我们肯定不可能像培根的朴素归纳主义说的那样分门别类、毫无偏见地去观察，获得所谓科学事实，再概括成科学理论．事实上，牛顿力学之后，机械运动的各种现象都可以用相同理论处理，也无法单独观察，并且新的观察也不能不在牛顿力学的基础上进行．可以说是范式决定实验观察．

无论是逻辑经验主义还是历史主义，都被新实验主义批评为"理论

① ［美］N. R. 汉森：《发现的模式》，邢新力、周沛译，中国国际广播出版社 1988 年版，第 22 页．

优位观"（theory-dominated view），哈肯（Haken）认为应该从实验自身的角度研究实验，强调"实验本身具有生命"①. 虽然实验常常从其跟理论之间的关系获得其重要性，但是哈肯指出它常常有其本身独立于理论的生命. 比如，他注意到 C. 赫歇尔发现彗星的原始观察、W. 赫谢尔关于"辐射热"的工作、戴维对藻散发气体和那种气体里的烛的火焰的观察，这些都不是实验者在任何有关现象的理论下进行的. 又如，19 世纪原子光谱的测量和20 世纪 60 年代对于基本粒子质量及其性质方面的工作，都是在没有理论指导下进行的，实验者常常是为了发挥仪器的功能或者好奇心驱使去观察，然后再进行理论阐释. 不过，无论是无理论指导的实验、仪器改进后的实验，还是好奇心驱使的观察，确实都是没有直接的理论指导的实验，然而，要不是彗星的耀眼光芒或者实验装置的"好用"以及有好奇心的敏感，上述实验观察也是不可能的. 也就是说，有些实验观察对某些影响因素特别敏感，似乎是纯粹观察.

二、科学方法论中的理论和实验关系问题

逻辑实证主义的代表人物卡尔纳普（Carnap），在《科学哲学导论》的"实验方法"一章所言："和早期科学相比，现代科学的一个重大的明显的特征，就是她强调所谓'实验的方法'……在实验的方法中，我们起着积极的作用，我们不做旁观者，我们干某种东西，它将产生出比我们在察看自然中所发现的东西更好的观察结果."② 各种各样的实验千差万别，但是在卡尔纳普看来还是有些共同特征的，"首先，我们试图去确定包含在我们想要研究的现象中的有关因素，有些因素——但不是太多的因素——必须作为无关的东西加以排除"③. 在确定了相关因素后就可以设计实验寻求这些因素之间的规律. 问题是如何确定哪些因素是相关的. 如卡尔纳普所言，"实验室外边的树上的叶子的颜色是否影响我们用于某一实验的光的波长？ 一种仪器的功能是否依赖于它的法律上的所有

---

① Ian Hacking, *Representing and Intervening*: *Introductory Topics in the Philosophy of Natural Science*, Cambridge University Press, 1983, p. 165.

② ［美］R. 卡尔纳普：《科学哲学导论》，张华夏等译，中山大学出版社 1987 年版，第 41 页.

③ 同上书，第 43 页.

者在纽约还是在芝加哥或者依赖于他对这个实验感觉如何？我们明显地没有时间去试验这些因素"①．所以，只能根据之前的知识排除这些因素，也就是说，科学哲学一开始就注意站在科学实验的角度反思过理论与实验之间的关系问题．或者说，在逻辑实证主义那里已经面对实验的理论渗透问题，不过，自然而然地走向了理论优位的道路而已．看来我们只能回到逻辑实证主义提出的问题，只是不能完全回到其理论优位的立场．

按照科学方法论中的科学归纳法，我们在进行科学归纳推理之前，一定要在最广泛的条件下检查所研究的现象．然而，科学史中存在大量的科学定律和科学概括，最初都认为是毫无例外的正确，后来发现在某些条件下却是错误的，就连历史上被人们顶礼膜拜的牛顿力学后来也被发现在高速运动的情况下是不适用的．究其原因，是因为我们没有办法事先知道哪些因素或者什么样的条件才是关键．正如雷迪曼（Ladyman）所问的："我们事先如何知道什么样的环境是明显相似或者不同？当然，我们假定如果我们使用的实验装置被染成红色或者绿色，对实验结果来说没有任何分别，但是我们如何知道它没有分别？类似地，我们不期望在某一天还是一年后的那一天检验一块金属是否热胀冷缩有什么分别，或者在南半球还是在北半球做实验有什么不一样．"② 雷迪曼认为："显然我们依赖于背景知识来决定哪些环境变化了哪些环境没有变．我们想搞清楚所有的金属热胀冷缩，我们认为要考虑到的是，是否我们使用了不同的金属，我们如何加热金属，以及样品的纯度如何，而不认为实验者的名字是否带有'e'字母，或者我们检验的顺序如何．"③ 这其实是动用了有关什么因素有因果关系的背景知识，实验者的名字对我们做的实验在过去没有什么影响，我们希望将来也如此，实验的精确性依赖于能否探测或者屏蔽外界影响．"怎么办？如果我们用台球做力学实验我们只想桌面足够平滑以减少摩擦，我们也可以在真空中去做以减少摩擦，

———————————

① ［美］R. 卡尔纳普：《科学哲学导论》，张华夏等译，中山大学出版社 1987 年版，第 46 页．

② James Ladyman, *Understanding philosophy of science*, London：Routledge，2002，p. 56.

③ Ibid. p. 57.

这就是所谓的'理想化（idealisation）'，而科学常常通过研究理想系统来进行，其中各种复杂因素都不存在，然后再把所导出的规律用到真实系统并做适当修正."[1] 这其实是我们从中学物理学习时就熟悉的各种理想模型的思维方式，也是科学研究最基本的方法. 我们甚至还可以追溯得更远.

事实上，伽利略考察匀变速运动时，他不仅没有直接通过实验数据就归纳出 $s = \dfrac{1}{2}gt^2$ 的公式——这一点由科学史家复原伽利略实验得到证实，也并非完全猜测出运动学公式再去论证. 当然，伽利略没有像亚里士多德那样去寻求物体运动的根本原因（"四因"），而是考察位移、时间、速度等可观测量之间的数学关系，这是最重要的转向，开辟了伽利略风格之路. 正如一本科学技术史所说的：

> 我们现在当然知道"正确"答案，这有可能使我们低估伽利略智识成果的意义. 诚如亚里士多德理论的预测，表面看来重物体确实比轻物体下落得要快些，例如，同时掉下的一本厚书和一张薄纸，书会先落地. 物体的下落运动涉及许多因素，如物体的重量，或者我们会说的"质量"，再有物体的"动量"，后者可以用几种方式来量度. 此外，还要考虑到物体在其中运动的介质、一个物体的密度或特定的重量、介质的浮力、下落物体的形状、那种形状可能产生的阻力大小（同一形状可以产生不同大小的阻力）、下落的距离、下落的时间、初速度、平均速度、末速度以及各种各样的加速度. 在这么多因素中，究竟哪些因素代表了问题的本质？在自由落体问题上，伽利略必须克服许多非常重大的概念障碍才有可能把事情搞清楚.[2]

这段话本意是说伽利略在发现自由落体运动定律时个人智识的意义.

---

[1]　James Ladyman, *Understanding philosophy of science*, London：Routledge，2002，p. 57.

[2]　［美］J. E. 麦克莱伦、哈罗德. 多恩：《世界科学技术通史》，王鸣阳译，上海世纪出版集团 2005 年版，第 325 页.

与此同时，也说明了伽利略风格（把数学跟实验完美结合的科学研究方法）中找到有效可观测量之不容易及其重要性，以及如何挑选这些因素，最后找出它们之间的关系在当时都是非常困难的事情．在我们看来，这段话还提示我们再次反思近代科学革命一开始就在理论跟观察关系问题上走上正确道路，否则伽利略—牛顿风格演变不出相对论、量子力学和量子场论中的科学方法论．也就是说，我们今天寻找标准模型希格斯玻色子的过程，在最深层的科学方法论层面上与伽利略寻找匀变速运动和自由落体运动定律有共同之处．这倒不是说，当代基础科学研究的范式跟近代科学一样，而是说，作为科学，无论近代还是当代科学，科学风格是一致的．伽利略在自由落体运动中找到关键因素得到运动定律，与在 LHC 的 ATLAS 上在海量的粒子（特别是各种本底）中找出希格斯粒子有异曲同工之妙．这当然不是朴素的科学归纳法能够概括的．同样，也不是实验主义简单颠倒一下理论跟观察的优位地位就说得清楚的．

三、当代认识论的反思

科学哲学和物理哲学是关于科学和物理学中的哲学问题的，科学和物理学可以简单地说主要包括科学或者物理学知识，及其获得科学知识或者物理学知识的活动，科学知识或者物理学知识体系的核心是科学理论或者物理学理论，科学活动或者物理学活动即所谓的科学实践，其核心还是科学观察．科学知识体系是一系列科学活动的结果（当然前者也影响后者），而哲学的反思自然而然要考察具体科学知识能否作为知识，这在哲学上就是所谓认识论（epistemology）．在当代认识论看来，正统的知识观认为知识是辩护过的真信念（justified true belief），这样的知识观对命题知识来说没有太多的异议．就科学知识而言，科学理论如何为真？如何辩护？就是科学哲学重要问题．换言之，一般哲学和科学哲学共同的地方还有认识论．其中，科学认识论问题包括："科学方法是什么？（What is the scientific method?）证据如何支持理论？（How does evidence support a theory?）科学中的理论变化是一个合理过程吗？（Is theory change in science a rational process?）我们真的能够说知道科学理论为真吗?(Can we really be said to know that scientific theory are true?)"①

　　事实上,自近代科学革命以来,哲学家(理性主义和经验主义者)都在尽力为科学知识辩护,包括以逻辑实证主义为代表的早期科学哲学学派.逻辑实证主义认为科学知识是可以辩护的,辩护的办法就是科学知识是靠科学归纳法获得的,也就是说科学来自于经验证据,获得证据的办法就是观察.当然简单依赖于归纳法是不能完全为科学知识辩护的,科学史上许多科学家并不是靠简单归纳来得到科学理论和科学定律的.不仅哥白尼不是从大量观察基础上得出日心说的,就是伽利略的匀变速运动和自由落体运动公式也不是单纯实验数据的产物,如前所述,伽利略—牛顿风格并非朴素的归纳主义.虽然牛顿一再标榜自己的定律是从数据推导出来的,认为不是从观察得出的"假说"在"实验哲学"中没有一席之地,而仅仅是"猜测",并发出"物理学啊,要当心形而上学"的感叹.不过,科学史家和科学哲学家迪昂早就指出,牛顿对行星不可能做严格的椭圆运动的论断不可能从开普勒三定律推出,开普勒三定律要不是开普勒对天体运动的神秘的毕达哥拉斯情结,单纯从第谷观察数据也是得不出来的.或者如雷迪曼所言:"在牛顿第一定律中,我们从来没有观察到过哪一个物体是没有受到其他物体的外力作用的,因此这个定律也不是从观测数据得到的.再者,牛顿《自然哲学的数学原理》中大量使用质量和力等抽象概念,完全不像开普勒三定律那样仅仅用了位置、距离、面积、数据间隔和速度,所以牛顿定律是不可能从完全缺少这些概念的数据导出的."② 可见,为科学知识辩护的科学归纳法正是科学哲学的核心问题之一,并且一开始就牵涉理论和观察之间的关系问题.甚至,古德曼(Nelson Goodman,1906—1998)的"新归纳之谜"表明,要是我们误入不正确的语言来记录观察,就有可能陷入困境,即便我们解决通常的归纳问题,古德曼的问题仍得不到解决,同时也说明观察问题有待深入.

---

①　James Ladyman, *Understanding philosophy of science*, London: Routledge, 2002, pp. 6 – 7.

②　Ibid. , pp. 55 – 56.

第二节 科学实在论中理论和观察的关系问题

科学实在论和反科学实在论之争,讨论的还是科学哲学中的理论和观察之间的关系问题,只是讨论层面不一样,如果说逻辑实证主义是在科学理论内部结构上讨论的话,科学实在论和反科学实在论则是以理论为单位看它和实验结果之间的关系.而科学实在论和反科学实在论讨论最多的不充分决定论,也以理论和实验关系问题为核心.

一、不充分决定论中的理论和观察之间的关系问题

无论是对科学知识持怀疑论态度的反科学实在论,还是科学哲学史上的归纳主义方法论和历史主义的理论负载说,都自然走向不充分决定论题.不充分决定论题不外乎想揭示下面事实:多个理论(说明或者定律)兼容于同样的观察证据.数据不足以决定几种理论中哪一个是正确的,就叫数据不充分决定正确理论.不充分决定论又可以分为不充分决定论的弱形式和不充分决定论的强形式.不充分决定论弱形式说的是下面论证:[①]

1. 某些理论 T 假定是已知的,并且所有的证据都跟 T 一致.

2. 存在另外一个理论 $T^\#$ 也跟能够得到的全部证据是一致的.

3. 如果 T 的所有能够得到的证据跟某些其他假设 $T^\#$ 是一致的,那么没有理由相信 T 为真而不是 $T^\#$ 为真.

因此,没有理由相信 T 为真而不是 $T^\#$ 为真.

有一种不充分决定论的变种是"曲线符合问题",意思是说,比如假设科学家对一定体积的气体的压强和温度之间的关系感兴趣,做完实验后根据数据在压强—温度图像中描出几个相应的点,或许在观察压强和温度两个物理量之间的线性关系时,会明显发现压强增加温度也增加或者反之亦然.然而,我们目前根据数据描出的点也与一条甚至其他若干

---

① James Ladyman, *Understanding philosophy of science*, London: Routledge, 2002, pp. 163 – 164.

条曲线都是兼容的，事实上，通过有限对数据描绘的点存在无穷多条曲线通过这些点．因此，有种不充分决定论论证说我们目前获得的数据与一个以上的理论兼容，我们完全可以怀疑建立在这些数据基础上的理论．事实上，著名的迪昂—蒯因论题也涉及不充分决定论中理论和证据关系问题．

不充分决定论强形式的论证：[①]

1. 任何理论都存在无穷多强经验等价而不兼容的竞争理论．

2. 如果两个理论是强经验等价那么他们也是证据上等价的．

3. 没有证据永远支持一个唯一理论而不是与之竞争的经验上等价的理论，并且理论选择因此是彻底不充分决定论的．

如果我们假设理论选择一定要建立在证据之上的话，这个论证显然是普遍有效的．其中反科学实在论正是不充分决定论的一种体现．

二、不充分决定论和反科学实在论

不充分决定论一直是反科学实在论的论证方式，因为不同理论对应同样的观察证据，说明本质上不同理论至少不能都为真．近来斯坦福（Kyle Stanford）在其力作《超出我们的理解力》中，声称"对科学实在论最有力的挑战有待形成"[②]，并试图提供一种包含不充分决定论证要素的悲观的元—归纳论证，对此德威特（Micheal Devvit）认为元—归纳论证确实是"反对科学实在论最有力的论证"，因为"它建立在有关科学史的说法基础上"，并且认同斯坦福的元归纳论有力，不过其挑战不能得到满足，其论证如下：[③]

他先明确科学实在论：

SR：很好建立起来的目前科学理论中大多数不可观测量独立于心灵存在．

SSR（强实在论）：很好建立起来的目前科学理论中大多数不可观测

①　James Ladyman, *Understanding philosophy of science*, London：Routledge, 2002, p. 174.

②　P. Kyle Stanford, *Exceeding Our Grasp：Science, History, and the Problem of Unconceived Alternatives*, Oxford：Oxford University Press, 2006, p. 9.

③　Michael Devitt, "Are Unconceived Alternatives a Problem for Scientific Realism?" Journal for General Philosophy of Science, 42：285 – 293, 2011, pp. 286 – 287.

量独立于心灵存在, 并且大多数具有科学赋以它们的属性.

由此, 对反科学实在论的回应一般为:

EE:T(致力于不可观测量的理论)具有经验上等价的竞争者.

这个反对包含了不充分决定论的强形式, 由此可以论证 SR 和 SSR 得不到辩护.

斯坦福理解的不充分决定论是一种"复发性非长远的"不充分决定论:"可能……在经验上等价的然而没有很好证实的可能性, 也可能是用我们还没有想到或者认同的理论来替代."[1] 这里关心的不是像笛卡尔式"不真实"的替代, 而是那种"我们还没有认识到其重要性的普通科学理论中的替代"[2]. 一种"科学上严肃地理论可能性", 因而形成所谓"没有想到的替代的问题"(斯坦福语). 斯坦福借用科学史支持其假设:"我们不断地陷入普遍科学领域的复发性、非长远的不充分决定论的困境."之所以如此, 是因为"后来的研究总是进一步阐释完全不同的替代, 这也是用之前得到的证据很好证实了的, 就像那些我们在那些证据强度上倾向于接受一样"[3].

一般对元归纳论证的反驳是通过反驳其前提来进行的, 特别是科学在过去与现在是否完全一样, 包括科学实在论反驳说过去的科学史上的不连续性也并不一定意味着现在的科学上的不连续. 而德威特主要是强调自然主义的立场上科学的确在进步, "我们有理由认相信我们对不可观察世界知道的越来越多; 有理由相信借助于技术进步, 一个世纪以来科学方法在稳定进步, 这就是为什么现代理论更成功的原因"[4]. 所以他认为斯坦福的观点得不到满足, 从而可以维护科学实在论. 可见, 新一轮的反科学实在论又得到回应.

总之, 就粒子物理标准模型的成功而言, 无论是理论优位观还是新实验主义和社会建构理论都有失偏颇. 历史上, 粒子物理标准模型既不

---

① P. Kyle Stanford, *Exceeding Our Grasp: Science, History, and the Problem of Unconceived Alternatives*, Oxford: Oxford University Press, 2006, p. 17.

② Ibid., p. 18.

③ Ibid., p. 19.

④ Michael Devitt, "Are Unconceived Alternatives a Problem for Scientific Realism?" *Journal for General Philosophy of Science*, 42: 285 – 293, 2011, p. 282.

是纯粹从理论到实验建立起来的，也不是对实验的简单总结，抑或社会学考察能够说得清楚的．理论与实验之间的关系是错综复杂的．

第三节　皮克林的社会建构理论

　　回避科学方法论的科学社会学也回避不了理论和实验之间关系的老问题，皮克林系统考察了粒子物理学史，得出"建构夸克"的结论，陷入"不充分决定论"和"科学实在论"困境之中．对当代高能物理进行系统的科学史和科学社会学研究的奠基之作，非皮克林（Aadrew Pickering）的《建构夸克——粒子物理学的社会学史》① 莫属．皮克林认为"产生高能物理的历史应被看作是特定文化的社会"，该书"主要集中于旧物理里夸克概念的起源和夸克—规范理论新物理学的建立两方面，并对旧物理学到新物理学的转变过程给予特别关注"② ．不可否认的是，皮克林还是把高能物理理论与实验之间的关系问题作为其背景，基于前夸克世界观的观察与夸克—规范理论对实验现象的观察之间的转变，阐释科学社会学家的皮克林与科学家的区别如下：③

　　在科学家眼里，实验被认为是理论的最高仲裁者．实验事实将最终决定哪一种理论被接受，哪一种会被拒绝．例如，关于标度无关性、中性流和粲粒子的实验数据，决定了夸克—规范理论图像比描述自然的其他理论更值得期待．但是对于这种观点，哲学上有两种著名而有力的反对意见，两者均暗示着实验结果不可能迫使科学家去选择一种待定的理论．第一种意见认为，即使人们被迫接受实验所产生的明确事实，也还是存在这样一种情形，那就是选择一种理论并不完全取决于有限的实验数据．人们总能够提出一种理论，用来解释一组给定的事实……理论预

---

① Andrew Pickering, *Constructing Quarks： A Sociological History of Particle Physics*, Chicago University Press, 1984. 参见中译本 ［美］安德鲁·皮克林：《建构夸克——粒子物理学的社会学史》，王文浩译，湖南科学技术出版社 2011 年版．

② ［美］安德鲁·皮克林：《建构夸克——粒子物理学的社会学史》，王文浩，湖南科学技术出版社 2011 年版，第 14，12 页．

③ 同上书，第 5 页．

言与实验数据之间总会有一些不一致的地方．因此人们必然会提出这样的判断：在表观的经验假象面前，哪一种理论更值得期待？

科学家关于理论与实验之间关系的朴素理解受到哲学家们"不充分决定论题"的反对．皮克林所谓的第二种"反对意见"，即反对科学家的"实验握有最高判决权"观点的第二种意见认为：[①]

将实验结果看成是明确的事实这本身就有大问题．科学家观点的核心是认为实验仪器是一个"封闭的"、已得到充分理解的系统．正因为仪器在这个意义上是封闭的，因此它产生的任何数据必然会得到普遍的认同；如果每个人对实验如何进行有充分的了解，对它产生的结果意见一致，那么就不会出现争议．但是真实的实验过程并非如此．我们最好还是将实验看成是一个"开放的"、不完全了解的系统，因此实验结果的报告是有可能出错的．这种可错性来源于两个方面．首先，科学家对实验结果的理解与仪器的工作原理有关．如果这些原理所基于的理论变了，那么对实验所产生的数据的理解也会随之改变．其次，实验观察的基础总是不完备的．

科学家理解的科学事实是特别朴素的科学实在论．这表现在科学家把实验数据当作科学事实来接受．这样的接受的可行性和可信性在皮克林看来是有问题的．他的意思是说："像夸克这样的理论实体，以及像弱中性流这样的自然现象的概念化，首先是一种理论产物．"[②] 其理由是科学家在对实验数据作为自然现象的事实进行判断时，不是在进行明确判断，而是在"对这些判断的有效性进行追溯性审读"．也就是说，难道把夸克解释成真实实体，夸克模型和规范理论所作出的选择似乎就不成问题了吗？而且还指出这种实在论的最大缺陷在于它的"回溯性"．

皮克林认为为了摆脱这种"回溯性"，必须搞清楚科学家在自然界与科学家的描述之间的中介地位．他指出："在科学家的描述中，科学家们似乎并不是以真正的自然界代理人的角色出现的．科学家更像是自然界的被动的观察者：自然的实在性通过实验呈现出来；实验者的责任仅仅

---

① ［美］安德鲁·皮克林：《建构夸克——粒子物理学的社会学史》，王文浩译，湖南科学技术出版社 2011 年版，第 5—6 页．

② 同上．

是报告他看到了什么；理论家们接受这样的报告，并为此提供表面上不矛盾的解释．人们很难感觉得到科学家在他们的日常实践中到底做了什么．鉴于在科学家的描述中根本就看不到中介的身影，因此我们只能将这种代理作用归到提供实验体现出来的自然现象本身，并且它以某种方式引导着科学的发展．从这个角度看，科学家的描述显得有些奇怪．将代理属性归于无生命的物质而不是人类行为，这不是一种通常可接受的概念．本书的观点则是将这种代理归属到人而不是现象：科学家创造自己的历史，他们不是被动的大自然的代言人．"①

皮克林认为自己的粒子物理学的社会学史，是属于历史学家的工作，历史学家处理文本，其目的不是像科学家那样走近自然界的实在性，而是"让他去探索科学家的活动——科学实践"．还可以"避免重蹈科学家回溯性表述的覆辙"②．从而与等同理论概念构件和自然属性实在论的观点保持距离．皮克林接着说："正是在这个地方，科学家描述与本书提供的描述之间显现出镜像对称（或倒像）关系．科学家提供自然界的状态来说明科学判断的合理性，我则试图借助于他们做出这些判断的文化背景来理解这些判断．我将采用历史学家的方法，将科学实践活动，而不是那些特定的、无法接近的理论构件，置于描述的中心位置．"③ 而所谓的科学实践指的是理论和实验传统的建立过程，并且理论和实验完成之间是一种互动的过程．还进一步给出这种动态过程的一个模型，即他所谓的"语境机会主义（opportunism in context）"．

语境机会主义中的"语境"的含义指的是，比如在理论传统和实验传统都致力于探索和解释某些自然现象时，理论传统和实验传统之间互为语境，通过研究同一种自然现象所结成的关系，理论传统和实验传统构成一种相辅相成的语境．并认为，通过现象的中介作用，两种传统之间保持共生关系．而其"机会主义"针对的是，为什么特定的科学家会以特定的方式对特定传统做出贡献？每个科学家对其研究都有自己一套

---

① ［美］安德鲁·皮克林：《建构夸克——粒子物理学的社会学史》，王文浩译，湖南科学技术出版社 2011 年版，第 6—7 页．
② 同上书，第 7 页．
③ 同上．

独特的资源支配方式，关键在于这些资源能否很好地匹配特定的语境．因此，"每个科学家的研究战略需要根据不同语境下获取资源的相对机会来制定"①．借用这个模型来研究高能物理科学实践中理论传统和实验传统共同发展的动态过程．当然，皮克林最终关注的是高能物理中夸克—规范理论世界观是如何建立起来的，特别是在此世界观建立过程中的社会因素．并认为，"不论是从现象层面还是从理论实质的认识层面来看，世界观均表现为一组协调统一的判断，这组判断同时维系着更大范围内的研究传统之间的共生关系．另一方面，新物理学传统的能动性是建立在特定文化的基础上的，因此，新物理学世界观本身是一种文化的产物"②．

可见，在皮克林的粒子物理学的社会学史研究中，他并不否认理论和实验的共生关系，而是强调这种关系．并且，一再明确自己研究高能物理的理论传统和实验传统是站在科学文化的立场，是从社会学的角度进行的．也就是说，皮克林在考察理论跟实验的关系问题时，反对所谓"科学家的描述"，认为理论和实验之间是"不充分决定论"的关系，无法在自然现象层面说清楚，也不能代俎越庖，不得已站在历史学家的角度，把着眼点从科学家考察自然界跟科学知识之间的关系问题，转移到历史学家从科学家的社会文化背景来说明科学知识之间的关系问题．这样的转移无疑是有意义的．但是这也是一种回避．或者说，在科学理论—科学家—自然现象—实验数据—科学实验的这条关系链中，皮克林选择了把科学家作为科学理论跟科学实验之间的中介，而不是选择"自然现象"，也没有就整个关系链逐环进行分析．③ 再者，选择科学家为中介后，也没有选择科学家的思维方式或者有关认识论为关键，而是以科学家所处的科学共同体的社会关系为着眼点．即便皮克林后来发展科学实践的研究时也是沿着这个思路走下去，如前所述近来皮克林提出了对科学的重新解释，如其所说："我的基本科学形象是行动性的，在其中人的行为

---

① ［美］安德鲁·皮克林：《建构夸克——粒子物理学的社会学史》，王文浩译，湖南科学技术出版社 2011 年版，第 8—9 页．

② 同上书，第 328 页．

③ 相比之下，自然现象也非纯粹客体，既有客观性也有主观性，既有属人方面也有自然方面．关于现象的概念，历来就是个哲学重要话题．

和物质力量首当其冲,科学家是机器尽力扑捉的物质力量领域里的人为行动者."在此基础上他讨论了人和物力量之间的复杂相互作用.他讲道:"力量之舞,就人类目的非对称地来看,取阻抗和妥协的辩证法形式,阻抗代表无法实现试图抓住实践力量,而妥协是回应阻抗的主动人为策略,能够涵盖各种目的和意图,也包括所研究机器的物质形式及其所处的交际和社会关系."这种人和物的辩证作用最后还是落在人的社会关系上.

可是,发现希格斯玻色子最终不仅仅是靠社会关系,即便 LHC 的建造涉及人类迄今为止最为复杂的国际合作,也不像前几年"科学大战"中老百姓担心的那样:这些大科学装置不过是科学家的大型玩具,LHC 不过是为了成千上万高能物理学界的职位而运行,甚至宣布找到希格斯玻色子的证据,也是为了向纳税人有个交代.所以说单纯着眼于社会关系肯定是行不通的.我们认为当代科学中的理论跟实验之间的关系问题,不仅要在本体论层面考察,还要从认识论和方法论层面考察.如上所述,仅仅从本体论出发,像皮克林那样面对理论跟实验之间如何对应起来,单纯从本体论层面无法回答"不充分决定论"和"科学实在论"的困难,从而会导致像皮克林那样从科学家那里寻找突破口,走向社会学的道路.相反,从认识论和方法论层面去考察,可能会回归传统科学哲学的方法论传统.

第四节　理论和实验的新型关系

2013 年 10 月 8 日瑞典皇家科学院发布消息:"2013 年度诺贝尔物理学奖同时授予恩格勒和希格斯,'为其有助于我们理解亚原子粒子质量来源机制的理论发现,该机制最近在 CERN 大型强子对撞机的 ATLAS 和 CMS 实验上,通过其所预言的基本粒子的发现所证实'."宣告 LHC 物理找到希格斯玻色子这一里程碑意义工作得到肯定.两个实验小组都发表了决定性的论文,其中近 3000 人的作者团(ATLAS 小组)发表在 [Physics letters B 716 (2012) 1 - 29] 的论文《用 LHC 上 ATLAS 探测器寻找标准模型希格斯玻色子新粒子的观察》得出的结论——寻找标准模型希格斯玻色子的实验，已经在 LHC 的 ATLAS 上 H→ZZ$^{(*)}$→4L、H→γγ 和 H→WW$^{(*)}$→evμν 衰变道上，靠在 2012 年 4 月到 6 月 8TeV 质心能量 PP 碰撞记录的 5.8 – 5.9fb^{-1} 数据完成．实验合作小组宣布："我们通过数据在 5 个置信度质量为 126GeV 附近清楚观察到新粒子的信号．LHC 和 ATLAS 的出色表现和很多人的巨大努力把我们带到这个激动人心的阶段．"激动之余会反思出当代物理学前沿给我们科学哲学带来什么样的启示呢？[①]

一、理论和实验的中介

如前所述，当代科学哲学始终围绕理论和实验的关系问题在讨论，理论和实验的中间环节是什么呢？从逻辑经验主义探索科学理论的内在逻辑结构开始，把科学理论分成理论部分和观察部分，然后引入对应规则（桥接原理、词典等）；历史主义强调科学理论的演变过程，认为观察渗透理论，甚至不同范式之间的理论和观察不可通约，也就是说同一范式下的理论和观察相互渗透，没有明确的中间环节；科学实在论和反科学实在论之争，为理论和观察的区分以及可观察与不可观察争论不休，科学实在论认为理论术语都是可以观察的，而反科学实在论认为理论术语不可观察；科学知识社会学也从社会学转向过渡到科学文化转向，又回到科学实践，回到科学实践实际上有点回避理论跟观察的关系问题．可见，从对应规则开始，经过理论和观察相互渗透、可观察与不可观察，到科学实践有回避之嫌，也就是说理论跟观察之间的关系越走越远似的．包括科学知识社会学虽然离不开科学理论和科学实验，又试图异军突起，但是没有离开社会学层面．"找到希格斯玻色子"意味着，它不仅仅是理论发明，也不是单纯实验发现．它既是理论产物，又是实验对象．关键是寻找希格斯粒子有助于考察理论和实验的关系问题．

皮克林系统考察了粒子物理学史，得出了"建构夸克"的结论．当时还没有找到希格斯玻色子，不过已经找到其他的玻色子和粒子物理标准模型中其余的绝大多数粒子，寻找希格斯玻色子有什么特殊之处吗？仅仅是希格斯玻色子是其他所有粒子的质量之源，还是它自旋为零、标

---

① 本节部分内容发表在李继堂《LHC 物理时代的理论和实验关系问题》，《哲学动态》 2016 年第 2 期．

量场、质量大（可能不止一个）？还是为了找到它动用了最大的实验仪器、全世界的粒子物理学家的智慧？科学家在理论上推导出来的粒子（希格斯玻色子）质量到底是不是实验数据揭示的对象，科学家要判断实验数据是否就是科学事实（科学理论描述的对象）？最终不可能是一种科学家的主观判断，只能是在理论指导下得到的实验数据到底是不是科学事实（希格斯玻色子）. 也就是说，理论指导下收集到的实验数据是不是要找的粒子，这要靠实验数据的分析来决定. 哪些量最关键？这是分析出来的. 概而言之，实验数据的分析是 LHC 物理中理论和实验新型关系的中介.

二、寻找希格斯玻色子的实验报告

我们以寻找希格斯玻色子为例来看 LHC 物理的研究范式. 在这一章只能直接从 LHC 实验报告出发. 就像一般实验报告总是从实验目的和实验原理开始到完成实验并得到结论结束一样，在《用 LHC 上 ATLAS 探测器寻找标准模型希格斯玻色子新粒子的观察》中明显反映了理论跟实验的关系情况. 其导言介绍了粒子物理标准模型希格斯玻色子的寻找情况；第 2 节简单描述了 ATLAS 探测器，使对实验数据如何得到有所理解；第 3 节讲模拟样本和信号预测，也是为了纠正实验装置以便获取正确数据；第 4—6 节描述对 $H \rightarrow ZZ^{(*)} \rightarrow 4l$, $H \rightarrow \gamma\gamma$, $H \rightarrow WW^{(*)} \rightarrow ev\mu v$ 不同衰变道的分析，这是理论对数据分析的直接作用；第 7 节概述了用来分析结果的统计过程，即数据分析的重要性体现；第 8 节描述数据集跟探索衰变道之间的系统误差性，系统误差本身就是理论的一部分，也是对数据分析的重新评估；第 9 节报告所有衰变道联合起来的结果，即总结分析结果；而第 10 节给出结论.

在第 9 节排除质量区域一开始就集中分析对象，按所期望的 95% CL 排除区域覆盖 m_H 从 110GeV 到 582GeV，观察到的 95% CL 排除区域是 111GeV—122GeV 和 131GeV—559GeV，3 个质量区域以 99% CL 排除的质量区域有 113GeV—114GeV、117GeV—121GeV 和 132GeV—527GeV，而以 99% CL 期望排除范围是 113GeV—532GeV. 这主要是缩小搜索范围. 有关大量事例的观察问题，大量的事例在 $m_H = 126\text{GeV}$ 附近 $H \rightarrow ZZ^{(*)} \rightarrow 4l$ 和 $H \rightarrow \gamma\gamma$ 衰变道被观察到，两个都全面提供了局域不变质量高阶的重建候选

者，以及这些大量事例被高敏感而低解 $H{\rightarrow}WW^{(*)}{\rightarrow}lvl\ v$ 衰变道所证实．不仅是在按照粒子物理标准模型来计算出可能的候选者，而且在区分不同衰变道（按照分析过程的物理末态划分来进行物理分析）．对于源于联合衰变道的观察到定域 P_0，以及相关置信度的考察也是为了寻找希格斯玻色子．描述大量事例时，观察到的新粒子的质量是采用具有最高质量解的两个衰变道 $H{\rightarrow}ZZ^{(*)}{\rightarrow}4l$ 和 $H{\rightarrow}\gamma\gamma$ 的或然率 λ（m_H）来评价的．信号强度可以独立地随两个衰变道来变化，虽然限制在 SM 假设 $\mu=1$ 条件下，结果实质上并未改变，引起系统误差的根源来自电子和光子能量标度和解．观察粒子的质量的最终估计是 126.0 ±0.4（stat.）±0.4（sys.）GeV.

最后得出结论说，"寻找标准模型希格斯玻色子的实验，靠 LHC 的 ATLAS 已经在 $H{\rightarrow}ZZ^{(*)}{\rightarrow}4l$、$H{\rightarrow}\gamma\gamma$ 和 $H{\rightarrow}WW^{(*)}{\rightarrow}lvl\ v$ 衰变道上，在 2012 年 4 月到 6 月 8TeV 质心能量 PP 碰撞记录的 5.8—5.9fb^{-1} 数据完成．这些结果跟先前结果结合，它们是建立在 2011 年 7TeV 质心能量碰撞记录的 4.6—4.8fb^{-1} 整体亮度基础上的，除了 $H{\rightarrow}ZZ^{(*)}{\rightarrow}4l$ 和 $H{\rightarrow}\gamma\gamma$ 衰变道之外，它们借助这里陈述的改进数据得到修正"．同时，希格斯玻色子所能够被排除的质量范围及其置信度都被总结出来．然后宣布："这些结果提供了发现质量为 126.0 ±0.4（stat.）±0.4（sys.）GeV 新粒子的最终证据．信号强度参数在适当质量具有值 1.4 ±0.3，这跟 SM 希格斯玻色子假设 $\mu=1$ 一致．净电荷为零的事例玻色子对的衰减说明新粒子是中性玻色子．双光子衰变道的观察不利于自旋 −1 假设．"强调所找到新粒子的实验数据可能意味着它是希格斯玻色子这样的"科学事实"．甚至还强调"虽然这些结果跟新粒子是标准模型希格斯玻色子的假说是一致的，但是需要更多的数据来详细评价其性质"．

三、寻找希格斯玻色子的理论和实验之间关系

论文《用 LHC 上 ATLAS 探测器寻找标准模型希格斯玻色子新粒子的观察》明显反映了理论跟实验的关系情况．其大致思路为：粒子物理标准模型希格斯玻色子，这相当于介绍实验原理；ATLAS 探测器，这相当于介绍实验仪器；模拟样本和信号预测，以及对 $H{\rightarrow}ZZ^{(*)}{\rightarrow}4l$、$H{\rightarrow}\gamma\gamma$、$H{\rightarrow}WW^{(*)}{\rightarrow}ev\mu v$ 不同衰变道的分析，这相当于系统误差的理论分析；统计过程、描述数据集跟探索衰变道之间的系统误差性，这相当于系

误差和偶然误差的实际分析；报告出所有衰变道联合起来的结果、总结分析结果，这相当于得出实验结果；最后给出结论．这样的思路是从粒子物理标准模型希格斯玻色子开始的，已经把卡拉加（Karaca）所讲的背景理论（量子规范场论）、理论模型（标准模型）和唯象模型（希格斯机制和希格斯的分支比）考虑进去①．这些不同层次的理论具有双重作用，既要考虑到理论自洽及其本体论预设（从量子场到标准模型），又要向实验靠近（希格斯分支比），这其实也是开始为数据分析做准备．接下来的探测器设计、模拟样本和信号预测、希格斯粒子不同衰变道是分析统计、误差分析、结果报告、分析结果、得出结论，每一个环节都围绕"便于数据分析"在展开．虽然数据分析不是最终目的，但是靠数据分析才能达到目的．

在 LHC 物理上寻找标准模型希格斯玻色子的过程，充分体现了理论和实验之间的关系问题的特征．其中最明显的特征就是大型强子对撞机及其探测器上的实验，从设计到完成实验报告只要是有利于实验数据分析的环节都特别重要．这样的数据分析应该不同于逻辑经验主义的对应规则，也不是理论负载或者理论优位所能够准确表达的，甚至细致的理论分层和实验划分也反映不出来．当然，简单地说理论传统和实验传统之间的互动关系也不够．数据分析是从内部把理论与实验结合起来．就像伽利略忽略自由下落物体的形状，不仅仅是实验无法定量形状，而且形状在数学公式里就没有相应的东西，相反，位移、时间、速度和加速度就有利于数据分析．只是那时的数据分析刚好萌芽，而寻找希格斯玻色子的 LHC 物理正好突显了这一点．当然，可能有人会说 LHC 物理之前，寻找标准模型其他粒子的时候可能也如此．应该说主要程序方面可能是这样，但是寻找希格斯玻色子使得这一点更明显、更突出，就像 2011 年 7TeV 质心能量碰撞记录的 4.6—4.8fb^{-1} 整体亮度基础上不敢宣布找到新粒子，就说明数据分析已经成为关键，所以有了新的数据分析后，才下结论说新的数据跟已有数据结合得到新粒子存在的证据．所以，我们认

---

① Koray Karaca, *The Strong and Weak Senses of Theory-Ladenness of Experimentation*: *Theory-Driven versus Exploratory Experiments in the History of High-Energy Particle Physics*, Accepted for Publication in Context, 2013, p. 201.

为可以把数据分析视为当代科学研究中连接理论和实验的关键．

　　把数据分析视为当代科学研究中连接理论和实验的关键，类似于逻辑经验主义把对应规则说成是理论和观察的中间环节，这是找到希格斯粒子对科学方法论的最好启示．而且，强调数据分析作为连接理论和实验的关键，既不倾向"理论优位"也不偏向"实验优位"，同时回避了朴素归纳主义中处理理论和实验关系的简单化问题，也不会像对"科学实践"讨论时单纯转向社会学和文化学的维度．强调数据分析作为连接理论和实验的关键主要还是一种科学方法论的传统．它从分析科学理论结构入手，这是科学方法论的基础．像粒子物理标准模型这样的大科学的理论，既不是从某次实验观察归纳概括出来的，也不是单纯从数学理论推演出来的，是经过理论和实验之间多次反反复复的相互作用确立起来的，在这一次的理论建构过程中可能数学理论起了主要作用，在下一次可能是实验结果起了决定性的作用，而第二次的进展可能是在第一次的基础上完成的，反之亦然．理论的多次发展也如此．同样，高能物理实验发展到今天的 LHC 时代，不仅是实验技术本身的演化，也有理论物理学的浇铸．

　　也就是说，像量子规范场论和粒子物理标准模型以及 LHC 物理等为我们探索理论和实验之间的关系问题，发展当代基础科学的科学方法论和研究范式，提供了充分的准备．因为科学方法论和科学哲学的基础是科学理论的结构，所以我们会从理论结构观问题开始讨论．

第二篇

量子规范场论的理论结构

第五章　规范场论的科学方法论意义

　　对伽利略—牛顿风格有最深刻反思的当属大哲学家康德（Immanuel Kant），他对科学的定义为："任何一种学说，如果它可以成为一个系统，即成为一个按照原则而整理好的知识整体的话，就叫做科学."① 在康德看来，自然科学（物理学）包含先天综合判断作为自身中的原则. 但科学理论并非由单个命题组成，那么就存在一个科学理论的性质与结构的问题，这正是科学方法论的核心问题. 事实上，正如江天骥先生总结的，"狭义的科学哲学（即一般科学方法论）主要研究以下三大问题：（1）经验科学理论的性质与结构，（2）经验科学理论的语义学，（3）理论之间的关系与理论变化. 过去往往把科学理论简单地看作一个全称陈述（或几个全称陈述的合取），第一个问题便不需要加以专门研究"②. "但是，要能够很好地解决理论评价问题也好，理论选择问题也好，都必须首先弄清楚什么是科学理论. 以往归纳逻辑或科学方法论教科书所举的简单的科学理论的例子（例如：'一切天鹅都是白的"或"所有行星都按椭圆形轨道运动'），作为说明某一逻辑要点的例子是可以的，作为说明科学家如何评价、选择理论的例子，就完全失真"③. 可见，科学理论的结构问题是科学方法论中其他问题的基础. 可惜的是，

---

　　① ［德］伊曼努尔·康德：《自然科学的形而上学基础》，邓晓芒译，上海人民出版社2003年版，第2页.

　　② ［美］卡尔纳普等：《科学哲学和科学方法论》，江天骥主编，华夏出版社1990年版，第1页.

　　③ 同上书，第2页.

关于科学理论结构问题的研究是每况愈下，后来还不如从前统一．当然这种研究主要是在经验论的影响下，以及结合具体的科学理论进行的．量子规范场论不仅具有丰富的理论结构，而且最能体现本义上的自然科学的纯粹部分①，对科学理论的结构和性质问题一定有重要意义．

第一节　科学理论结构观

在现代西方科学哲学中，随着相对论和量子力学的建立，特别是受分析哲学的影响，利用现代数理逻辑为工具，在经验论的基础上，先后发展了四种关于科学理论结构的主要观点：理论结构的"公认观点"、语义学的理论观、结构主义的理论观和科学理论的模型．

一、理论结构的"公认观点"

理论结构的"公认观点"（the received view）是逻辑经验主义对科学理论结构的形式化构造，正如萨普介绍的，"考虑或者说是对物理学的进展的回应，到 20 世纪 20 年代科学哲学界已熟知，把科学理论构造成公理运算可通过对应规则给出部分可观察的解释，这种分析，通常被称为关于理论的公认观点［'公认观点'这个名称最初由希拉里·普特南（Hilary Putnam）1962 年引入］．已经被科学哲学家在处理其他科学哲学问题时广泛作为前提"②．事实上，坎贝尔（Norman R. Campbell）在 1920 年出版的《物理学原理》一书中，为了把所谓的科学理论同日常语言中对理论一词的各种用法区别开，他指出："一个科学理论就是命题的一个连通集（a connected set of propositions），它包括两组命题：一组由关于这个理论所持有的一类观念的陈述组成，即后来哲学家所谓的'理论陈述'；另一组由这些观念和性质不同的其他观念之间的关系的陈述组成，就是所

---

① 参见李继堂、桂起权《从康德的科学哲学到规范场论》，《自然辩证法研究》2004 年第 6 期．

② Frederick Suppe, *The Structure of Scientific Theories*, Second Edition, University of Illinois Press, 1977, pv.

谓'对应定义'[赖兴巴赫（Hans Reichenbach）]或'符合规则'[卡尔纳普（Paul Rudolf Carnap）]."① 坎贝尔当时把前一组命题总称为假说，把后一组命题称为"词典"，并强调"类比"在理论应用时的重要性．坎贝尔对理论结构的看法，被卡尔纳普、赖欣巴哈、内格尔（Ernest Nagel）和亨佩尔（Carl Gustav Hempel）等逻辑经验主义者接受并发展成所谓理论结构的"公认观点"（或"标准观点"）．

　　按照内格尔的区分，科学理论有三个主要部分："（1）一种抽象的演算，它是该系统的逻辑骨骼，且'隐含地'定义了这个系统的基本概念；（2）一套规则，通过把抽象演算与具体的观察实验材料联系起来，这套规则实际上便为该抽象演算指定了一个经验内容；（3）对抽象演算的解释或模型，它按照那些或多或少比较熟悉的概念材料或可以形象化的材料使这个骨骼变得有血有肉."② 关于这种划分，首先，认为科学理论是由命题集构成的，这些命题形成了一个形式化的公理体系，这个体系是可以抽象演算的演绎系统；其次，这些命题中所用的语言分为理论语言和观察语言两个层次，理论语言指的是一些描述不可观察的事例的不可观察方面的语言，比如理论中的一些"自旋""电子"等基本概念，以及真值函项联结词；而观察语言指的是描述可观察事物或事例的可观察属性或关系的语词，比如"红""蓝""较长"等．然后是对应规则把理论语言和观察语言联系起来，这些为某些非逻辑性术语指定意义的对应规则，并不是用这个理论的语言即对象语言来表示，而是用一种所谓元语言表示，其中包含有假定事先已理解的一些术语．有些名词只有通过它们在理论中所起的作用而被理解，也就是通过符合规则（或"对应规则"，correspondance rules）才获得经验的意义．这套理论后来被亨佩尔精致化为内在原理、桥接原理和导出原理三部分，并由于科学理论只是被部分地解释，而称为科学理论的部分解释观．

　　这种"公认观点"最大的问题是把科学理论中的名词严格地分为"理

---

　　① ［美］卡尔纳普等：《科学哲学和科学方法论》，江天骥主编，华夏出版社1990年版，第3页．

　　② ［美］欧内斯特·内格尔：《科学的结构》，徐向东译，上海译文出版社2002年版，第107页．

论名词"和"观察名词"，并且"因为它对观察和理论区别的依赖使得它
模糊了科学理论结构的一些认识论上重要并且具有启示性的特征"①．另
外，公认观点"困难的一个来源是这个可疑的假设：科学理论在其对象
语言中含有一类语法对象（符合规则），它们具有特殊的语义学的和方法
论的功能（给予理论名词的解释）"②．还有就是，"存在由汉森、库恩、
费依阿本德和其他当即反对'公认观点'的其他人所提出的科学哲学理
论替代品，并继续为其他理论观和科学知识观争辩"③，而使这种观点一
蹶不振．

二、语义学的理论观和结构主义理论观

语义学的理论观和结构主义理论观，这两种观点也可统称为语义学
的理论观（the semantic conception of theories）．相比之下，"公认观点"
由于主要集中于理论的语法分析，又称为语法学（语形学）的理论观．
并且与"公认观点"比，贝斯（E. W. Beth）、范·弗拉森（Bas C. van
Fraassen）、萨普（Fredrick Suppe）的语义学理论观（这是他们对自己观
点的称谓）和苏佩斯（Suppes）、史尼德（Joseph D Sneed）、施太格缪勒
（Wolfgang Stegmüller）的结构主义（这也是他们对自己观点的称谓）都
有一个共同的中心思想："理论并不是演绎地相连通的语句或命题的集
合，而是由数学结构（'理论结构'）组成的，这些结构作为同实在的或
物理地可能的现象处于某种表象关系而被提出来．"④

在对"公认观点"批判的过程中，人们逐渐明确："我们发现理论并
不是命题或陈述集，而是可被大量不同语言形式描述或刻画的超语言实

---

① ［美］F. 萨普：《关于科学理论结构的"公认观点"有什么错误》，载《科学哲学和科
学方法论》，华夏出版社 1990 年版，第 108 页．

② ［美］卡尔纳普等：《科学哲学和科学方法论》，江天骥主编，华夏出版社 1990 年版，第
5 页．

③ Frederick Suppe, *The Structure of Scientific Theories*, Second Edition, University of Illinois
Press, 1977, p. 4.

④ ［美］卡尔纳普等：《科学哲学和科学方法论》，江天骥主编，华夏出版社 1990 年版，第
6 页．

体．"① 萨普在《科学理论的结构》中已经明确主张"理论是一个通过语言的系统阐述来描绘的超语言实体，因此，在理论的系统阐述中，命题提供了理论的真正描述，以致理论因其每一系统阐述而成为模型"②．较早对"模型"概念做出明确描述的是苏佩斯 1957 年的《逻辑导论》："21 世纪初以来，哲学家们关于科学理论的结构问题写出了大量著作，但他们在各种特殊理论的详细结构方面则谈得极少．在集合论范围内把一个理论公理化乃是使它的结构既精确又明晰的首要一步．一旦提供出这样一种公理化，那么，就有可能提出现代数学所特有的那种'结构'问题．例如，某一理论的两个模型什么时候是同构的，就是说，它们什么时候恰好具有相同的结构？事实上，运用象同构这样的集合论的概念，那么把经验科学的某一分支化归为另一分支这类大家熟悉的哲学问题就可以弄明白了．"③ 这明显突破了把理论视为命题集的樊篱．

在语义学的理论观中，范·弗拉森把理论结构看作构形相空间（configulated state space），认为理论结构重点讨论诸模型及它们的逻辑空间，以及理论结构与世界关系．④ 萨普认为科学理论的结构是"合适地连通的这种空间集或其度量的类似体"⑤，试图把理论与现象通过实验联系起来．也就是说，理论的目的在于确定对象系统的变化过程，其任务是通过指出对应于它的预期辖域内的可能系统的变化过程的所有序列，并且通过唯独有时间方向的那些状态的序列，以显示那个因果上可能的系统的类的特征．具体而言，正如杨中兴先生归纳的，语义观因此而突破了由理论名词和观察名词带来的两种对象系统的对应模式，并依据理论建构的内在性关联区分并设定了理论的三个对象系统：现象系统、物理系统和关系系统．现象系统，指的是理论意指范围内具有一定性质、关系的个体系统组成

① Frederick Suppe, *The Structure of Scientific Theories*, Second Edition, University of Illinois Press, 1977, p. 77.

② Frederick Suppe, *The Structure of Scientific Theories*, Second Edition, University of Illinois Press, 1977, p. 222.

③ ［美］P. 苏佩斯：《逻辑导论》，宋文淦等译，中国社会科学出版社 1984 年版，第 xii 页．

④ ［美］范弗拉森：《科学理论的目的与结构》，载江天骥主编《科学哲学和科学方法论》，华夏出版社 1990 年版，第 173—187 页．

⑤ ［美］F. 萨普：《理论与现象》，载江天骥主编《科学哲学和科学方法论》，华夏出版社 1990 年版，第 188—238 页．

的系统，如经典力学中相互作用的物体的力学现象系统；物理系统，指由理论的定义参数起作用的系统，是现象系统的一个子类，如经典力学中抽象的位置、动量参数予以描述的系统；关系系统则是物理系统一切可能状态系列的集合，如牛顿定律所描述的可能状态域．三个系统及其相互关系实现了对理论语言和经验语言两分法的否定，构成了对理论做出物理解释而将逻辑分析予以搁置的方法论基础．① 当然，理论结构与经验结构之间的关系是同构关系，这是通过把理论看作一簇模型，模型又是与世界结构同构而达到的．正如萨普后来总结的——"语义学观点把理论等同于某种抽象的理论结构，比如构形相空间，建立在与现象的映射关系之中．理论结构和现象是语言形式系统的所指．其基本观念是理论结构与合适地连通的模型簇等同"②，更加突出了理论的整体结构．

结构主义理论观和范·弗拉森、萨普的语义学理论观一样，认为理论并不等同于提出理论时的命题集，而是语言外的理论结构，不过结构主义认为理论结构是可以用一个集合论谓词来加以公理化的集合论对象，也就是说，结构主义所使用的"模型"是一个集合论的谓词．受布尔巴基数学结构思想的启迪，在亚当斯（E. Adams）尤其是苏佩斯的 20 世纪50 年代集合公理化思想的影响下，1971 年出现了史尼德的《数学物理学的逻辑结构》，其标志着结构主义理论观的建立。这种观点试图用集合论谓词作为公理化的形式，将科学理论中多种函项、各种关系用谓词表达出来，先展示出理论的内在数学结构，即理论元素（theory element），是由核心（core）K 和期望应用（intended application）I 所组成的对偶<K·I>．然后才把科学中的各种理论通过联结链（link）综合起来形成理论网络（theory nets）．比如，设"x"是物理系统（例如，"x 代表太阳系"），"s"是用谓词形式表现的数学结构（例如，"是一个经典质点力学体系"），那么一个物理理论所表达的经验内容的方式就具有下列形式：x是 s．这样就把物理理论表示成了集合论的谓词形式，至于 s 究竟是怎样的结构，可进一步确定．比如 1976 年史尼德为了考虑科学的总体结构，考虑

---

① 杨中兴：《理论语义观的方法论策略》，《科学技术与辩证法》2000 年 4 月．

② Frederick Suppe，"Understanding Scientific Theories：An Assessment of Developments，1969 – 1998" *Philosophy of Science*，67（Proceedings）pp：S105.

理论与理论之间的关系，把 T = < K·I > 称为理论元素，做出了如下的形式化定义：

SD：如果 T 是一个科学理论，那么当且仅当存在着 K 和 I，使得：

（1）T = < K·I >；

（2）K = < Mp，Mpp，r，M，C >；

（3）I 是一个非空集，且 I ∈ Mpp.

其中 Mp 表示科学理论的所有"可能模型集"，Mpp 是通过 r 删除了理论性函项而得到的一个矩阵，也是一个"部分可能模型集"，M 则是刻画理论基本数学结构的谓词的所有模型集，C 为约速函项.[①] 后来施太格缪勒和巴尔泽（W. Balzer）做了很大的修改和应用，甚至结合库恩的科学演化动力学，用以解释科学理论之间的发展问题.

三、科学理论的模型

从逻辑经验主义到语义学的理论观和结构主义的理论观，都涉及"模型"，但它们中的"模型"互相不同，与"科学理论的模型"也有差异.在逻辑经验主义中，也常常为了直观起见而建立一个已被完全解释了的体系，来说明通过对应规则而被完全解释了的形式体系.它与部分解释了的形式体系的区别在于认识论结构方面，前者是逻辑上居先的命题决定出现在它下面的层次中的术语（或命题）的意义，也正因如此而有解释作用.而语义学的理论观和结构主义的理论观中的"模型"主要是指理论的一种逻辑演算的形式，正如"范·弗拉森认为的，'模型'一词的用法是从逻辑与元数学中派生出来的.模型一词指的是'模型类型'"[②].这里的模型是理论与现象的中间环节.

事实上，逻辑经验主义时代之前的模型一直处于被漠视的地位，迪昂把模型与理论之间的关系描述为："描绘部分通过理论物理学的适当和自洽的方法一直在它自己的基础上发展；解释部分已经达到这个充分形

---

①　张怡：《科学的三元建构》，中国纺织大学出版社 1996 年版，第 62—77 页.

②　郑祥福：《范·弗拉森与后现代科学哲学》，中国社会科学出版社 1998 年版，第 91 页.

成的有机体并且像寄生虫一样将自己依附于它."（Duhem，1914）① 到卡
尔纳普（Paul Rudolf Carnap）时代也只是为了解释理论而谈到模型，"重
要的是理解，模型的发现不具有比感觉或者说教或者至多启发价值更多
的东西，而且它对于物理理论的成功应用完全不是实质性的"（Carnap，
1939）②. 内格尔（Ernest Nagel）开始重视模型的作用，但仍把它们视为
理论的另一种解释.

　　一直到语义学理论观那里，模型才开始得到应有的重视. 布雷斯韦
特（R. B. Braithwaite）在《经验科学中的模型》中，开始认为模型具有
与理论不同的认识论结构，而语义学理论观和结构主义理论观中"模型"
也得到重视，几乎达到与理论同等地位. 到语义学理论观阶段，已出现
"理论是模型集"的口号.③ 但是总体上来说，模型在科学哲学中仍然被
看作是为了"在正式的框架里，确立科学模型是什么，许多是逻辑经验
主义者的传统"④.

　　近年来，在科学哲学中研究科学模型是为了"评定科学事业中模型
的实际作用、功能"⑤. 当然，在历史上赫西（Hesse，1966）就认为，研
究科学模型"目的要评估模型对于科学发现中的创造性的贡献. 她论辩道，
理论的形式的、假说—演绎的说明缺乏适合这一重要论题的手段"⑥. 这也
是她的书名为"模型与隐喻"的原因. 人们逐渐认识到模型在具体科学
中的作用，"不同的功能模型所能发挥作用的一个突出方面是：解释（例
如，Harre，1960；Hesse，1966；Achinstein，1968）. 理论模型的解释优势
经常与类比的应用相联系"⑦. 最后，人们终于认识到适合科学理论发展
的模型所具有的说明性和创造性的功能. 这完全体现在常说的"建模"

---

　　① ［美］丹妮拉 M. 贝勒 - 琼斯：《追踪科学哲学模型的发展》，载于祺明译《科学发现中
的模型化推理》，中国科学技术出版社 2001 年版，第 26 页.

　　② 同上书，第 27—28 页.

　　③ Frederick Suppe，"Understanding Scientific Theories：An Assessment of Developments，" *Philosophy of Science*，67（proceedings）pp：1969 - 1998，S. 111.

　　④ ［美］丹妮拉 M. 贝勒 - 琼斯：《追踪科学哲学模型的发展》，载于祺明译《科学发现中
的模型化推理》，中国科学技术出版社 2001 年版，第 34 页.

　　⑤ 同上.

　　⑥ 同上书，第 36 页.

　　⑦ 同上书，第 37 页.

活动中，而对模型的科学哲学研究，也就进入了"从模型在科学中的作用到它们在人类认知中的作用"的阶段．"从认知科学各个领域这类研究的观点来看，来自思维模型研究的描画，已经成为考察科学模型对于人类认识作用的一种有吸引力的途径，这是不奇怪的，（例如，Giere，1988；Nersessian，1993；Bailer-Jones，1997）"① . 另外，科学教学活动也促使对科学模型的研究转向为自然化认识论的一部分．

第二节　规范场论的科学方法论意义

规范场论最能体现本义上的自然科学的纯粹部分，于是我们考察了它的数学基础和形而上学基础，认识到它对于认识现代物理学有重要的认识论意义 .② 同样，由于规范场论最能体现本义上的自然科学的纯粹部分，而此纯粹部分中"形而上学和数学的构想在其中交互影响"，并且，"尽管单是审察什么东西构成一个自然哲学没有数学也是可能的，然而关于一定自然事件的一个纯粹自然学说，却只有借助于数学才有可能，并且由于在任何自然学说中所找到的本义上的科学正好像其中所找到的先天知识那么多，所以，在自然学说中所包含的本义的科学也正如在其中可以使用的数学那么多"③ . 这也体现了康德把四组范畴分为数学性门类和力学性门类的原因 . 其实，在康德的先验哲学中，自然界要成为经验的对象，经验又要成为知识的话，必定是感性和知性的结合 . 相反，这一点是经验论所做不到的，从而也导致经验论的科学方法论总是有问题的 .

一、对已有科学理论观的分析

从上节对已有科学理论观的介绍，我们就知道各种已有科学理论观

---

① ［美］丹妮拉 M. 贝勒－琼斯：《追踪科学哲学模型的发展》，载于祺明译《科学发现中的模型化推理》，中国科学技术出版社 2001 年版，第 39 页 .

② 李继堂：《规范场论的哲学意义》，博士学位论文，武汉大学，2004 年 4 月 .

③ ［德］伊曼努尔·康德：《自然科学的形而上学基础》，邓晓芒译，上海人民出版社 2003 年版，第 7 页 .

是有其优点和缺点的. 从理论结构的"公认观点"到语义学的理论观和结构主义理论观, 由于"公认观点"强调科学理论是由命题 (或陈述) 集组成, 对科学理论的分析也就是利用现代逻辑对其中的科学语言进行句法学 (语形学) 的分析, 其中虽有语义方面的分析, 但只表现为一种经验语义学. 相反, 不论是语义学的理论观还是结构主义的理论观, 都否认理论是命题的集合, 而认为理论是由数学结构组成的, 考察科学理论的结构重点是看这些数学结构与现象之间的一种语义关系. 而科学理论的模型, 则从语义学理论观中逐渐对模型的重视, 试图转变为直接研究科学模型, 甚至是突出科学模型的自然化认识论作用. 可见, 科学理论结构观的这种发展趋势, 从语言哲学的角度看, 有一种从语形学到语义学、语用学转向的趋势. 这一趋势为自然化认识论所加强.

另外一个重要的角度, 从数学的观点看, "公认观点"强调科学理论是由命题集组成的, 而语义学的理论观和结构主义的理论观则强调科学理论是由数学结构组成的, 科学理论的模型最终强调数学建模, 也试图直接以数学为研究的主要内容. 可见, 这里有一种趋势, 就是认为科学理论有从命题集组成向由数学结构组成转变的趋势.

这种转向到底正确与否, 还有待于反思, 虽然萨普后来回忆道: "公认观点是逻辑实证主义的知识论的核心, 在有一千二百多人作为听众的那个夜晚它死亡了, 那是 1969 年 3 月 26 日——一个关于科学理论的结构的伊利诺伊 (Illinois) 会议的第一天晚上……C. 亨佩尔这位'公认观点'的主要发展人, 作为会议开始发言人, 人们指望他提出公认观点的最新方案, 相反他却告诉我们他为什么放弃公认观点及其赖以存在的句法学公理化方法 (Hempel, 1974), 突然我们知道战斗胜利了, 而会议变成我们现在应向何方的热烈探讨."① 这是萨普在 1998 年的两年一度的科学哲学联合会上的回忆, 并指出"公认观点"失败的主要原因的头两条, 分别是"理论不是语言实体, 因此是不适合个体化的"和"对应规则带来的混乱". 但三十年后, 语义学和模型的命运又如何呢? 1998 年的会议上, 牛顿达科斯达 (Newton da Costa) 和弗伦奇 (Steven French)

---

① Frederick Suppe, "Understanding Scientific Theories: An Assessment of Developments, 1969 – 1998", *Philosophy of Science*, 67 PP. S. 102.

总结道："八年后，在《科学理论的结构》（1969 年伊利诺伊会议的总结性论文集）一书的后记中，萨普声称'语义学的理论观…是作为取代理论的公认观点的唯一严肃后继者'（Suppe，1977）. 二十年后，他坚持'今天语义学的理论观可能是科学哲学家们广泛持有的关于理论性质的哲学分析'（Suppe，1989）. 30 年后我们在哪里呢？大量的工作是关于科学模型的性质，它们的应用及其与理论之间的关系 . "① 并在最后总结道："或许在科学哲学中我们所面临的最基本问题是科学实践的表征 . "② 这种回顾表明科学哲学家们对科学理论结构问题的探讨仍然是以理论和模型的关系为重点，并更看重科学实践 .

具体而言，我们认为"公认观点"和后来的理论结构观都有失偏颇 . 公认观点虽然由于把理论视为语言实体，进而分成理论语言和经验语言两个层次，又不得不使用容易引起混乱的对应规则将两者连接起来，但其最大优点是使用了大家熟知的以命题为要素的公理化体系，符合人们对理论结构的处理习惯，比如在发现理论与观察不一致时，可适当调整某些命题；其最大缺点也是如此划分的结构有许多内在不一致性，并且不利于整体把握理论与现象之间的适宜性，以及"公认观点终结的一个关键因素是明显不能适当地把科学实践中的模型的性质和作用纳入其中"③ . 而语义学的理论观和结构主义理论观，虽然克服了公认观点的缺点，同时它对句法学的排斥也就不利于直接指导科学理论中命题的修改，也不如"公认观点"中句法学和经验语义学那么精细；其优点就是对理论的整体把握，以及对其中的数学结构的凸显有利于整体评判，其中对模型的强调也弥补了理论与现象分裂的一些缺点 . 而科学理论的模型只是一种试图直接以科学模型为研究对象的努力 .

二、规范场论的科学方法论意义

从目前关于规范场论的数学基础来看，规范场论最具概括性的数学

---

① Newton da Costa and Steven French, "Models, Theories, and Structures: Thirty Years on", *Philosophy of science*, 67 PP. S119.

② Ibid. , PP. S125.

③ Ibid. , S116.

基础应该是纤维丛理论.纤维丛理论是相对完备的一套数学体系.要想越过纤维丛理论,而直接对像量子规范场论这样的物理理论进行句法学的分析,特别是找出明确的对应规则与具体的经验名词逐条对应就会出现前述公认观点的严重困难,而且对于量子场论的解释分歧也很大.比如泰勒(Paul Teller,1990)的谐振子解释,试图用量子化的谐振子描述量子场论,其思想主要是认为量子场形式地等效于谐振子的无穷集,从而我们就能想象按形式上等效于振子的量子化方法对场进行的量子化,正如他所说的"我们比量子场更好地理解量子化振子".而另一种关于量子场论的解释是玻姆(David Josepn Bohm,1987)的因果性解释,这种解释认为量子场有跟经典对应物同样的本体论,虽然其动力学完全不同,那么,我们能理解经典场到什么程度,我们就能理解量子场到什么程度.然而,胡格特(Nick Huggett)和魏嘉德(Robert Weingard)认为,量子场论只能在某些范围内可用谐振子的方式解释,至少在某些方面是误导,相反有些可能解释会比泰勒的更好,而玻姆的解释也有诸如不满足洛仑兹变换等问题.[1]事实上,能从规范场论中推演出一些能用实验测定的参数就已经很不容易了,比如粒子物理标准模型中三代物质粒子的质量,必须通过引入所谓的汤川耦合项,使其成为标准模型中待定的参数,可见,要找到"公认观点"中的观察名词是很难的.包括规范场论的量子场论的许多公理化方案也都有问题.[2]

相比之下,由于语义学的理论观和结构主义的理论观的确避免了对应规则和观察语言与理论语言区分的麻烦,强调具体的有个性化的理论分析,使其更有活力.比如范·弗拉森的量子力学模态解释,结构主义对经典物理和相对论的解释都是很好的例子.但是,如果把它们用到规范场论上,虽然会有其优势,但也会有其麻烦.比如用语义学的理论观分析规范场论,一定要寻找规范场论的超语言的结构,不论是抓住其中的对称性引起的群结构,还是几何属性引起的纤维丛理论这种数学结构,

①　Nick Huggett and Robert Weingard, "Interpretations of Quantum Field Theory", *Philosophy of Science* 61, 1994, pp. 370 – 388.

②　Ray F. Streater, "Why Should Anyone Want to Axiomatize Quantum Field Theory?", *Philosophical Foundations of Quantum Field Theory*, Edited by Harvey R. Brown and Rom Hane, Oxford: Claredon Press 1988, pp. 135 – 149.

仍然面临着如果这些数学理想化条件满足时，它们与现象如何联系起来的问题．不论是萨普用实验检验的办法以达到一种准实在论的终点，还是范·弗拉森强调每个真实系统只是理论描述的状态空间中的一种可能情况来突出其模态解释观，或者是结构主义强调理论元素形式的网络结构以便阐明科学理论的动力学变化，都仍然固守经验主义的教条，最终避免不了形式主义的特征，也就是用各自的科学哲学框架去套某一理论是如何与现象结合的．这正印证了皮尔士（David Pearce）和塔拉（Veikk. Ran Tala）所作的评论，"首先，完全抛开句法来描述 T 等于把语言的有意义方面连同无意义方面一起抛弃了．没有语法和语汇，对 T 的逻辑分析或证明论分析就几乎是不可能的．其次，不难看到，使用语言学和语义学概念所能作出的区分比集合论描述所能作出的更为精细"①．此处语义学指经验语义学．

可见，无论是从语言哲学的层面看关于科学理论结构的语形学（句法学）、语义学到语用学考察的转向，还是认为科学理论由命题集组成到科学理论是由数学结构组成的转向，都强调科学实验的作用，前者通过强调语用学维度而强调对科学理论的整体性把握，后者通过强调科学理论中的数学结构而强调了科学工作者实际工作中对数学工具的依重．这里无意于对这种趋势的哲学背景进行探讨，我们只举两个论断式说明．其一，是阿佩尔（K‐O Apel）在论述科学主义和先验解释学的关系时明确指出，"在分析哲学的发展进程中，科学哲学的兴趣重点逐渐从句法学转移到语义学，进而转移到语用学．这已经不是什么秘密"②．其二，是 P·苏佩斯的著名口号："科学哲学的正确工具是数学，不是元数学（Metamathematics）．"③ 当然这里所指的还不是分析科学理论中的数学，而是指使用数学的方法而非逻辑方法．如果结合我们这里对科学理论结构问题的探讨，阿佩尔的语用学是通过科学共同体而与康德的先验哲学联系在一

---

① 大卫·皮尔斯、韦科·兰塔拉：《元科学的新基础》，载江天骥主编《科学哲学和科学方法论》，华夏出版社 1990 年版，第 329 页．

② ［德］卡尔‐奥托·阿佩尔：《哲学的改造》，孙周兴等译，上海译文出版社 1997 年版，第 108 页．

③ 参见［美］范弗拉森《科学理论的目的与结构》，载江天骥主编《科学哲学和科学方法论》，华夏出版社 1990 年版，第 178 页．

起的，并且最后试图"融合"为"先验语言语用学"，那么受此启发，我们认为对科学理论结构的分析也应跳出语言和经验的范围，退一步回到科学知识的先验基础，在那里科学知识作为先天综合判断，其中的先天性即普遍必然性是可以通过数学表现出来，所以在科学理论结构的分析中，我们始终要抓住其中使用的数学．我们甚至要比苏佩斯用数学分析科学理论更进一步，我们直接分析科学理论中的数学．事实上，在"规范场论的认识论意义"①上，我们始终强调本义上的自然科学的纯粹部分中有"形而上学和数学的构想在其中交互影响"，那么在科学方法论中，对科学理论结构的分析最好是直接分析其中的数学及其与经验之间的关系．当然，这种分析在一般自然科学本身内部就是如此进行的，对于科学哲学来说重复这项工作是无意义的，因为这是科学工作本身，而不是哲学研究．但是，其对于体现了本义上的自然科学的纯粹部分的一些物理学基础理论，如牛顿力学、麦克斯韦电磁理论、相对论、量子力学、量子场论、规范场论、弦论等，是完全有必要而且可行的．尤其是站在现代数学的高度综合这一特征的角度看，正如在规范场论的数学基础上所说的"从流形的观点看"．"从流形的观点看"是指，规范场论是完全可以用纤维丛理论形式体系化的，纤维丛理论本身就是对规范场论的最好公理化体系，或者说最好的理论结构，最好的数学模型．如果说已有的科学理论观有其存在的必要性，是因为它们能规范地研究各种不同的科学理论，找出不同科学理论的共同结构，从而进一步研究这些科学理论的解释，不同理论的比较，相互关系以及评价等问题，那么这些工作用在一般科学理论上或者对这些科学理论进行泛泛的研究也是可以的，但对于量子规范场论这样的基础理论的深入分析显然是不够的，也没有必要．正如可以从流形的观点看各种时空观、物质结构观和自然界中的四种相互作用，甚至超弦理论中的弦或膜．当然这种观点是从规范场论开始才明显的，所以我们称它为规范场论的科学方法论意义的表现．

对于科学理论之间的关系问题，从流形的观点看更有优势．正如前面我们指出过的，人们发现从流形的观点看，甚至辛几何已经具体实现了描述几乎所有的理论物理学的各个分支．而对于牛顿力学、麦克斯韦

---

① 李继堂：《规范场论的哲学意义》，博士学位论文，武汉大学，2004 年 4 月．

电磁理论、相对论、量子力学到规范场论和弦论等各种理论之间的关系完全可以在同一个框架下比较，包括对同一种理论的不同理论提法也可比较研究．当然，如此从流形的观点看，在规范场论中纤维丛理论与物理现象之间的关系问题显得更为突出，在科学研究中如何去应用已有数学或者去发展数学来发展新的科学规律呢？已有科学理论结构观给出的方法论原则基本上是经验主义的，这种经验主义既强调经验主义同时还强调逻辑分析，这种原则曾被王浩先生称为分析经验主义，并认为它有两个戒条："（a）经验主义就是全部哲学，不会有什么（根本的）东西真正能叫概念性经验或概念性直觉．（b）逻辑对哲学极为重要，而分析性（甚至必然性）只能指按约定为真."[①] 可见已有科学理论观的哲学基础也要求，在回答数学和物理现象之间的关系问题时跳出经验主义的界线，回到数学、自然科学和形而上学三者之间的关系来看．正如在对以知性范畴为框架对规范场论认识论意义的考察的反思中，先天综合判断的可能性使我们可以应用知性概念对现代物理学进行考察，同样，这种认识论贯彻到科学方法论中，正是表明数学中必然性的东西与物理学中必然性的东西之间的综合使数学可用于物理学．

　　而进一步考察理论的正确性问题，又会全面涉及科学实验，何况理论和实验的关系问题．也就是说，规范场论的科学方法论意义，启示着我们要从数学跟物理之间的关系问题开始研究科学理论的结构问题．接下来我们具体看看量子规范场论的理论部分．

---

　　① 王浩：《分析经验主义的两个戒条》，载康宏逵译《分析哲学——回顾与反省》，四川教育出版社 2001 年版，第 521 页．

第六章　规范理论及其数学形式化体系

虽然自20世纪30年代以来一直在探索代数量子场论（AQFT）那样的公理化体系，但是始终没有最终成功．相反，在物理学界拉格朗日量体系的常规量子场论形式化体系也使用得很好．如果说广义相对论是人类历史上数学和物理完美结合的经典典范，那么规范场论与纤维丛理论之间的关系则是当代物理学中数学和物理关系的新的代表．当然，人类认识的第一个规范理论是电磁理论．

第一节　什么是规范理论

人类历史上第一个规范理论是电磁场理论。不过在相对论和量子力学之前，人们没有认真对待电磁势的规范不变性，而在量子力学后才开始直接通过电磁势来理解带电粒子的行为，从而认真考虑对应于电磁势的局域结构，特别是对 A—B 效应的阐释，并且通过电磁理论认识规范理论有利于理解．[①] 经典电磁场理论的核心，就是众所周知的麦克斯韦方程组：

$$\nabla \cdot B = 0 \qquad \nabla \times E + \partial B/\partial t = 0$$

---

①　Richard Healey, *Gauging What's Real*：*The Conceptual Foundations of Contemporary Gauge Theories*, New York：Oxford University Press, 2007, pp. 4 – 6.

$$\nabla \cdot E = \rho \qquad \nabla \times B - \partial E / \partial t = j \qquad (1)$$

其中 B 和 E 作为时间 t 的函数,并把光速 c 取为单位 1. 第一个齐次方程表示缺少独立的磁荷,第二个齐次方程表示变化的磁场产生电场的法拉第电磁感应定律;第一个非齐次方程表示高斯定律(用电流密度改革了库仑定律),第二个非齐次方程包含由电流密度产生磁场的安培定律,并把麦克斯韦著名的位移电流用电场的变化包括进去. 由于 E 和 B 的相互影响,求解某处的 E 和 B 不是容易的事情,为了简化问题,有必要重新考虑麦克斯韦方程,因为任一旋量的散度为零 $[\nabla \cdot (\nabla \times A) = 0]$,$\nabla \cdot B = 0$ 中的 B 能够改写成 $B = \nabla \times A$(其中 A 为矢量)的形式;而因为任何梯度的旋度为零 $[\nabla \times (\nabla \varphi) = 0]$,可以令 $E + \partial A / \partial t = -\nabla \varphi$(其中 φ 为标量). 这样一来,电场就可由出现磁场改变的电势导出,磁场也可以从磁的矢量势导出,它们的一般式如下:

$$B = \nabla \times A \qquad (2)$$

$$E = -\nabla \varphi - \partial A / \partial t \qquad (3)$$

其中,矢量 A 和标量 φ 分别称为电磁矢量势和电磁标量势.

之所以说电磁理论是规范理论,主要是因为麦克斯韦理论中所有的可观测量,在所谓的规范变换下能够保持不变,这里的规范变换指的是电磁矢量势 A 和标量势 φ 的任意性. 即作如下变换

$$A \to A - \nabla \Lambda \qquad (4)$$

$$\varphi \to \varphi + \partial \Lambda / \partial t \qquad (5)$$

之后,不仅电磁理论中的 E 和 B 不变,就连洛仑兹力也保持不变.

洛仑兹力是电量为 e 的粒子在电磁场中以速度 V 运行时所受到的力,根据洛仑兹力定律

$$F = e(E + V \times B) \qquad (6)$$

其中,矢量积 $V \times B$ 是 $(V_y B_z - V_z B_y, V_z B_x - V_x B_z, V_x B_y - V_y B_x)$.

事实上,(4)和(5)式中的电磁矢量势 A 和标量势 φ 的任意性,可以通过把它们结合进变量势的变换来表示

$$A_\mu(x) \to A_\mu(x) + \partial_\mu \Lambda(x) \qquad (7)$$

其中下标 μ 取值范围是 0、1、2、3,四矢量电磁势 $A_\mu = (\varphi, -A)$ 包括时间和空间分量,∂_μ 也是随 $(\partial / \partial t, \partial / \partial x, \partial / \partial y, \partial / \partial z)$ 而变. (7)变换跟狭义相对论中洛仑兹变换时,四维时间和空间的坐标 (x, y, z, t)

的在不同坐标系下的变换方式是一致的．而且在按（7）式定义的规范变换下，由（2）和（3）决定的电磁场可以重新表述为

$$F_{\mu\nu} = \partial_\mu A_\nu - \partial_\nu A_\mu \tag{8}$$

其中 $F_{\mu\nu}$ 是电磁张量，它跟电场、磁场的关系可以在特定参照系下表示成：

$$F_{\mu\nu} = \begin{pmatrix} 0 & E_x & E_y & E_z \\ -E_x & 0 & -B_z & B_y \\ -E_y & B_z & 0 & -B_x \\ -E_z & -B_y & B_x & 0 \end{pmatrix}$$

如此一来，经典电磁理论的规范不变性的依据就是电磁势的变换是理论对称的．也就是说，在（4）、（5）或者（7）式作用下，（2）、（3）和（6）式这些电磁理论基本方程不变．

然而，随着人们的研究领域扩展到微观和高能领域，经典电磁理论不得不受相对论和量子力学的洗礼．为了解释原子的稳定性发展出量子力学，像电子一样基本粒子的行为不能再完全靠洛仑兹力定律解释，电磁效应只能通过薛定谔方程中的哈密顿算符表示．进一步，电子属性、原子结构和带电粒子的行为都是由算符值的量子场而非数值的经典场来描述，电磁相互作用也由相互作用场的量子理论（量子电动力学）来处理．再进一步就是粒子物理标准模型中的量子规范场论．好在这样的演变过程中保留了理论的规范不变性，使得对经典电磁理论的规范不变性的考察跟各种规范理论的概念基础的分析紧密相关．事实上，在上述（4）、（5）或者（7）式作用下，（2）、（3）和（6）式这些电磁理论基本方程不变，正是这样的理论对称性．至于这样的对称性的性质，希利（R. Healey）认为："如果这个对称只是经典电磁理论表示框架的纯粹形式上的特征，那么跟这样的变换相关的模型表示的是同样的物理情形；的确，这就是通常理解经典电磁理论的规范对称性的方式．按照这种理解，纵使电场、磁场或者电磁势在模型中是以时空流形上的数学场出现的，但是这些只是'剩余结构'，而不能声称表示了时空上物理量的任何

分布：具有同样电磁场而势不一样的模型表示的是事件的同样状态．"①
也就是说，像经典电磁理论中的电磁势所具有的这种规范不变性，可能
仅仅是一种数学剩余结构，可能并不唯一地直接对应物理经验内容．或
许正是这个特点，使得经典电磁理论可以进行很多推广，具体而言，由
于电磁现象的时空流形跟牛顿或者闵可夫斯基时空在几何学甚至拓扑学
上有所不同，而这样的不同背后具有重要物理意义，比如修改一下可以
做出磁单极的预言，也可以像杨—米尔斯方程那样发生大的改变后用来
描述电磁作用之外的相互作用．总体来说，换一种数学框架，电磁势不
是表现为时空流形 M 上的一种场，而是一种以 M 为底空间的所谓纤维丛
上的联络，上述推广就变得容易得多．而且纤维丛理论使得有可能洞悉
规范理论的深层结构．因此，追随吴大峻和杨振宁（1975）②、梅耶尔
（M. Mayer，1977）③ 和特劳特曼（A. Trautman 1980）④ 的工作，用纤维丛
数学框架形式体系化电磁理论和其他规范理论已成共识．

　　纤维丛理论是个什么样的数学结构呢？⑤ 简单地说，一个（可微）纤
维丛是一个三元组 $< E, M, \pi >$，E，M 是可微流形，$\pi: E \to M$ 是总空
间 E 到底空间 M 的可微投影映射，满足 $m \in M$ 的一点的原像 $\pi^{-1}(m)$
叫作 m 上的纤维，而且满足 $m \in M$ 上的任何一点上纤维跟另一点上的纤
维是同构的，E 的截面是使 $\pi o \sigma$ 是个恒等映射的光滑映射 $\sigma: U \subseteq M \to E$
的截面；如果 $U = M$ 截面是整体性的，否则就是局域性的．有了纤维丛这
个数学框架后，经典电磁势表示成以时空为底空间的主纤维丛 $P [M,$
$U (1)]$ 上的联络，丛曲率表示电磁场，而规范变换用作用在纤维结构

———————

　　① Richard Healey, *Gauging What's Real: The Conceptual Foundations of Contemporary Gauge Theories*, New York: Oxford University Press, 2007, p. 8.

　　② Wu T. T. and Yang C. N. "Concept of Nonintegrable Phase Factors and Global Formulation of Gauge Fields", *Physical Review D* 12, 1975, pp. 3845–3857.

　　③ Meinhard E. Mayer, *Introduction to the Fiber-Bundle Approach to Gauge Theories*, Berlin and Heidelberg: Springer-Verlag, 1977.

　　④ A. Trautman et al., "Fiber Bundles, Gauge Fields and Gravitation", *General Relativity and Gravitation*, Plenum Press, 1980.

　　⑤ Richard Healey, Appendix B in *Gauging What's Real: The Conceptual Foundations of Contemporary Gauge Theories*, New York: Oxford University Press, 2007, p. 233, pp. 12–13. 参见李继堂的博士论文《规范场论的哲学意义》中的"规范场论的纤维丛理论形式化体系"，包括其注释 B 和注释 C.

元素上的各种群来表示．按照特劳特曼（Trautman）的说法，对于每个时空点给出 $U(1)$ 群中的一个元素，从而得到时空流形 M 上的 $U(1)$ 丛 P，局域规范变换相当于主丛上的局域截面 $[\sigma: U(1) \rightarrow P]$，主丛 P 上的联络 ω 是丛 P 上满足一定性质的李—代数—值的一次形式，被拉回到时空 M，使得每个截面把 ω 映射到 M 上的一个李—代数—值的一次形式 iA，这里的 A 正好等同于电磁四矢量势的余向量场．但是 ω 只跟固定截面相联系的特定 A 相对应，截面的改变就对应着跟规范变换（4）和（7）一样的 $A \rightarrow A'$ 变换．在纤维丛的框架下，电磁场用主纤维丛 $P[M, U(1)]$ 的曲率表示．

曲率可以用 P 上的几何对象 Ω 表示，叫作李—代数—值的二次形式，它实际上是 P 上李—代数—值的一次形式 ω 的协变导数．同样，丛截面也把 Ω 映射到 M 上的李—代数—值的二次形式 iF，这里的 F 是一种等同于磁场（在只有磁场的情况下）或者电磁场强 $F_{\mu\nu}$（电磁场情况下）的张量场，F 跟截面的选择无关，原因是 $U(1)$ 是阿贝尔群．

第二节　规范理论的哈密顿形式体系

规范理论的哈密顿形式体系，说的是约束哈密顿形式体系，这个体系为部分物理学家团体所广泛使用，按照埃曼（John Earman，2002）的说法，它具有如下优点："对'局域'及'整体变换'的模糊说法给出清楚说明；解释了相关纤维丛结构是如何出现的；它能够触及规范概念的主要根源之一，并把规范概念跟可观测量和决定论这样的重要基本问题关联起来．"[①] 约束哈密顿形式体系最初是狄拉克（Paul Adrien Maurice Dirac）提出的，现在可以为不同规范理论提供一个视角，也是可以适用于所有规范场论和很多其他粒子和场的动力学理论．它是建立在从拉格朗日公式导出的哈密顿形式化体系基础上的，而多数有关杨—米尔斯理论的物理教科书都从拉格朗日公式出发．当然，在量子化时费曼函数形式也是一种流行形式．

---

① John Earman，"Gauge Matters"，*Philosophy of Science* 69（3），Suppl，2002，S210.

下面按照希利在《规范实在》中的附录 C① 对约束哈密顿体系进行介绍. 在拉格朗日形式体系中，基本动力学方程是从理论的基本拉格朗日量导出，拉格朗日量又是以欧拉—拉格朗日方程的形式出现，而欧拉—拉格朗日方程是把哈密顿原理应用到相应的拉格朗日量的作用的结果. 比如在复标量经典场中，拉格朗日量通过在整个空间上积分拉格朗日密度：$L = (\partial_\mu\varphi)(\partial^\mu\varphi^*) - m^2\varphi^*\varphi$ 而得，相应的作用量就是对时间的积分，即 $S = \int_{t_1}^{t_2} L\mathrm{d}t = \int_R L\mathrm{d}^4x$，其中积分范围是在 t_1 和 t_2 边界内的时空区域 R. 场运动方程的导出，是要看 S 如何随消失在 R 边界的 φ，$\partial_\mu\varphi$，φ^*，$\partial_\mu\varphi^*$ 独立无穷小变化而变化，并且要求 S 在这样的变化下固定不变. L 满足欧拉—拉格朗日方程：

$$\frac{\partial L}{\partial\varphi} - \partial_\mu\left(\frac{\partial L}{\partial(\partial_\mu\varphi)}\right) = 0$$

$$\frac{\partial L}{\partial\varphi^*} - \partial_\mu\left(\frac{\partial L}{\partial(\partial_\mu\varphi^*)}\right) = 0$$

把 L 代入可以得到克莱因—高登方程（以及相应复共轭方程）：

$$\partial_\mu\partial^\mu\varphi + m^2\varphi = 0$$

根据诺特第一定理，如果场的拉格朗日量在其组分场的无穷小连续变换对称变换下是不变的，这样的组分场是由有限参数李群 G_n 所产生的，那么就存在相应的守恒流 J_μ，即

$$\partial^\mu J_\mu = 0$$

以及相应的诺特守恒荷：

$$N = \int_\Sigma J_0\mathrm{d}^3x$$

显然是定义在类空超平面 Σ 上，其中拉格朗日量密度及拉格朗日量在无穷小变换

$$\varphi \rightarrow \varphi - i\varepsilon\varphi$$

$$\varphi^* \rightarrow \varphi^* + i\varepsilon\varphi^*$$

下是不变量，从而导致守恒的诺特荷为

$$N = i \int_V \left(\varphi^* \frac{\partial \varphi}{\partial t} - \varphi \frac{\partial \varphi^*}{\partial t} \right) \mathrm{d}^3 x$$

其中积分范围是处在 t 时刻的类空超平面 Σ 相应的体积范围内，这也意味着电荷守恒 $Q = qN$，q 是跟场 φ 对应的荷．

而且上述对称变换可以推广到其中无穷小参数可以随位置而变的变换，那么其最终变换就不是关于原来的拉格朗日量密度，而是在总的拉格朗日量密度下保持对称性，即和电磁相互作用的克莱因—高登场拉格朗日量密度：

$$L_{tot} = \left(\mathrm{D}_\mu \varphi \right) \left(\mathrm{D}^\mu \varphi^* \right) - m^2 \varphi^* \varphi - \frac{1}{4} F^{\mu\nu} F_{\nu\nu}.$$

跟诺特第一定理不同，诺特第二定理认为，在坐标 x 的任意函数 r 的有限集而不是任意参数的有限集参数化的群 $G_{r\infty}$ 的连续对称变换下，拉格朗日量密度是不变量，那么欧拉—拉格朗日方程彼此不独立，这些函数同它们的导数满足某些恒等．这样的欧拉—拉格朗日方程表明方程的解会包含独立变量 x 的任意函数，因此具有这种对称性的任何理论本质上会是非决定论的．"这意味着欧拉—拉格朗日方程的解包含时间的任意函数，相应的哈密顿方程的解也包含时间的任意函数，使得表示系统状态的相空间点的演变是非决定论的：从某一时刻的一点开始，它可能演变成后一时刻相空间中某一特定区域中的任意一点"[1]．而约束哈密顿形式体系处理这种非决定论的办法，是把相位点的演变分解成物理部分和非物理部分，所有在那种可以从给定出发点按哈密顿方程演化的相位空间区域中点都看作物理上是等价的，它们也被说成处在同一个规范轨道上，这样的话，点之间的演化就是非决定论的，规范轨道之间的演化就是决定论的，而规范轨道内的相位点"运动"表示系统的非物理演化，不同规范轨道之间的任意点的运动表示系统的物理态的相同演化．"完善这个解释部分的关键在于区分两种相位点的运动，这样的区分是按照约束函数所满足的恒等式的分类进行"[2]．简单地说，如果在评价约束表面（所有这些约束在定义相位空间的区域是同时满足的条件）时，一个约束在

---

① Richard Healey, *Gauging What's Real*: *The Conceptual Foundations of Contemporary Gauge Theories*, New York: Oxford University Press, 2007, pp. 252.

② Ibid.，p. 253.

发现相应约束函数跟任何其他约束函数的泊松括号为零时，它就是第一类约束，否则就是第二类．

举例来说，考虑把约束哈密顿形式体系应用到经典电磁理论，通过电磁矢量势 A 和标量势 φ 来看其形式体系，其中电磁场按照电磁势由下式

$$B = \nabla \times A$$
$$E = -\nabla \varphi - \dot{A}$$

导出．一般构形变量是电磁矢量势和标量势 φ，而拉格朗日量密度为：

$$L = \frac{1}{2}(E^2 - B^2) = \frac{1}{2}\left[(\nabla \varphi + \dot{A}) - (\nabla \times A)^2\right]$$

从而有下面的式子：

$$\frac{\partial L}{\partial \varphi} = \pi^0 = 0$$

$$\frac{\partial L}{\partial \dot{A}_i} = \pi^i = \nabla \varphi + \dot{A} = -E$$

其中第一个式子描述了第一类约束，而要是系统继续按此式演化就蕴含着另一个第一类约束：$\nabla \cdot E = 0$，它们构成仅有的第一类约束．值得注意的是这两个第一类约束的泊松括号在任何地方都为零，而不仅仅在约束表面，这意味着由这些约束产生的泊松代数是封闭的，因此定义在对应于规范轨道内"运动"的矢量场构成一个李代数．"正是这使得这个理论成为一个杨—米尔斯规范理论"①．

广义相对论也可以应用约束哈密顿形式体系来进行形式化，主要从爱因斯坦—希尔伯特作用量出发，通过勒让德变换转换到哈密顿形式体系．这个过程已经奉为理论想要正则量子化的先驱．其中，第一类约束有两种，已知的微分同胚约束（集）和哈密顿约束（集），是否为集存在选择性，因为每个约束独自应用在时空流形 M 内各部分的任何空间超平面上的每一个点上．但是，即使相应的约束函数的泊松括号在约束面上全部为零，还是存在其泊松括号不能表述为约束函数的线性组合的约束函

① Richard Healey, *Gauging What's Real*: *The Conceptual Foundations of Contemporary Gauge Theories*, New York: Oxford University Press, 2007, p. 255.

数对，而在这个意义上代数不封闭．因此，定义对应于规范轨道内"运动"的积分曲线的向量场并不构成李代数．"那正是为什么广义相对论不是杨—米尔斯规范理论的原因．"[1] 由于一般认为封闭性是杨—米尔斯理论的明确特征，因此广义相对论不是杨—米尔斯理论．进一步的问题是广义相对论是不是规范理论，对此，埃曼（John Earman）专门讨论过："现在有些作者想对杨—米尔斯理论保留'规范理论'的标签，这对我来说似乎仅仅是术语学问题—如果你不想称广义相对论为规范理论仅仅因为它不是杨—米尔斯理论，这正合我意；但是请不要忘了约束哈密顿形式体系含义深刻，在微分流形上使用张量场的广义相对论标准教科书包含了规范自由，超出标签流传（label mongering）问题以外的是为什么广义相对论无法成为杨—米尔斯理论，更一般地说，是什么特征把作为杨—米尔斯理论的约束哈密顿量理论跟不是杨—米尔斯理论的约束哈密尔顿理论分开的．"[2] 这是个具体物理工作．

第三节 电磁相互作用的形式化体系

为了进一步理解规范理论的形式化体系，有必要研究作为规范理论的电磁理论的形式化体系，下面看看量子化的粒子和物质场的电磁相互作用，我们直接根据希利（Richard Healey）的《规范实在》来介绍[3]．在非相对论量子力学中，电磁场的量子力学描述是通过电磁势引入的．电荷为 e 质量为 m 的粒子只和电磁势为 $A_\mu = (\varphi, A)$ 的电磁场相互作用，薛定谔方程

$$\hat{H}\psi = i\hbar\partial\psi/\partial t$$

中的哈密顿量就可以表示为

[1] Richard Healey, *Gauging What's Real: The Conceptual Foundations of Contemporary Gauge Theories*, New York: Oxford University Press, 2007, p. 256.

[2] John Earman, "Gauge Matters", *Philosophy of Science* 69 (3), Suppl, 2002, S217.

[3] Richard Healey, *Gauging What's Real: The Conceptual Foundations of Contemporary Gauge Theories*, New York: Oxford University Press, 2007, pp. 248 – 250, pp. 14 – 20.

$$\hat{H} = \frac{(\hat{P} - eA)^2}{2m} + e\varphi$$

其中动量算符 $\hat{P} = -i\hbar\nabla$. 如此一来使得量子力学中的波函数就跟电磁势紧密结合在一起.

假定 ψ 是上述哈密顿量的薛定谔方程的解，那么

$$\psi' = \exp\left[-(ie/\hbar)\Lambda(x, t)\right]\psi$$

就是变换了哈密顿量后的薛定谔方程:

$$\hat{H}' = \frac{(\hat{P} - eA')^2}{2m} + e\varphi'$$

ϕ 的解. 其中，A' 和 φ' 跟 A 和 φ 之间的关系是变换式（4）和（5）.

$\psi' = \exp\left[-(ie/\hbar)\Lambda(x, t)\right]\psi$ 式自然就称作波函数的规范变换，如果 Λ 是常数就称整体规范变换，如果 Λ 跟 x、t 有关就称作局域规范变换.

在纤维丛的框架下，波函数的局域规范变换，可以通过伴随主纤维丛 $P[M, U(1)]$ 的矢量丛 $<E, M, G, \pi_E, C, P>$ 来表示，主要是因为时空点上的波函数值以复数的形式成为矢量空间的元素. 这些矢量丛以时空流形作为共同的底空间，还有共同的结构群 $U(1)$. M 点上 E 中纤维的每一点，把复数的矢量空间 C 的一些元素，跟 m 上的 P 的纤维中一个元素配对，按这样的方式把群 G 的作用跟矢量空间 C 关联起来. 使用纤维丛的语言，只存在电磁相互作用的非相对论性的量子化带电粒子的特定状态，就可以用丛 $<E, M, G, \pi_E, C, P>$ 的整体截面 S 来表示，这个状态随 M 中不同点的变化快慢，表现为大家知道的 S 的协变导数 ∇s：这是由 P 上的联络所唯一决定的. 对 P 的每一个截面 σ，S 决定了一个对应的波函数 ψ，ψ 在任何时空点的值为 $\psi(x, t)$. 按照 $\psi' = \exp[-(ie/\hbar)\Lambda(x, t)]\psi$ 式波函数的变换，可以对应于 P 上截面 $\sigma \to \sigma'$ 的变化，因为这改变了 s 和 ψ 之间的对应关系. 没有磁单极时主丛也有整体截面，每一个这样的截面给出用 M 上的四矢量势 A_μ 表示主丛联络的不同方式，伴随每一个不同的 A_μ，用作用在 ψ 上的协变导数算符 D_μ 表示协变导数 ∇ 的作用，协变导数算符 D_μ 作用在 ψ 上体现了它的值 $\psi(x, t)$ 随 M 中逐点变化的快慢，截面 $\sigma \to \sigma'$ 的变化按照（7）式的变换改变 A_μ.

如果 ψ 是方程是 $\hat{H} = \dfrac{(\hat{P} - eA)^2}{2m} + e\varphi$ 的解，那么 ψ' 是用 $\hat{H}'$ 代替此方程中 $\hat{H}$ 后方程的解．甚至，ψ、ψ' 每一个都精确表示了同样的量子化粒子的行为，根据用 $A_\mu = (\varphi, -A)$ 或者 $A'_\mu = (\varphi, -A')$ 等效表示的电磁相互作用．按照这种方式，电磁势的选择伴随的是粒子波函数在每一点相位的选择，并且这种同步选择对应着主丛 P 的截面选择，如图 6—1 所示．图 6—1 也表明主丛和伴丛共享代表时空的一个共同底空间．从主纤维丛的一个截面到另一个截面的改变，可以用来表示一个规范变换，这样一个变换并不影响背后的丛结构，包括用来表示电磁势的主纤维丛上的联络，及其表示电磁场的曲率．这就诱导人们得出一个结论，认为量子化粒子上的电磁效应是用主纤维丛上唯一不变的联络表示，以及规范变换仅仅对应于这个联络上的一个"坐标系"到另一个"坐标系"的改变．[1]

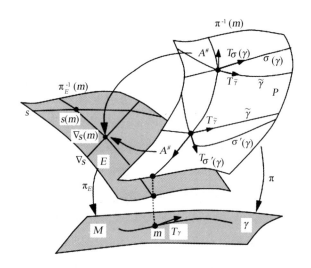

图 6—1　跟电磁场相互作用的量子化粒子[2]

在纤维丛的框架下，量子化的"力"场可以用纤维丛联络表示，而

---

① Richard Healey, *Gauging What's Real：The Conceptual Foundations of Contemporary Gauge Theories*, New York：Oxford University Press, 2007, p. 17.

② 来源于 R. 希利的《规范实在》．

和它相互作用的量子化物质场用伴矢丛的截面表示，然后这些场之间的相互作用在丛变换或者说规范变换下是些不变量. 比如，对复数场 $\phi(x)$ 拉格朗日密度如下：

$$L_0 = (\partial_\mu \phi)(\partial^\mu \phi^*) - m^2 \phi^* \phi$$

通过相应的拉格朗日量 $L_0 = \int L_0 d^3 x$ 的变分作用 $S = \int_{t_1}^{t_2} L dt$，得到克莱因—高登方程：

$$\partial_\mu \partial^\mu \phi + m^2 \phi = 0 \; ; \partial_\mu \partial^\mu \phi^* + m^2 \phi^* = 0$$

由于拉格朗日密度 L_0 和作用量 S 在整体规范变换

$$\phi \to \exp(i\Lambda)\phi$$

下是不变量，那么根据若特第一定理得到若特流守恒：

$$J^\mu = i(\phi^* \partial^\mu \phi - \phi \partial^\mu \phi^*) : \partial_\mu J^\mu = 0$$

这就蕴含着电荷守恒：

$$Q = e \int J^0 d^3 x$$

无源电磁场的拉格朗日密度 $L_{EM} = -1/4 F_{\mu\nu} F^{\mu\nu}$ 在常相位和变相位的变换下是不变量. 如果把 L_{EM} 加到 L_0 上，在 $A_\mu(x) \to A_\mu(x) + \partial_\mu \Lambda(x)$ 和 $\phi \to \exp(i\Lambda)\phi$ 式联合变换下最后作用仍为不变量，因此所加的电磁作用保持了联合理论的常相位不变性. 而一旦把 $A_\mu(x) \to A_\mu(x) + \partial_\mu \Lambda(x)$ 中的常相位变成随 x 的变相位 $\Lambda(x)$：

$$\phi \to \exp[i\Lambda(x)]\phi$$

那么这种理论的作用在最后的联合变换下不是不变量. 然而，在 $A_\mu(x) \to A_\mu(x) + \partial_\mu \Lambda(x)$ 和 $\phi \to \exp[i\Lambda(x)]\phi$ 式联合变换下，不变性的保持是靠增加进一步的相互作用项到总拉格朗日密度，使其成为

$$L_{tot} = L_0 + L_{em} + L_{int}，\text{其中} L_{int} = J^\mu A_\mu$$

在纤维丛的框架下，主纤维丛上的联络唯一决定了伴矢丛上的协变导数，协变导数在电磁场的矢量丛上的作用，可以在坐标覆盖 $U \subseteq M$ 下表示为：

$$D_\mu \phi = (\partial_\mu + ieA_\mu)\phi : D_\mu \phi^* = (\partial_\mu + ieA_\mu)\phi^*$$

其中伴随这个矢量丛的主丛上联络在 U 上用 A_μ 表示. 这很容易进行检验，只要用这些导致 $L_0 + L_{int}$ 的协变导数代替 L_0 中的通常导数.

可见，就像前面对量子化粒子描述同时采用电磁理论的纤维丛形式化体系和哈密顿形式化体系一样，在实际考察规范理论相关哲学问题时，可以从两种不同的形式体系进行，比如在整体比较各种规范理论关联时可以多从纤维丛体系的角度进行，而在具体研究规范及规范变换概念时可以多从哈密顿体系的角度进行．

第四节　杨—米尔斯理论的量子化

还有一个比分析比较杨—米尔斯理论和其他经典规范理论更重要的问题就是杨—米尔斯理论的量子化问题，因为只有量子化了的杨—米尔斯理论才能运用到实验之中．严格来说，经典电磁理论并非量子电动力学的经典版本，电磁理论是局域性的电荷之间通过电磁场相互作用的理论．规范结构源于这样一个事实，场强张量能够通过使用无限类不同规范势来表述．而在理解为杨—米尔斯理论的量子电动力学中，物质是用场来描述的，规范结构则是物质场跟规范势之间特殊耦合的结果，跟电磁理论不同，两种场在规范变换中都要改变．然而为什么这两种不同的理论都被看成是对同样相互作用的描述呢？瓜依（Alexandre Guay）认为："第一，它们似乎描述了同一种现象，第二，它们的规范群是同构的，第三，在它们之间还存在一个中间理论：关于跟非量子化规范势相互作用的量子化粒子．所说的中间理论大概相应于经典 U（1）杨—米尔斯理论，在非阿贝尔杨—米尔斯理论中，并没有这样具有任何实验应用的半经典方案，再次看到电动力学是个例外．"[1] 也就是说，在杨—米尔斯理论的量子化过程中，理论跟实验、经典跟量子理论之间具有不小的距离，而且正是量子化引出了规范对称性原理的丰富结构．为了补充新的量子化形式体系方法，我们通过瓜依采用的费曼路径积分的方法介绍杨—米尔斯理论的量子化．

---

[1]　Alexandre Guay, *A Partial Elucidation of the Gauge Principle*, Preprint Submitted to Elsevier, 4 January 2008.

先来看看非相对论量子力学①，其主要涉及量子化粒子跟非量子化的电磁势之间的相互作用，势和波函数的局域规范变换都是对称的，其中波函数在费曼积分方法中是通过传播子表示，费曼传播子取从时空点 x 到 y 的所有可能路径的积分形式，$K(y,x) = \int D(\vec{q}(t))e^{iS[\vec{q}(t)]}$，其中 S 是跟路径 q 有关的经典作用，以自由粒子的情况为参照，电磁相互作用的作用量要乘以称为威尔逊圈 $U(y,x) = e^{-ie\int_q A_\mu dx^\mu}$（历史上可能的）每个路径的贡献，这里有前面吴大峻和杨振宁对杨—米尔斯理论描述的特征. 瓜依指出："要注意威尔逊圈不是一般的规范不变量，而是路径之间相位的相对变化，由电磁相互作用引起，是规范不变量. 换言之，威尔逊圈 $U(y, x)$ 是规范无关的. 由于在费曼形式化体系之中现象都是不同历史贡献之间干涉的结果，有必要赋予威尔逊圈物理意义."② 瓜依认为，A—B 效应正好直接说明了威尔逊圈的非—局域性特征，并认为规范结构是局域描述跟表示相互作用的非—局域实体兼容得以出现的结果③.

下面看相对论性的量子化④. 讨论基本相互作用肯定要考虑狭义相对论. 可以从推广非相对论力学的角度进行，看看如何来推广上述的传播子 $K(y,x) = \int D(\vec{q}(t))e^{iS[\vec{q}(t)]}$，这个跃迁幅是所有可能路径（或者历史）的总和，其和取函数 q 的紧致豪斯道夫空间上的函数积分形式. 要想严格定义这个积分的测度一般很难，不过认识到这个测度是维纳测度的推广，再加上通过幺正性，还是可以论证 $Dq = \mu[q][dq] = const \times [dq]$，其中 $[dq]:=\prod_t d\vec{q}(t)$. 因此测度函数 $\mu[q]$ 起到轨迹（历史）空间中体密度的作用. 而为了得到相对论量子理论我们不得不量子化协变场论，并直接推广传播子（在"in"和"out"两个状态之间的跃迁幅），取缩略形式如下：

① Alexandre Guay, *A Partial Elucidation of the Gauge Principle*, Preprint Submitted to Elsevier, 4 January 2008.

② Alexandre Guay, *A Partial Elucidation of the Gauge Principle*, Preprint Submitted to Elsevier, 4 January 2008, pp. 8–9.

③ Ibid., p. 9.

④ Ibid., pp. 9–10.

$$\langle out \mid in \rangle = \int e^{iS[\varphi]} \mu [\kappa\varphi][d\varphi], [d\varphi] := \prod_i d\varphi^i$$

其中, S 是场作用. 在此方程中总和不是在可能路径上而是在可能场的历史基础上, 与非相对论的情况一样, $\mu [q]$ 起到在场历史空间的体密度的作用. 然而, 即便选择了费曼路径积分量子化方法, 从杨—米尔斯理论到它的量子化还是分为两条道路. 第一条路是, 先归约规范剩余然后再量子化, 以便获得约化的希尔伯特空间可能的"物理"空间. 第二条路是, 通过对增加 BRST 对称而建立的扩展理论进行量子化, 以此来获得量子化, 这种方法至少在微扰范围已经获得成功. 瓜依在上述论文中对两条道路都进行了讨论.

下面介绍相位空间方法的归约方法. 在费曼路径积分中, 跟"in"和"out"两个状态之间的跃迁幅联系在一起的积分函数取一般形式如下:

$$\langle out \mid in \rangle = \int e^{i\dot{S}[I]} \dot{\mu}_I [I][dI], [dI] := \prod_A dI^A$$

其中, $\dot{S}$ 是经典作用 S 加上全部使得振幅有限的可数项, 而 $\dot{\mu}_I$ 是积分重整化所需的函数测度, 指标 A 指的是规范轨迹 Φ/G 空间中的点. 积分遍历不同的场历史, 自然也包括 I. 这里的 I 过于抽象, 加上杨—米尔斯理论没有经典对应, 也没有经典实验来选择 I 的值. 不过, 所有的 I 的可能取值非局域地依赖于 φ^i.

我们再来看看 BRST 对称方法. 这种方法主要是把一个新的整体对称加在杨—米尔斯理论的基础上然后进行量子化. 实际是添加一个规范破缺项在作用量中, 而其他动力学项涉及新的非物理场: 鬼场、反鬼场以及一个辅助性场, 有时把这些场都称为"鬼". 这种杨—米尔斯理论的形式化体系的跃迁幅取为如下形式:

$$\langle out \mid in \rangle = \int e^{i\{\dot{S}[\varphi]+i\chi_\alpha\mathfrak{F}\beta[\varphi]\psi^\beta+\omega_\alpha K^\alpha[\varphi]-\frac{1}{2}\omega_\alpha(K\alpha\beta)^{-1}\omega_\beta\}}$$

$$\dot{\mu}[\varphi][d\varphi][d\chi][d\psi][d\omega]$$

其中, k 是超定域可逆连续矩阵, ψ、χ、ω 是不同的鬼场, 而 φ 代表规范势和物质场, 这些新的场之所以叫作鬼场, 原因在于它们不具备像 φ 一样的地位, 在计算时它们实际上弥补了采用场 φ^i 的规范独立描述来计算跃迁幅用的物理模型. 而且在微扰理论中鬼场产生了有利于保证可重整化的闭合圈. 让人困惑的是, 为了摆脱规范剩余又添加了明显是虚幻的奇怪的剩余结构．也因为如此，在 BRST 构造中没有像对规范对称进行的局域或者非局域性描述基础上的简单经典解释．也有物理学家在试图证明相位空间的归约方法和 BRST 方法的等效性[1]，并且有人已经证明了费曼路径积分式的 BSRT 量子化与 BRST 量子化之间在微扰范围的等价性[2]．总体上说，BSRT 量子化提供了更多的剩余结构．下一章将通过一个案例讨论剩余结构问题．

[1] Bryce Dewitt, "The Space of Gauge Fields: Its Structure and Geometry" In G. 't Hooft (eds.), 50 *Years of Yang-Mills Theory*, World Scientific Dubh'shing Company, pp. 15 – 32.

[2] S. Mandelstam Feynman, "Rules for Electromagnetic and Yang-Mills Fields from the Gauge-Independent Field-Theoric Formalism", *Physical Review*, 1975 (5), pp. 1580 – 1603.

第七章　规范理论中的数学结构和
物理结构之间的关系①

虽然说当代规范理论的核心是非阿贝尔规范理论，即杨—米尔斯理论，广义相对论是不同于杨—米尔斯理论的另一种规范理论，但是，所有的规范理论都有大致相同的内部结构，比如可以用纤维丛理论进行描述．这一点是有历史根源的，事实上，规范理论的创始人外尔（H. Weyl），在1918年运用爱因斯坦建立相对论的思想和方法，把"尺度相对性原理"同"运动相对性原理"相比较，大胆地提出了规范不变性原理．这勇敢的一步在得到了爱因斯坦由衷赞赏的同时，也遭到了爱因斯坦的严厉批评，可贵的是外尔自始至终都没有放弃自己的思想．我们使用"剩余结构"理论详细分析了规范理论发展的这关键一步，有利于深刻理解规范不变性原理，以及数学和物理的关系问题．

第一节　关于数学和物理关系问题

所谓的"剩余结构"，也叫"数学剩余结构"，是所研究的数学结构比用来表示某个物理结构所必需的要大时，由雷德黑德（Redhead，

---

① 本章的主要内容发表在李继堂、郭贵春《从相对论到规范不变性原理》，《科学技术哲学研究》2011年第4期．

M. L. M）首次在《理论间关系中的对称性》（1975）一文中提出并多次论述（Redhead，1998，2001，2002），现在已经被广泛使用的一个概念，特别是，雷德黑德的剩余结构主要用来考察当代物理学中的数学和物理之间的关系问题，所以我们用来澄清 1918 年的外尔和爱因斯坦之争．下面我们按照雷德黑德 2002 年的《规范对称的解释》一文来介绍剩余结构理论①：

　　考虑一个物理结构 P，由一系列物理实体及其关系组成，而一个数学结构 M，由一系列数学实体及其关系组成，在 M 和 P 享有同样的抽象结构这个意义上，M 表示 P，即是说在 P 和 M 之间存在一一对应结构的保射关系，在数学上称为同构．按照老式的理论陈述观，P 和 M 可以视为一个未经解释的运算 C 的模型，如图 7—1 所示．按较现代的语义观，理论当然是直接等同于像 P 一样的模型簇．就我们的目的来说，我们只需注意到 P 不直接指向世界，而是象征性地指向一个"分解掉的"、弱化了的、理想化的世界的方案（只有在真正的终极理论那里才可能在世界和数学结构之间有所说的同构）．

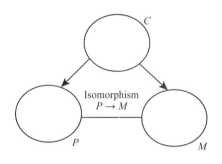

图 7—1

　　一般情况下，同一个 P 可以用不同的 M 表示，如图 7—2 所示，两个映射 x 和 y 分别是 P 和两个不同的数学结构 M_1 和 M_2 之间的同构，当然 M_1 和 M_2 也通过映射 $y \bigcirc x^{-1}$：$M_1 \rightarrow M_2$ 和它的逆转 $x \bigcirc y^{-1}$：$M_2 \rightarrow M_1$ 同构地

---

①　Michael Redhead，"The Interpretation of Gauge Symmetry" In Meinard Kuhlmann，Holger Lyre and Andrew Wayne（eds.），*Ontological Aspects of Quantum field Theory*，world scientific，2002. pp. 225 – 227.

联系起来. 描述 P 和 M 之间关系的方法可说成是 M 在通常意义上"坐标化"P. 如果这种抽象表象是限于一个单独的数学结构, 那么就有两个不同的同构 $x: P \to M$ 和 $y: P \to M$, 如图 7—3 所示, 显然复合映射 $y^{-1} \bigcirc x$: $P \to P$ 是 P 的自同构, 它常被数学家用来指点变换, 而物理学家作为 P 的主动对称; 复合映射 $y \bigcirc x^{-1}: M \to M$ 是一"坐标"变换, 或物理学家所谓 P 的被动变换. 由于 P 和 M 同构相关, 它们享有同样的抽象结构, 因此, 用 P 的对称性表示的 P 的结构上性质能够简单地从 M 的相应对称性中看出.

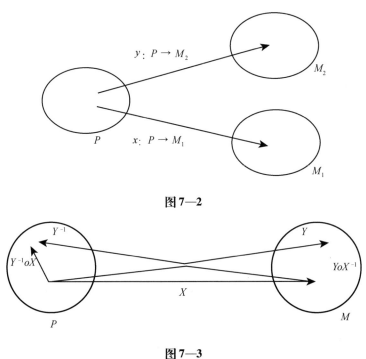

图 7—2

图 7—3

　　下面考虑的情况是物理结构 P 体现在一个较大的结构 M' 中, 通过在 P 和 M' 的子结构 M 之间的同构映射体现, 如图 7—4 所示. 在 M' 中与 M 相补部分构成我们所谓的通过 M' 表示 P 时的剩余结构, 剩余结构是作为超出刚好时的一系列要素的结构, 既涉及剩余要素间关系又涉及这些要素与 M 要素之间的关系.

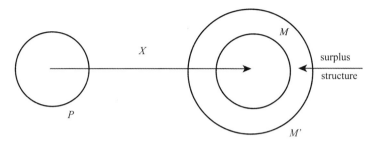

图7—4

雷德黑德列举和研究了许多案例，其中一个大家熟悉的例子，就是 19 世纪物理学中能量这个案例．当时把动能和势能之和引进力学里来，只是作为一个辅助性的纯粹数学实体，以便把遵守守恒力系统的牛顿运动方程看作一个整体，后来作为能量守恒一般性原理的公式并跟热力学（第一定律）结合，结果能量被视为拥有自身的本体论意义的概念．可见，图7—4 中 M 和剩余结构之间的界线是模糊的，在剩余结构中的实体可能随着时间的推移而进入 M 中．也可以看出 M'、M 和 P 之间的关系不是一成不变的．就本书来说，爱因斯坦广义相对论中黎曼几何和广义相对论场方程之间的关系，外尔几何和他的规范不变性原理为核心的统一场理论之间的关系，以及关于规范不变性原理的外尔和爱因斯坦之争，它们不仅是典型的数学和物理关系问题，而且都深入地涉及对称性问题，所以都可以用剩余结构的理论来分析．

第二节　爱因斯坦建立相对论的思路

爱因斯坦在 1905 年狭义相对论中的两个基本假设：第一个假设即相对性原理，第二个假设即光速不变原理．这两个要求结合成一个要求，就是物理定律在洛仑兹变换下应当是不变的．而在 1908 年 H. 闵可夫斯基（Hermann Minkowski）借 $u = ict$，把三维空间中的 $s^2 = x^2 + y^2 + z^2$，扩展成世界几何中的 $s^2 = x^2 + y^2 + z^2 + u^2$ 之后，如克鲁米内什（A. V. Krumins）指出的，"虽然因为 u 的想象特征使这两种几何不尽相同，但是 $s^2 = x^2 + y^2 + z^2 + u^2$ 在四维时空下的线性正交变换下的不变性，跟 $s^2 = x^2 + y^2 + z^2$ 在三维空间中的旋转不变性是一样的". 也就是说，不论从欧氏空间到四维时空的世界几何，还是从牛顿力学到狭义相对论，关键在于存在一种数学变换下的不变性. 同样，爱因斯坦在 1915 年建立的广义相对论，也基于这种"数学变换下的不变性". 1907 年，爱因斯坦在对狭义相对论的综述性论文中，就提出了引力场和一个加速参照系的等效性，假定引力场和相应的加速参照系之间在物理上完全等效，并推广狭义相对性原理成为广义相对性原理. 但广义相对论的具体实现，还是从找到 $\mathrm{d}s^2 = \sum \sum g_{uv} \mathrm{d}x_u \mathrm{d}x_v$ 中的 $\mathrm{d}s$ 具有一般不变性才开始的. 显然，就广义相对论跟黎曼几何之间的关系而言，对照剩余结构理论的图 7—4，爱因斯坦是先有广义相对论的基本原理 P，然后去寻找黎曼几何 M'，最终得到引力场方程相应的数学部分 M.

我们再来看爱因斯坦建立广义相对论的思路，其中最艰难的一步就是建立广义协变方程，场方程的广义协变成为广义相对论的真正出发点. 广义相对论根据等效原理把时空结构等效于引力场，其在 1915 年《广义相对论基础》一文中讲道："同其他力特别是电磁力比较起来，引力占有一个特殊位置，因为代表引力场的十个函数同时也确定了被测量的空间的度规性质."[1] 而根据广义相对性原理，"广义相对论的假设要求物理学方程对任何坐标（$x_1 \cdots\cdots x_4$）的变换都是协变的. 因此我们必须研究怎样才能找到这种广义协变方程. 现在来讨论这个纯粹的数学课题. 我们将会看到，在解决这个问题的过程中，由方程 $\mathrm{d}s^2 = \sum \sum g_{uv} \mathrm{d}x_u \mathrm{d}x_v$ 给定的不变量 $\mathrm{d}s$ 起着基本作用. 这个不变量是从高斯的曲面论那里借来的，我们称为'线元'"[2]. 在此基础上的引力场理论部分，从引力场中质点的运动方程 $(\mathrm{d}x^\tau / \mathrm{d}s^2) = \Gamma^\tau_{uv} (\mathrm{d}x_u / \mathrm{d}s)(\mathrm{d}x_v / \mathrm{d}s)$ 可知，"如果 Γ^τ_{uv} 为零，则质点做匀速直线运动，所以 Γ^τ_{uv} 决定着运动对均匀性的偏离，这些量就是引力场的分量. 今后我们要把'引力场'和'物质'区别开来，即除了引

[1]　Lochlainn O'Raifeartaigh, *The Dawning of Gauge Theory*, Princeton University Prees, 1997, p. 101.

[2]　Ibid. .

力场以外的一切都称为'物质'"①. 非"物质"的"引力场"几何化
后，利用协变方程的要求，就顺理成章地建立起引力场方程. 可见，即
便是引力场的几何化这种技术性很强的关键步骤，也是因为相关物理结
构 P 与数学结构 M 之间的对称性，使得爱因斯坦有可能找到黎曼几何 M'
后，在等效原理 P 的指导下，把引力场几何化（"$P{\rightarrow}M$"）.

　　表面看来，爱因斯坦最后的成功，主要在于他把相对论的基本原理
归结为引力的理论. 但是，希尔伯特（David Hilbert）在得到同样的引力
场方程时，虽然认为 Γ^{uv} 并非完全自由，却不承认引力的特殊性，而认为
引力与所有其他力一样具体. 事实上，希尔伯特提出引力的协变方程是
作为试图统一电磁场和引力场的一部分，而且是能从纯粹几何推导出来
的. 因此，不论是爱因斯坦承认引力的特殊性，认为它可以几何化，还
是希尔伯特不承认引力的特殊性，却从纯粹几何中推导出来，都是一种
有 P 后通过发展数学 M 和 M' 再来发展物理 P 的方法，只是爱因斯坦的思
路更多时候是 $P{\rightarrow}M'{\rightarrow}P{\rightarrow}M{\rightarrow}P$，而希尔伯特的思路更多的时候是 $P{\rightarrow}M'$
$\rightarrow M{\rightarrow}P$. 也可以看出，作为物理学家的爱因斯坦对待数学本质上还是一
种"拿来主义"，始终以物理 P 引导数学 M. 当然，不论是希尔伯特对物
质的能量张量的限制条件，还是爱因斯坦的能量—动量守恒定律，都遵
守广义协变原理. 而相对论主要研究质点在时空中的运动问题，所以涉
及的主要是"运动相对性原理".

第三节　外尔规范不变性原理的诞生

　　外尔的规范不变性原理是把"尺度相对性原理"同"运动相对性原
理"相比较，这是在 1918 年的《引力和电》一文中提出来的. 正如外尔
所言："依照爱因斯坦，引力现象也必须纳入几何学，而关于物质如何影
响测量的规律不外乎就是引力定律：即 $\mathrm{d}s^2 = \sum \sum g_{uv}\mathrm{d}x_u\mathrm{d}x_v$ 中 g_{uv} 组成
引力势的分量. 引力势既然是由一个不变的二次微分形式组成的，电磁现

---

　　① Lochlainn O'Raifeartaigh，*The Dawning of Gauge Theory*，Princeton University Prees，1997，p. 123.

象就为一个四元势所支配,这个势的所有分量 ϕ_μ 组成一个不变的线性微分形式 $\sum \sum \mathrm{d}x_u \mathrm{d}x_v$,然而直到现在,引力和电这两类现象仍然互不相干地同时并存."[1] 为此他拓展了黎曼几何,在外尔所谓的"纯粹无穷小几何"中,度量由微分二次形式 $\mathrm{d}s^2 = \sum \sum g_{uv} \mathrm{d}x_u \mathrm{d}x_v$ 和线性微分形式 $\mathrm{d}\phi = \sum \phi_\mu \mathrm{d}x_\mu$ 共同决定.外尔把黎曼几何拓展到"纯粹的无穷小几何",实际上把广义相对性原理发展成规范不变性原理,认为黎曼几何尚不是纯粹的无穷小几何,它还保留了欧氏几何中超距作用的最后的残余:黎曼流形中各点的线元长度可以作直接的远程比较.由于尺度有赖于运动路径,"纯粹的无穷小几何""必须只容许从一点到另一个无限接近点的长度转移原理.这样就不允许我们假定从一点到另一有限距离点的长度转移是可积的,尤其是因为方向的转移已经证明了是不可积的"[2].如果说方向的转移不可积性能够导致从平直的闵可夫斯基度量推广到黎曼度量,并自动引入引力的话,那么长度(标度)转移的不可积性,即"尺度相对性原理","就会产生一种几何学,这种几何学运用于我们的世界时,它以出人意料的方式不仅解释了引力现象,而且也解释了电磁场的现象"[3].

外尔在《引力和电》一文的数学部分认为,由于线性微分形式 $\mathrm{d}\phi$ 许可在一定的坐标标度中发生改变,矢量的长度只能在同一点测量后才能比较其长度,而且这种比较也不是可通过测量后的 g_{uv} 的实际值,而仅仅是它们之间的比例或关系式,使得变换 $g_{uv} \rightarrow \lambda g_{uv}$ 和 $\phi_\mu \rightarrow \phi_\mu + \mathrm{d}(\lg\lambda)$ 之下,电磁场张量 ϕ 是不变量(ϕ 是电磁势).而在《引力和电》一文的物理部分,外尔是在把作用量表示成 $W = |P|^2 + 4L$ 后指出:"按照希尔伯特、洛仑兹(Hendrik Antoon Lorentz)、爱因斯坦、克莱因(Klein)和本文作者的研究,物质(指能量动量张量)守恒的四个定律与作用量(包含四个任意函数)对坐标变换的不变性是相联系的;同样地,电的守恒定律与'测度不变性'也是相联系的,这种不变性是在这里第一次出现的,它引

① [德] H. 外尔:《引力和电》,载赵志田、刘一贯译《相对论原理》(狭义相对论和广义相对论经典论文集),科学出版社 1980 年版,第 107 页.

② 同上书,第 171 页.

③ 同上.

入第五个任意函数."[①] 也就是说，外尔使用爱因斯坦建立相对论的方法认为，和作用量对于坐标变换的不变性对应着能量动量守恒定律一样，作用量对于从 $g_{uv}\mathrm{d}x_u\mathrm{d}x_v, \phi_\mu\mathrm{d}x_\mu$ 到 $\lambda g_{uv}\mathrm{d}x_u\mathrm{d}x_\nu$ 和 $\phi_\mu\mathrm{d}x_\mu + \mathrm{d}(\lg\lambda)$ 的"测度（标度）不变性"对应着电荷守恒定律．如此一来，不仅把引力和电进行了统一描述和处理，重要的是，发现"测度（标度）不变性"对应着电荷守恒定律，即所谓的"规范不变性原理"[②]．

由此可见，外尔的《引力和电》推广广义相对论，与爱因斯坦把狭义相对论推广到广义相对论最大的不同是，外尔并没有在提出一个规范不变性原理的基础上再去找外尔几何．相反，外尔先推广黎曼几何得到外尔几何 M'，以便实现对引力和电的统一描述，引入了新的基本线性型 $\mathrm{d}\phi = \sum \phi_\mu\mathrm{d}x_\mu$ 这个 M，在把"尺度相对性原理"同"运动相对性原理"相比较时，最终得出包含规范不变性原理的 P．也就是说，外尔是作为一个数学家在研究物理，他们立足点在数学，先看在数学上是否行得通，再参照物理学家的工作推演下去，最后才得到 P．或者用剩余结构理论的术语来说，相对于爱因斯坦建立广义相对论的思路是 $P \rightarrow M' \rightarrow P \rightarrow M \rightarrow P$，希尔伯特的

---

① ［德］H. 外尔：《引力和电》，载赵志田、刘一贯译《相对论原理》（狭义相对论和广义相对论经典论文集），科学出版社 1980 年版，第 179 页。

② 这里的"测度不变性"即后来的"规范不变性"．在 1918 年的两篇论文《引力和电》及《真正的无穷小几何》中，外尔的标度不变性（scale invariance）原文中的德文是 Maßstab-Invarianz. 1923 年帕勒特（W. Perrett）和杰费利（G. B. Jeffery）翻译成英文时用的是"measure-invariance"．在 1919 年的《关于相对论的一个新推广》中，外尔用的德文是 Eichinvarianz. 而在 1922 年博泽（Henry Brose）在翻译《时间、空间和物质》（第四版）时把 Eichinvarianz 翻译成"calibration"．如今所用的"gauge"首次出现在罗伯特森（G. P. Robertson）翻译外尔的 1929 年论文《电和引力》以及 1918 年的《引力和电》这两篇论文的译文之中．对此，杨振宁在《外尔对物理学的贡献》一文中也回顾过：该理论在变换下的不变性导致外尔引入了"Masstab-Invarianz"这一德语名称，译成英语后为"measure invariance"（测定不变性）和"cablibration invariance"（刻度不变性）．后来，这个名称的德语词为"Eich Invarianz"，而其英语词变为"gauge invariance"（规范不变性）．但是，不论是 Maßstab-Invarianz（scale invariance、measure invariance）还是 Eichinvarianz（calibration invariance、gauge invariance）都是指一个标准刻度和一个矢量的大小在"从一点移到另一个无限接近点的长度转移原理"．O'Raifewrtaigh 认为：德语词 Eich 可能来自于拉丁语 aequare，即标准长度的校准．而英译 gauge（Eich-）invarianc 一词在日常语言中的含义也正是针对长度的改变或刻度变化，gauge 的本意是指像铁道上的轨距那种标准在任何地方都是不变的．所以，gauge 这个词还是恰当的．而所谓"相位不变性"则是就量子规范理论的实质而言．

思路是 $P \to M' \to M \to P$ 的话,外尔提出规范不变性原理的思路是 $M' \to M \to P$. 或许有人会说,外尔在推广广义相对论时以统一引力和电磁力为目标,说明他也是从物理结构 P 到数学结构 M 的. 但是作为数学家的外尔不是看重广义相对论把引力场几何化,而是发现广义相对论赋予黎曼几何以实在意义(一种世界几何),从而想找到一种真正的世界几何(纯粹无穷小几何),这种外尔几何不仅包含引力现象也包含电磁现象. 所以他先发展出外尔几何 M'(以基本二次型 $\mathrm{d}s^2$ 和基本线性型 $\mathrm{d}\phi$ 为基本度量关系),然后找到坐标不变性和标度不变性 M,再推演出规范不变性原理之类的物理结构 P.

第四节　外尔和爱因斯坦之争所体现的数学和物理关系

虽然外尔理论是对爱因斯坦理论的推广,爱因斯坦也赞赏外尔理论是"一流天才的新奇巧妙之作……",但是爱因斯坦马上指出它在物理上是不可能的:"虽然你的想法如此优美,但是我不得不坦率地说,在我看来,这个理论不可能和自然想适应." 这引发了爱因斯坦(在柏林)和外尔(在苏黎世)的大量书信往来,我们称之为"外尔和爱因斯坦之争". 就剩余结构的观点看来,在规范理论萌芽时期外尔和爱因斯坦之间发生争论是容易理解的,作为物理学家的爱因斯坦想问题时总是从剩余结构理论中的物理结构 P 到数学结构 M(即 $P \to M' \to P \to M \to P$),作为数学家的外尔又总是从数学 M 到物理 P(即 $M' \to M \to P$). 而一旦出现物理事实跟理论推论不一致时,爱因斯坦就会以物理事实和物理直觉为依据据理力争,外尔也会从数学的统一性和数学直觉出发进行辩护. 下面将 1918 年两人的争论完整译出并分段讨论.

1918 年 3 月,外尔把《引力和电》这篇论文寄给爱因斯坦,并请他转交给普鲁士科学院,爱因斯坦收阅论文后,最初是用明信片(1918 年 4 月 15 日)和外尔联系并做出上述评价的. 当该论文发表在《普鲁士皇家科学院会议报告》上后,应科学院的内恩斯特(Ernst)和普朗克(Planck)的要求,爱因斯坦加了一个附言:

如果光线是决定相邻时空点的度规关系的唯一方法，那么在线元 ds（也在 g_{uv} 中）的确就会有一个不确定的因子．但是，一旦用无穷小的量杆和时钟来进行测量时，这个不确定性就不存在了．而类时的 ds 就能用其世界线上包含在 ds 中的标准钟直接测量．只有在假定"标准量杆"和"标准钟"原则上失效时，这样定义的线元 ds 才会不真实；标准量杆（相应地有标准钟）跟它的历史有关就是这种情况．如果自然界果真如此，那么有确定频率谱线的化学元素就不可能存在，而且同样的两个相邻原子的相对频率一般来说就会不同．既然情况不是这样，在我看来就无法接受这个理论的基本假定，尽管任何人都会由衷地赞叹它的深刻性和独创性．

爱因斯坦的反对也是很有道理的，问题的关键在于，如果一个非可积的长度联络（标度因子）的想法正确的话，那么时钟的行为就会依赖于它们的历史．考虑相互关联的世界中两个完全相同的原子钟，让它们沿着不同的世界线在相互关联的世界点上重新碰面，按照外尔的长度变化公式，这两个原子钟的频率原则上就不同，这很显然是和经验相矛盾的．可见，爱因斯坦在赞赏外尔理论的优美之时，始终以物理事实和物理直觉为依据，可能会忽视长度（标度）不变性原理中的真理成分，容易犯"把小孩和脏水同时泼掉"的错误．从剩余结构观点看，外尔是要用外尔几何 $M_1{}'$ 导出既包括引力场又包括电磁场的统一场公式 M_1，再分别解释引力现象和电磁现象 P_1，那么外尔理论中剩余结构（$M_1{}'$ 减去 M_1）势必比较大，至少比爱因斯坦广义相对论中黎曼几何数学结构 $M_2{}'$ 减去引力场方程等 M_2 的剩余结构要大，因为 $M_1{}'$ 除了包括 $M_2{}'$ 外，还包括统一协调 $M_1{}'$ 和 $M_2{}'$ 的那部分，而 M_1 可以不管 M_2．剩余结构越大模糊性越大，还不成熟的规范不变性原理破绽就会越多，也越容易被爱因斯坦抓住．

1918 年的《引力和电》中除了附上爱因斯坦的评论之外，还附上了外尔的一篇回应[1]：

---

① Lochlainn O'Raifeartaigh, *The Dawning of Gauge Theory*, Princeton University Prees, 1997, p. 35.

　　我要感谢爱因斯坦先生给我这个直接回应，他提出反对的机会，实际上我不相信他是正确的，根据狭义相对论，只要一个钢性量杆在惯性系中是静止的，这量杆总有其静止长度．而且，在同种情况下，标准钟在标准的单位时间中也会有同样的周期（迈克尔逊实验、多普勒效应）．但是，如果它是在涡流运动（就像在热力学中一个以随机的速度和处于不均匀的热气体通过一个平衡态时那样少）时，测量 $\int \mathrm{d}s$ 的时钟是不成问题的；当时钟（或原子）处在强烈变化的电磁场中时，情况当然不是这样的．在广义相对论中人们最多能说的是：在静态引力场中处于静止的时钟测定的是没有电磁场的积分 $\int \mathrm{d}s$，在通常有任意引力场和电磁场存在时，处于任何运动中的时钟只能由建立在物理学定律之上的动力学计算得到．因为量杆和时钟的行为尚有争议，在《空间、时间和物质》一书中，我对 $g_{\mu\nu}$ 的测量只用光信号来做观察；只要爱因斯坦理论有效，则不仅这些量的比例就连（通过确定的标度选择）它们的绝对大小也是能够确定下来的．

由于爱因斯坦的反对是从测量问题入手的，外尔也只能从广义相对论的测量理论角度来思考，认为直接利用自由运动粒子和光线就可确定四维世界的度量，而无须使用时钟和量杆，在电磁场和引力场中时钟和量杆的行为，是只能从物质的动力学理论中推导出来的．从剩余结构观点看，外尔的反驳没有从物理结构 P 出发，而是从数学 M 到物理 P（即 $M' \to M \to P$），认为有引力场和电磁场同时存在时，时钟的行为正是需要从新理论来推导的．所以，他接着讲道：

　　根据这里发展起来的理论，适当选择坐标系和不确定的比例系数，平方形式 $\mathrm{d}s^2$ 大致和狭义相对论中一样，除了在原子内部，在同等近似下线性形式都等于零，在没有电磁场的情况下（线性形式严格等于零）$\mathrm{d}s^2$ 完全由括号中所表示的要求决定（在爱因斯坦理论中还是任意的比例因子，会成为一个恒定的比例因子；甚至对静态电磁场情况也如此）．对于在静态场中处于静止的时钟，最恰当的假定是它测量了按此方式规范了的 ds，这个假定也可用爱因斯坦的理论和我的理论中严格的动力学计算来辩护．在任何情况下，一个保留在有限静态场中的结构补缺的振荡系统都以明确的方式运动（扰动的影响很快消失）；我不相信我的理论和这个实验情形（这是用原子的化学原理所证实了的）相矛盾，已经观察到矢量—平移的数学模型（这种几何建构的基础），是和时钟的有关运动的真实情况没有任何关系的，时钟的运动是由运动状态所决定的．[①]

显然外尔的反驳不如爱因斯坦的具体，外尔的反驳更多的是声明自己的"绝对微分几何"的好处．但从剩余结构的观点看，外尔具体讲述了他从数学 M 到物理 P（即 $M' \to M \to P$）的思路，认为时钟的运动不能单纯由矢量平移之类的数学模型决定，而应该由运动状态来决定．外尔的回应最后讲道：

> 必须强调的是，这里发展的几何是真正的无穷小几何，在自然界中，如果用和它相关的电磁场来代替非逻辑的准无穷小几何，将是非常值得的事情，当然我可能还处在我的整个思想的令人迷惑的交叉口之上；我们在讨论的还是纯理论；和实验相比还仅仅是一个理解的问题．至于理论结果还有待于发现；我期盼对这个艰巨任务的援助．[②]

外尔承认自己的理论主要还是一个纯理论，期盼有人发现新的理论结果．并再次强调自己从数学 M 到物理 P（即 $M' \to M \to P$）的思路的重要性．

---

① Lochlainn O'Raifeartaigh, *The Dawning of Gauge Theory*, Princeton University Prees, 1997, pp. 35 – 36.

② Ibid. , p. 36.

即便如此，受时代限制而力不从心的外尔，还是不愿放弃自己钟爱的想法，在 1918 年 12 月 10 日致爱因斯坦的信中，外尔写道：

> 这当然令我着恼，因为经验证明您的直觉是可以信赖的；但我不得不承认，您的反驳似乎不能令我信服．顺便说说，您不要认为我是出于物理的缘由才在二次微分形式之外引入线性微分形式的，恰恰相反，我是想清除这个"方法论上的不一致性"，这种不一致性早就是我的一块绊脚石了．随后，出乎意料，我突然意识到它好像能够解释电力．而您用手掌拍住脑袋并喊道："你不能这样搞物理！"[①]

外尔推心置腹地告诉爱因斯坦，自己在"把二次微分形式之外引入线性微分形式"时，具体的方法论和爱因斯坦建立广义相对论的方法是一致的，却得不到爱因斯坦这个权威的支持．同时，外尔本人也明确意识到自己思维方式跟爱因斯坦的不同，不像爱因斯坦那样从物理直觉出发，甚至不是出于"物理的缘由"发展外尔几何，而纯粹是追求数学上的"一致性"得到外尔几何，偶然发现它能够解释电力，与爱因斯坦研究物理的思路完全不同．即是从剩余结构观点所说的：爱因斯坦的思路是物理结构 P 到数学结构 M（即 $P \to M' \to P \to M \to P$），外尔的思路是从数学 M 到物理 P（即 $M' \to M \to P$）．

如图 7—5 所示，不论是外尔几何 M_1'［以 (g_{uv}, φ_i) 为基本度量关系的右边大椭圆］之于外尔统一场论 P_1（以规范不变性原理为核心左边大椭圆），还是黎曼几何 M_2'（以 g_{uv} 为基本度量关系的右边大圆）之于广义相对论 P_2（以引力场方程为核心），都是明显的数学剩余结构理论中的 M' 之于物理结构 P，并且可以近似认为，以 (g_{uv}, φ_i) 和 g_{uv} 基本度量关系为中心用上了的那部分数学结构，分别是它们相应的 M_1 和 M_2．那么，外尔统一场论的剩余结构（$M_1' - M_1$）大于爱因斯坦广义相对论的剩余结构（$M_2' - M_2$），除了使爱因斯坦容易发现外尔的缺点之外，也使得外尔有反驳的可能．事实上，外尔本人（和后来许多人都）试图由光线和自由下落粒子体系的局域

---

① 郝刘祥：《外尔的统一场论及其影响》，《中国自然科学史研究》2004 年第 1 期．

性质导出伪黎曼度量 $g_{u\nu}$（最终只能导致外尔几何的度量关系），以努力回应爱因斯坦的批评（甚至统一相对论和量子力学）[1]，正是基于外尔几何 M_1' 和黎曼几何 M_2' 有其内部一些推演关系，使其有争论的余地．这正是从剩余结构理论来看两者争论之原因所在，同时在一定程度上也去除了数学和物理关系问题的神秘性．

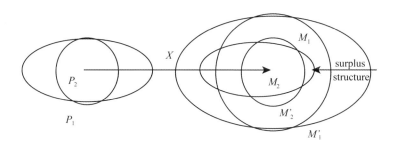

图 7—5

事实上，外尔一直到逝世都坚信他 1918 年提出的规范不变性原理，虽然 1929 年的《电和引力》使他看到了曙光，但是他还是没有看到规范理论后来的发展．可能后人会看得清楚些，就爱因斯坦时代而言，广义相对论在物理上的进一步拓展，除了后来福克（1929）也把狄拉克方程用和外尔一样的方法结合进广义相对论外，费特诺德尔（Fetrodel，1928）、薛定谔（Schrödinger，1932）和把格曼（Bargmann，1932）也通过从与时空相关的 γ 矩阵满足 $\{\gamma^\mu, \gamma^\nu\} = 2g^{\mu\nu}$ 达到同样目的，稍后一点点的英费尔德和凡瓦尔登（Infeld，Von der Waerden，1932）的工作也是基于自旋分析．在量子力学建立前，和外尔类似的工作主要是克鲁兹（1919）和克莱因（1926）早期的工作．而就后来的规范理论思想史来说，如果把规范场论的发展史划分为三个阶段：外尔提出规范不变性原理、杨振宁和米尔斯提出杨—米尔斯理论以及杨—米尔斯理论在标准模型中的应用，那么考察从广义相对论到规范场论的发展史，最重要的就

———————

① Jürgen Ehlers, "Hermann Weyl's Contributions to the General Theory of Relativity" In Wolfgang Deppert et al（Hrsg.）, *Exact Sciences and Their Philosophical Foundations*, Verlag Peter Lang, 1985, pp. 83 – 107.

是从广义相对论到规范不变性原理的历史，这段历史也是数学物理发展史上的典范. 历史证明，外尔的规范不变性原理的确是在爱因斯坦的相对论基础上前进了一大步.

第八章 规范论证中发现的语境和辩护的语境①

在当代物理学中，描述自然界里的基本粒子及其基本相互作用力的理论都是规范理论．为什么它们都能够用统一的规范理论框架来处理？物理学家认为存在一个把整体规范对称推广到局域规范对称合法性的所谓规范论证，但物理学哲学家对此基本上持反对态度．我们试图从科学哲学角度说明物理学家的规范论证主要处于发现的语境，而物理学哲学家对规范论证的异议主要出于辩护的语境．基于发现语境跟辩护语境区分的合理性，我们试图说明规范论证和对规范论证的异议并不是完全对立的，两者甚至可以用语境论理论观统一起来．

第一节 规范理论基础中的规范论证

正如前面提过的，当代物理学中有两个标准模型，一个是微观世界的"粒子物理标准模型"，另一个是宏观世界的"大爆炸宇宙模型"．说它们是标准模型，主要是因为它们是迄今在理论和实验观察方面最成功

---

① 本章的主要内容曾经发表在《哲学研究》和《苏州大学学报》（哲学社会科学版）上．参看李继堂、郭贵春《物理学规范理论基础的语境分析》，《哲学研究》2012 年第 4 期；参见李继堂、郭贵春《规范论证中发现的语境和辩护的语境》，《苏州大学学报》（哲学社会科学版）2013 年第 2 期．

的. 粒子物理标准模型统一描述了电磁力、弱作用力和强作用力, 它们的理论基础都是以杨—米尔斯理论为核心的量子规范场论. 大爆炸宇宙模型的理论基础是爱因斯坦的广义相对论, 广义相对论可以看作另一种规范理论, 可以说规范理论是描述自然界中四种基本相互作用力的统一框架. 如此统一的规范理论框架是如何来描述这些不同作用力的呢? 这就是规范理论的基础问题, 其中最核心的问题是所谓"规范论证". 我们使用科学理论结构观中的"语境论理论观"来分析此问题, 尤其是规范论证中数学剩余结构跟物理经验之间的关系问题, 最终认为迷信规范对称性原理显得过于乐观, 而完全否认局域规范对称性原理的物理内容又过于悲观, 其实, 局域规范对称性原理能够随附在物理经验上. 关于规范理论的哲学问题, 近十年来出现的越来越多科学哲学家的系统研究, 大多数都是从规范对称性问题入手的, 我们这里先根据里拉(Lyre) 的论文《规范对称》[①], 介绍一下规范理论的基本思想, 然后讨论规范论证.

一、规范对称性原理

人类历史上第一个规范理论应该是经典电磁场理论, 经典麦克斯韦电动力学的拉格朗日量 $L_E = -1/4\, F_{\mu\nu}F^{\mu\nu} - J^\mu A_\mu$ 中, 张量 $F_{\mu\nu} = \partial_\mu A_\nu - \partial_\nu A_\mu$ 不仅包括电磁场强度, 还包括了矢量势 A_μ, 如果把 A_μ 作为基本变量, 在势 A_μ 的规范变换下: $A_\mu(x) \to A'_\mu(x) = A_\mu(x) - \partial_\mu \Lambda(x)$, 则电磁场 $F^{\mu\nu}$ 保持不变. 由于这里的 Λ 作为一个可微标量函数, 既可以是常数也可以跟时空变量 x 有关, 所以麦克斯韦电动力学在整体和局域规范变换下具有规范自由, 不过这种规范自由在很长时间内没有被认识到. 在历史上规范理论的提出源于 1918 年外尔对爱因斯坦广义相对论的推广, 外尔认为不仅引力场可以几何化, 电磁场也应该可以几何化, 从而提出规范不变性原理, 被爱因斯坦批评为与实验事实不一致后, 1929 年外尔在量子力学的背景下提出现代意义的规范原理. 下面我们来看看规范原理和杨—米尔斯理

---

① Holger Lyre, "Gauge Symmetry" In D. Greenberger, *Compendium of Quantum Physics: Concepts, Experiments, History and Philosophy*, Berlin and Heidelberg: Springer-Verlag, 2009, pp. 248 – 255.

论．

在场论中场方程以拉格朗日量为基础，对于自由狄拉克物质场的拉格朗日量 $L_D = \psi^{\dagger}(i\gamma^{\mu}\partial_{\mu} - m)\psi$，作规范对称变换 $\psi' = e^{iA}\psi$，并形成幺正群 $U(1)$，而对场 ψ 所做的这种变换叫作第一类规范变换，根据诺特第一定理，$J^{\mu} = \psi^{\dagger}\gamma^{\mu}\psi$ 满足荷流密度守恒，具有明显的经验内容．而在 $U(1)$ 规范理论中，L_D 在与位置 x 有关的局域相位变换 $\psi'(x) = e^{iA(x)}\psi(x)$ 下要具有不变性（这只是一种假定），就要用协变微分 $D_{\mu} = \partial_{\mu} + iA_{\mu}(x)$，代替 L_D 中的普通微分 ∂_{μ}，使这个假定仍然成立，矢量场 A_{μ} 满足的 $A_{\mu}(x) \rightarrow A'_{\mu}(x) = A_{\mu}(x) - \partial_{\mu}\Lambda(x)$ 式叫作第二类规范变换，只要把 A_{μ} 等同于电磁规范势，结果得到物质场和相互作用场的总拉格朗日量：$L_{DM} = \psi^{\dagger}(i\gamma^{\mu}\partial_{\mu} - m)\psi' j_{\mu}A^{\mu} - 1/4 F_{\mu\nu}F^{\mu\nu}$，并满足局域规范不变性，这就是所谓规范对称性原理（简称规范原理）．这个原理在场论中的应用，最先形成的是阿贝尔群 $U(1)$ 的规范理论，成为量子电动力学的基础．1954 年杨振宁和米尔斯把规范原理扩展到非—阿贝尔规范群 $SU(n)$．而粒子物理标准模型中，弱电统一理论则是研究味和超荷的 $SU_L(2) \times U_Y(1)$ 规范理论，强相互作用理论研究的是核子色荷的 $SU_C(3)$ 规范理论．这时的场强表示 $F_{\mu\nu}^n$ 更为复杂，但是规范对称性原理还是关键．

二、规范论证

规范理论的核心就是所谓的规范对称性原理，这个原理认为自然界的基本相互作用的形式是由局域规范对称性原理所决定的，比如，前面所述的 $U(1)$、$SU_L(2) \times U_Y(1)$、$SU_C(3)$ 就描述了自然界中电磁、弱电和强相互作用．正如温伯格（Weinberg）在《终极理论之梦》中所言："对称性原理的重要性在本世纪尤其是最近几十年达到一个崭新阶段：（我们）具有了决定所有已知自然力存在的各种对称性原理．"[①] 事实上，在许多教科书中都有类似于温伯格所谓对称原理"决定"相互作用的过于夸大的说法，如像芮德（Ryder）所言："当今理论……讲基本场（像电子、夸克、弱矢量玻色子，等等）之间的相互作用都是由规范

---

① Steven Weinberg, *Dreams of a Final Theory*, New YorK：Pantheon, 1992, p. 142.

原理决定的．……显然，为了具有局域对称性，我们需要自旋为 1 的无质量规范场，它跟'物质场'之间的相互作用是被唯一决定了的．"[1] 这就是在运用规范原理时涉及的所谓规范论证，这个论证从具有整体对称性的自由物质场出发，通过要求其中的整体对称性变成局域对称性之后，一定要引进一个新的所谓规范场，和原来的物质场进行相互作用．就像前面介绍规范原理时所涉及的这个论证过程，在量子电动力学中，满足 U（1）整体规范变换的自由粒子波函数 ψ（x），用 $e^{i\Lambda}\epsilon U$（1）这个元素（即相位因子）来进行作用，得到的波函数 ψ'（x）$= e^{i\Lambda}\psi$（x）在物理效果（比如荷密度和流密度）上，跟原来的波函数一样；按 ψ'（x）$= e^{i\Lambda(x)}\psi$（x）进行局域对称（即位置相关）变换后，其物理效果不能保持不变（比如流密度改变了），为了实现局域规范不变性，必须引进从 $\partial_{\mu} \rightarrow D_{\mu} = \partial_{\mu} + iA_{\mu}$（$x$）过程中一个新场即规范势 A_{μ}，使电荷和整个系统发生相互作用，得到物质场和相互作用场的总拉格朗日量 L_{DM}，甚至为了使矢量场的质量项满足局域规范不变性的要求，还能够进一步得出矢量场（即光子）必须是无质量的．看上去所谓的规范论证决定了规范场的引入及其基本相互作用的形式．情况果真如此吗？

物理哲学家们对规范论证进行了反思，早在 1999 年里德黑德（Redhead）就提出："……对称性只是靠普通表象的选择如何就能够完全决定整个物理学原理？"[2] 马丁（Martin）在论文《规范原理、规范论证和自然法则》中进行了系统考察，认为规范论证只能作为一个启发式原则，规范论证所声称的，规范对称性原理决定了基本相互作用的形式和规范场的存在的说法并不准确，要求局域规范不变性的意图也不明确，包括对拉格朗日量的修正都不是唯一的．特别是，局域规范不变性不像整体不变性直接对应物质场，相应的局域不变性要求本身并没有一个直接的物理对应物，规范论证所要求的局域规范不变性，被认为只是出于为局域性而局域性的要求．从整体规范不变性到局域规范不变性多少使得局

[1] Lewis H. Ryder, Quantum Field Theory, 2nd edition, Cambridge University Press, 1996, p. 79.

[2] Michael L. G. Redhead, "Review: S. Y. Auyang, How is quantum field theory possible? (New York: Oxford University Press, 1995)", *The British Journal for the Philosophy of Science* 49, 1998, p. 504.

域性场论成为可能，恰好是我们建构新理论所需要的，或者像杨振宁和米尔斯 1954 年论文那样一种期望，但只是一种愿望．一般来说，明确整体跟局域之不同，对于在时空意义上划分规范变换意义重大，处于构形空间中的各种场和变换，有必要"落实到"时空之中，不过，这只是一种类似于相对论时空观要求的启发而已，不存在理论上的必然性．正如马丁所言："我不明白人们如何能够以局域性的名义走上局域规范对称的任何论证．"① 也就是说，找不到把局域规范不变性作为一条基本原理的理论根据，埃尔曼（Earman）在《规范问题》一文认为"不存在配称为在基础物理中起作用的物理学规范原理"② ．这种极端观点甚至直接否认规范原理具有物理内容及其相应作用，可以称为反规范论证．

历史上，外尔在 1929 年论文中首次利用规范原理导出电磁场时，就曾经指出："对我来说这个新规范不变性原理，源自于实验而不是思辨，它告诉我们电磁场是一个必然伴随的现象，（此现象）不是引力的而是用 ψ 表示的物质性波场．"③ 这个说法把规范原理视为源自实验．当然，也有少数物理学家意识到规范论证中的局域规范对称不能决定基本相互作用的存在和特性，正如艾奇逊（Aitchison）和海（Hay）在教科书《粒子物理中的规范理论：实用性导论》所言："我们必须强调最终不存在从整体相位不变性到局域相位不变性这关键一步的必然逻辑，后者（整体相位不变性）是在量子场论中保证局部电荷守恒的充要条件，当然，规范原理（即从局域相位不变性的要求导出了相互作用）提供了一个令人满意的概念性统一框架，统一了出现在标准模型中的相互作用．"④ 不过，人们在强调规范原理的作用时会忽略这关键一步的逻辑必然性，特别是要求局域规范对称性具有经验内容，走向了一个极端．相反的情况是，物理哲学家们在开始批评规范论证后，又走向了另一个极端，就连希利

---

① C. A. Martin, "Gauge Principles, Gauge Arguments and the Logic of Nature", *Philosophy of Science* 69 (3), 2002, Suppl, pp. 221 – 234.

② John Earman, "Gauge Matters", *Philosophy of Science* 69 (3), 2002, Suppl, pp. 209 – 220.

③ Hermann Weyl, "Electron and Gravitation" In L. O'Raifeartaign, *The Dawning of Gauge Theory*, Princeton University Press, 1997, p. 122.

④ I. J. R. Aitchison and A. J. G. Hey, *Gauge Theories in Particle Physics: A Practical Introduction*, Bristol: Hilger, In Association with the University of Sussex Press, 1982, pp. 72 – 73.

（Healey）在《规范实在》（曾经获得 2008 年拉卡托斯奖）一书中，详细研究了物理哲学家们有关"规范论证"之后，也做出如下总结："当规范论证试图作出各种基本相互作用属性的进一步解释性统一的时候，规范论证肯定没有决定了它们必定存在，同样，电荷守恒的事实可能间接支持了物质场的经验性常相位对称性，但是规范论证既不依靠也不包含着一个有任何直接间接经验输入的'局域'规范对称原理，它不过是拥有一种电磁、弱电和强相互作用规范理论约定形成方式上的特征."[①] 总体而言，物理哲学家们是强调反规范论证的.

第二节 规范论证的语境论的分析

规范理论是当代物理学的核心，描述电磁力、强弱相互作用力的杨—米尔斯理论和描述引力的广义相对论都是规范理论. 如此统一的理论框架跟四种不同自然力的关系问题，不仅是物理学问题也是科学哲学问题，尤其是这些规范理论是如何实现对这些不同作用力表示的，有必要用语境论进行分析.

一、语境论的理论观

即便存在规范问题，即规范论证把整体规范不变性简单推广到局域规范不变性原理，后者原则上也是无法决定规范场及其相互作用的. 可是，规范对称在物理学理论中的重要性，还是为物理学家和哲学家们所认同，即他们一致认为规范对称在物理学理论建构中起着重要启示作用. 因为不是所有的理论对称都对应着自然界中的对称，哪怕这个理论能够很好表示我们这个世界的重要特征，所以在对称性问题上，数学结构（包括数学实体及其关系）总是大于物理结构（包括物理实体及其关系），超出的那部分就叫剩余结构. 正如希利在《规范实在》一书得出一个原则："由于规范对称的确是一个纯粹形式上要求，没有哪一个规范理论的

---

① Richard Healey, *Gauging What's Real*: *The Conceptual Foundations of Contemporary Gauge Theories*, New York: Oxford University Press, 2007, p. 167.

物理结构能够依赖于规范选择. 一门心思地坚持这个原则会揭示很多数学要素只是'剩余结构',同时引发对把任何真正的物理现象看作是一个规范不变量的兴趣."① 也就是说,所谓规范论证是想证明整体规范对称转换成局域规范对称之后,局域规范对称作为一个数学形式上的要求,会引出相应的物理经验内容. 可见,规范论证实际上是在具体讨论数学和物理之间的关系问题.

从科学哲学的角度看,规范论证涉及的是规范理论作为一个科学理论的性质问题,尤其是理论结构问题. 而且规范论证说明规范对称只是一种纯粹数学形式上的要求,应用到具体的相互作用上,完全取决于具体的语境,有必要进行语境分析. 无论是从语言哲学的层面看,关于科学理论结构的语形学(句法学)、语义学到语用学考察的转向,还是从分析工具的角度看,认为科学理论由命题集组成到科学理论是由数学结构组成的转向,都强调对科学理论结构的分析最好是直接分析科学家使用的数学及其与经验之间的关系. 那么如何进行分析呢?"语境论理论观"认为科学理论的各个部分是各种因素的交错重叠关系,尤其是一个科学理论中的数学结构跟其中物理内容之间的关系更是如此. 在《量子力学基础的语境分析》一文中,我们曾经指出:"语境论理论观认为科学理论的大大小小各部分之间的关系,是象纺绳时'纤维'般关系,整根绳是靠诸多比绳短的'纤维''纠缠'在一起而形成的. 而且诸多'纤维'的纠缠是一种'附着''附在',而不是一种'结点'式联结. 所以我们的语境论理论观不同于迪昂和奎因的网状式整体论. 理论诸部分间的'附着'有其特有的'弹性'保证了逻辑和现实的真正统一."② 可见,语境论理论观本身就强调科学理论中数学结构跟物理内容之关系问题的分析. 下面我们对规范论证进行语境分析,尤其是对规范论证中局域规范对称对规范场和相互作用场的引入的约束作用进行分析.

---

① Richard Healey, *Gauging What's Real: The Conceptual Foundations of Contemporary Gauge Theories*, New York: Oxford University Press, 2007, pp. xvi.

② 李继堂:《量子力学基础的语境分析》,《理论月刊》2003 年第 9 期.

二、语境分析

我们主要依据芮德的教材《量子场论》和希利的专著《规范实在》[1]的论述进行语境分析. 如前所述，对于一个满足克莱因—高登方程及其共轭方程的标量场 ψ，其拉格朗日量 $L_0 = (\partial_\mu \psi)(\partial^\mu \psi^\dagger) - m^2 \psi^\dagger \psi$，在整体规范变换 $\psi^\dagger = e^{i\Lambda}\psi$ 下，根据若特第一定理，荷流密度守恒：$J^\mu = i(\psi^\dagger \partial^\mu \psi - \psi \partial^\mu \psi^\dagger)$；$\partial_\mu J^\mu = 0$. 与此相关的是守恒的若特电荷 $N = \int J^0 \mathrm{d}^3 x$，人们很容易想到 ψ 表示的是荷物质，取 $Q = eN$，就容易理解若特荷守恒跟电荷守恒关系，其中的 e 即场量子的电荷. 在这种情况下，电荷守恒的实验现象就是 L_0 的常相位不变性的经验证据，通过相互比较得出的经验证据. 也就是说，规范论证的出发点为整体规范不变性，根据若特第一定理，对应着整体规范不变量拉格朗日量，用来描述已知守恒流，是有直接的经验对应物的. 问题在于把物质场拉格朗日量 L_0 的整体不变性，扩展到在局域变换 $\psi' = e^{i\Lambda(x)}\psi$ 下的局域不变性时，局域规范对称本身无法决定规范场和相互作用场，这些新物理场的引入需要考虑具体的语境，它们一方面不能从理论上直接导出，另一方面也不能直接从经验证据归纳出来，按希利的说法就是"局域规范对称没有经验内容". 而是要综合方方面面的考虑才能得到，使得规范论证具有明显的语境依赖性. 我们重点来看规范场的引入过程，在局域变换下相位是随 x 而变的，场 ψ 的拉格朗日量密度 L_0 变换成：$L'_0 = L_0 + (\partial_\mu \Lambda)(-i\psi \partial^\mu \psi^\dagger + i\psi^\dagger \partial^\mu \psi) = L_0 + (\partial_\mu \Lambda) J^\mu$. 在局域规范变换下，为了满足变化相位的不变性，首先要引进规范场，具体办法是通过添加一项 L_1 到拉格朗日量中使 $L = L_0 + L_1$，$L_1 = -J^\mu C_\mu$，变换时用来抵消 L'_0 中的 $(\partial_\mu \Lambda) J^\mu$，而局域变换时，$C_\mu \to C_\mu = C_\mu + \partial_\mu \Lambda$，这样一来，在 ψ' 和 C_μ 的联合变换下，$L_0 + L_1$ 又不是不变量了，于是不得不再加一项 $L_2 = C_\mu C^\mu \psi^\dagger \psi$，使得 $L_0 + L_1 + L_2 = (D_\mu \psi)(D^\mu \psi^\dagger) - m^2 \psi^\dagger \psi$，其中的 $D_\mu \psi \equiv (\partial_\mu + iC_\mu)\psi$，$D^\mu \psi^\dagger \equiv (\partial_\mu - iC_\mu)\psi^\dagger$，$D_\mu$ 为协变微分算符的微分，这种变换分别跟 ψ 和 $\psi^\dagger$ 一样，而用

①　Richard Healey, *Gauging What's Real*: *The Conceptual Foundations of Contemporary Gauge Theories*, New York: Oxford University Press, 2007, pp. 159 – 167.

D_μ 替代 ∂_μ 这个过程即是规范原理，$D_\mu = \partial_\mu + iA_\mu\ (x)$ 中的 $A_\mu\ (x)$ 就是规范场（在经典电磁理论中叫规范势）. 重要的是，从 $A_\mu\ (x) \to$ $A_\mu\ (x) = A_\mu\ (x) - V_\mu \Lambda\ (x)$，到 $C_\mu \to C_\mu = C_\mu + V_\mu \Lambda$，没有任何理性推理，纯粹是一种相似，很多物理哲学家都指出，虽然 A_μ 表示电磁场的规范势，但是没有什么理由认为 C_μ 对应着新物理场的势，它有可能只是把物质场理论模型扩展到相应的截面任意选择的一种技巧，比如从相位丛或者主丛到伴矢丛相关的截面选择. 希利认为 C_μ 对应着某个场，准确说只是提供了一个理由来给拉格朗日量添加一个新的运动学项，以表示跟 C_μ 有关场的能量，显然这一项在 $C_\mu \to C_\mu \Lambda = C_\mu + \partial_\mu \Lambda$ 变换下要有不变性，以保证整个拉格朗日量的不变性，但是这也不是推理，而只是提议加一个 $L_3 = \lambda E^{\mu\nu} E_{\mu\nu}$，其中 $E_{\mu\nu} = \partial_\mu C_\nu - \partial_\nu C_\mu$，$\lambda$ 是常数. 由于 L_3 不仅在 $C_\mu \to C_\mu$ $\Lambda = C_\mu + \partial_\mu \Lambda$ 下有不变性，同时也是洛仑兹不变量，自然诱使人们把 $E_{\mu\nu}$ 跟电磁张量 $F_{\mu\nu} = \partial_\mu A_\nu - \partial_\nu A_\mu$ 联系起来，特别是 $\partial_\nu E^{\mu\nu} = 0$ 很像电磁场的麦克斯韦方程. 但是仍然没有任何论证可以证明 $E_{\mu\nu}$ 或 C_μ 必然要代表任何新的物理场，因为相应的如果正好 $E_{\mu\nu} \equiv 0$，那么这个假设的新场就会既无能量也无动量，也不会和物质场有任何作用. 当然，要是我们根本就不知道电磁场的存在，我们也会基于上述考虑提议跟 $E_{\mu\nu}$ 和 C_μ 对应的新场，但这也不是一种逻辑关系而是一种启发式思维. 也就是说，在局域规范变换下，规范对称的确只是一个纯粹数学形式上的要求，表面上为了抵消规范变换时才添加那些项去修正拉格朗日量，包括引进新场和规范势，并耦合到新的相互作用物质场上，但是这些修正或引进并不是唯一的. 从语境论理论观的角度来看，局域规范对称这个纯数学部分，在规范场论的建构中，是"附着"在拉格朗日量上，拉格朗日量又"附着"在新引进的各种场上，某种场可能正好有经验对应物. 相互作用场的产生过程中也有类似的情况，考虑对于场 $\psi^\dagger$ 和 ψ 的作用量 $L_0 + L_1 + L_2$ 的改变产生的欧拉—拉格朗日方程，加上对于 A_μ 的总拉格朗日量 $L_{tot} = L_0 + L_1 +$ $L_2 + L_3$ 的改变产生的欧拉—拉格朗日方程，然后在一系列考虑和相关常数的取值之后，最后通过比较 $L_0 + L_1 + L_2 = (D_\mu \psi)\ (D^\mu \psi^\dagger) - m^2 \psi^\dagger \psi$ 和 $L_{tot} = L_0 + L_1 + L_2 + L_3$ 可以得到物质场 ψ 和电磁场的最终拉格朗日量密度：$L_{tot} = (D_\mu \psi)\ (D^\mu - \psi^\dagger) - m^2 \psi^\dagger \psi - 1/4\ F^{\mu\nu} F_{\mu\nu}$. 从另外的物质场比如狄拉克场出发，使用差不多的方法也可以得到量子电动力学的拉格朗日量密度：$L_{QED} = \psi^{\dagger} (i\gamma^{\mu} D_{\mu} - m) \psi - 1/4 F_{\mu\nu} F^{\mu\nu}$. 同样不存在一个这样的论证，从实验上基于规范不变性原理，得出一个电磁相互作用的存在，不仅仅使其性质得到像 L_{QED} 和 L_{tot} 一样的拉格朗日量密度的结果，而是综合各种各样的考虑和取值最终得到这些结果的. 如希利所言："所谓的规范论证包含几个不恰当的前提和大量的随意推论，或许可以说存在一个较弱意义上的扩展，即物质场的一般不变相位对称原理的扩展，间接受到电荷守恒观察现象的支持，通过假定一个该扩展所容纳的相互作用场，从而解释了电磁场的这些性质."[1] 当然如果存在这么一个场，那么就有可能通过把它等同于电磁场，完成一个理论的大力简化和统一. 按照语境论理论观的说法，就是把各种考虑"附着"到相互作用场上来了.

如上所见，部分物理学家出于对规范原理的偏爱，认为局域规范不变性原理不仅从物质场导出规范场，而且还决定了相互作用场，形成所谓的规范论证，并对规范对称性原理过分推崇. 与此相反，物理哲学家们通过对规范论证的考察，强调"不存在配称为在基础物理中起作用的物理学规范原理"，通常站在反规范论证的一边. 从语境论的理论结构的观点来看，科学理论的大大小小各部分之间的关系，是像纺绳时"纤维"般关系，"整根绳是靠诸多比绳短的'纤维''纠缠'在一起而形成的". 事实上，在建构理论时是很难找到贯穿整个理论的基本原理的，正像维特根斯坦所说的没有也不必要跟绳一样长短的纤维，一根长绳是靠诸多短纤维形成的，同样规范论证也不可能"决定"规范场和相互作用场. 然而，就因为规范论证不能完全决定规范场和相互作用场的形式，就否定它的存在和作用同样是错误的. 从语境论理论观来看，规范场的引入不纯粹是人为放进去的，添加 L_3 时除了考虑规范变换之外，还想到了规范势 A_{μ}，进一步想到荷守恒跟 C_{μ} 的关系后，再从形式上着想得出相互作用场的总拉格朗日量. 也就是说建构物理学理论时各种因素是纠缠在一起的，甚至还有些因素是来自理论外部，比如美学原则、理论的统一、理论的可重整化，等等. 同样，确定物质场跟规范场之间的相互作用场

---

① rRichard Healey, Gauging What's Real：The Conceptual Foundafions of Contemporary Gauge Theories，New York：Oxford Vniversity Press，2007，p. 166.

时，不能说局域规范不变性就一点作用也没有，虽然局域规范对称对拉格朗日量的修正可以不是唯一性的，但不管怎么说还是得到了物质场和相互作用场的总拉格朗日量密度，虽然，有人认为这种作用只是相当于"简单性原则"的作用．又如，添加运动学项 $-1/4\ F_{\mu\nu}F^{\mu\nu}$ 进 L_{tot} 可能有结构原因，这一项靠自己导出熟悉的无源麦克斯韦方程，但是人们可以添加更多的项而不会破坏"局域"规范不变性，所以理论结构只是像绳中纤维部分在起作用．当然，各种可能性可以被附加的约束所排除，特别是包括从总拉格朗日量得出重整化理论的要求，这些约束也是"附着"在整个理论上的．一方面，这样的添加更加动摇规范论证的逻辑必然性；另一方面，虽然拉格朗日量中的运动学项的添加弱化了规范论证，但是它却赋予拉格朗日量物理意义．可见，从语境论理论观的角度看来，规范理论中的局域规范对称性要求，虽然只是一个纯粹数学形式上的要求，但是它并不是完全没有原因的，它通过多次反复使用，结合物理学方法的各种原理，最终把物质场、规范场和相互作用场结合在一起．所有这一切都说明规范论证中的数学结构跟物理结构的结合是一种交错重叠关系，规范对称有多出来的剩余结构，也有"附着"到物理经验上的部分．

　　总之，规范理论是当代物理学的基础理论，是描述自然界四种基本作用力的统一理论框架，在其所谓的规范论证中出现的规范问题，是一个科学理论结构观的问题．运用语境论理论观来分析规范论证，我们认为规范论证中的规范对称虽然是一种数学形式上的要求，但是通过规范变换很容易跟其他物理学原理结合起来，最终出现物理经验内容，是一种典型的数学结构跟物理结构的关系问题．同时，由于规范理论的基础性、统一性和精确性，对它进行语境分析，又有利于发展科学语境论，尤其是把"语境论理论观"跟"剩余结构"理论观结合起来，既可以澄清规范论证过于乐观，过高估计规范原理的倾向，也可以避免否认局域规范原理的悲观倾向，认为局域规范对称性原理完全无物理内容不成其为物理学原理．其实，正是规范对称性原理的形式特征才使其有如此好的普遍统一性，而它的具体运用才使其具有经验内容．

第三节　规范论证中的发现语境

为什么对于规范论证物理学家和物理学哲学家之间有这么大的分歧呢？甚至看上去是相互对立的观点．我们认为这实际上就是发现的语境和辩护的语境的区分问题．

一、发现语境和辩护语境的区分（DJ 区分）

在现代科学哲学中，一般认为这个区分是赖兴巴哈（Reicbenbach）在 1938 年的《经验与预言》一书中提出来的，DJ 区分在该书第一章出现时，主要想表明"思考者发现定理的方法"和"将定理呈现在公众面前的方法"间的不同；在该书最后一章，DJ 区分与爱因斯坦事例结合指出"理论到事实的关系独立于理论的发现者"．而 1951 年赖兴巴哈在《科学哲学的兴起》一书中，明确认为科学发现是不能进行逻辑分析的，科学辩护的语境才用得上逻辑分析．随后对 DJ 区分存在各种解读，尼克尔斯列出了七种解读，并认为赖兴巴哈本意倾向于第一种解读：DJ 区分首先是心理过程与逻辑论证之间的逻辑区分，也就是说，在纯粹描述性的语境处理跟规范性—评价性—重构性的语境处理之间所做的逻辑的非时间性的区分．[①] 或者如尼克尔斯所说："赖兴巴哈实际所作的区分仅仅是一种科学活动本身跟逻辑重构之间的区分，而不是在发现跟辩护或者准确说发现或产生新的理论、定律、说明的过程跟辩护它们的过程之间所作的任何容易引起反感的或者其他划分．"[②]

DJ 区分在 20 世纪六七十年代历经库恩等后经验主义者的批评得以保留，目前最新的成果是谢科厄（Jutta Schickore）和施泰因勒（Friedrich Steinle）主编的《重审发现和辩护——关于语境区分的历史的和哲学的看法》，包括霍伊宁根—休恩（Hoyningen-Huene）在其 1987 年的《发现的

---

① 石诚：《发现语境与辩护语境区分的再分析》，《科学技术哲学研究》2010 年第 4 期．

② T. Nickles, Introductory Essay: "Scientific Discovery and the Future of Philosophy of Science", *Scientific Discovery*, *Logic*, *and Rationality*, T. Nickles（ed.）, Dordrecht: Reidel, 1980, p. 12.

语境和辩护的语境》一文基础上的新论文《发现的语境跟辩护的语境和托马斯·库恩》. 总体来说，霍伊宁根—休恩分析比较不同版本的 DJ 区分，认为五个版本中的多数版本都以发现和辩护的假定为前提，而应该从事实性和规范性两个视角看问题，找到一个分布在其中两个版本中 DJ 区分的核心，即 DJ 区分的支持者和反对者都认同的精益区分（lean distinction）——事实的跟规范的或者评价性的双方之间的抽象区分. 并认为这是既能为认知断言之类的科学知识所认同，又能为诸如法律的、伦理的或者美学之类具有不同特征的断言所接受的两种视角的区分. 从描述性的角度，霍伊宁根—休恩关注的是已然的事实及其描述，这些事实大多可能是些我们想描述的科学史中提出来的认知断言，而从规范或者评价的角度看，霍伊宁根—休恩关注的是具体断言的评价，我们说的认知断言是诸如真理、可重复性、主体间的可接受性或者可接受性之类的东西，而认知规范（相对于比如说伦理的或者美学的规范）决定这样的评价. 特别是像库恩一样的 DJ 区分反对者也没有反对过这样的 DJ 区分①. 可见，科学发现的语境跟辩护的语境之间的 DJ 区分至今仍然成立，其核心思想认为，科学哲学研究的是辩护的语境而不是实际发现的语境，哲学家关注的是由科学家发现了的科学理论的理性重建（规范性角度），而科学家不太关注理性重建，只关注新理论的发现（描述性角度）. 不过，发现的语境已经不仅仅是发现的过程，辩护的语境也不仅仅是辩护的过程，而是在描述与规范的不同视角基础上，做出两者分属于事实性跟规范性不同的精益区分. 也就是说，发现的语境主要是一种像科学史描述的新理论发现的活动，自然也包括对理论的统一活动的描述，而辩护的语境主要是对发现的理论进行评价的方法，当然也包括对理论的方法论评价.

二、规范论证中的发现语境

如前所述，虽然规范不变性原理可以追溯到外尔对相对论的推广，但是规范论证还是粒子物理标准模型中的对杨—米尔斯理论成功推广引

---

① Paul Hoyningen-Huene, "Context of Discovery versus Context of Justification and Thomas Kuhn", *Revisiting Discovery and Justification：Historical and Philosophical Perspectives on the Context Distinction*, J. Schickore, F. Steinle (eds.), Dordrecht：Springer, 2006, pp. 128 - 129.

出的话题．特别是发现规范理论的纤维丛形式化体系后，意识到各种规范理论具有差不多相同的统一数学结构．杨振宁还强调："像麦克斯韦场那样的规范场，不仅可以用纤维丛的几何语言来表示，而且必须这样来表示，才能表达它们的全部意义．"[①] 也就是说，规范论证的提出本身就是意识到各种规范理论的统一性时的事情，规范论证作为物理学家对各种规范理论中共同的规范不变性原理的总结，特别是在纤维丛理论框架下这个总结也成为当代规范理论的一部分，所以，可以把规范论证视为发现的语境，而规范论证中的论证因素留待后面讨论．

在纤维丛的框架下，量子化的"力"场可以用纤维丛联络表示，而和它相互作用的量子化物质场用伴矢丛的截面表示，然后这些场之间的相互作用在丛变换或者说规范变换下是些不变量．纤维丛体系有什么样的作用呢？我们来看一个添加相互作用项的例子[②]，对复数场 $\phi(x)$ 拉格朗日量密度如下：$L_0 = (\partial_\mu \phi)(\partial^\mu \phi^*) - m^2 \phi^* \phi$．通过相应的拉格朗日量 $L_0 = \int L_0 \mathrm{d}^3 x$ 的变分作用 $S = \int_{t_1}^{t_2} L \mathrm{d}t$，得到克莱因—高登方程：$V_\mu \partial^\mu \phi + m^2 \phi = 0$；$\partial_\mu \partial^\mu \phi^* + m^2 \phi^* = 0$．现在拉格朗日量密度 L_0 和作用量 S 在整体规范变换 $\phi \to exp(i\Lambda) \phi$ 下是不变量，那么根据若特第一定理得到若特流守恒：$J^\mu = i(\phi^* \partial^\mu \phi - \phi \partial^\mu \phi^*)$：$\partial_\mu J^\mu = 0$．这就蕴含着电荷守恒：$Q = e \int J^0 \mathrm{d}^3 x$，无源电磁场的拉格朗日密度 $L_{EM} = -1/4 F_{\mu\nu} F^{\mu\nu}$ 在常相位和变相位的变换下是不变量．如果把 L_{EM} 加到 L_0 上，在 $A_\mu(x) \to A_\mu(x) + \partial_\mu \Lambda(x)$ 和 $\phi \to exp(i\Lambda) \phi$ 式联合变换下最后作用仍为不变量，因此所加的电磁作用保持了联合理论的常相位不变性．而一旦把 $A_\mu(x) \to A_\mu(x) + \partial_\mu \Lambda(x)$ 中的常相位变成随 x 的变相位 $\Lambda(x)$：$\phi \to exp(i\Lambda(x)) \phi$，那么这种理论的作用在最后的联合变换下不是不变量．因而，在 $A_\mu(x) \to A_\mu(x) + \partial_\mu \Lambda(x)$ 和 $\phi \to exp[i\Lambda(x)] \phi$ 式联合变换下，不变性的保持是靠增加进一步的相互作用项到总拉格朗日密度，使其成为 $L_{tot} = L_0 + L_{em} + L_{int}$，其中 $L_{int} = J^\mu A_\mu$．如果放在纤维丛体系下情况又如何呢？正如希利指出的："纤维

①　杨振宁：《杨振宁文集》（上集），华东师大出版社 1998 年版，第 291 页．

②　Richard Healey, *Gauging What's Real: The Conceptual Foundations of Contemporary Gauge Theories*, Oxford: Oxford University Press, 2007, pp. 18 – 20.

丛形式化体系帮助人们理解为什么要添加一个 L_{int} 这样的相互作用项到物质场的拉格朗日量密度上使得 $\phi(x)$ 恢复了理论在第二类规范变换下的对称性，如果是在像 ∂_μ 这样普通导数在拉格朗日量（及其运动的结果）中被所谓的协变导数 D_μ 所代替，那么这么一项就是自动添加上去的，在物质场被表示成矢量丛的截面时其添加的需要变成显然的."① 可见，在纤维丛的框架下，规范论证中为了满足规范对称性原理引进相互作用项这样的新的项更加自然，各种规范理论中共同的规范不变性原理更明显，这相当于是在发现统一的规范理论纤维丛形式化体系的同时，从统一性的角度对规范论证在一定程度上进行了总结，所以规范论证是处于发现的语境之中.

第四节　规范论证中的辩护语境

如前所述，物理学家支持的规范论证与物理学哲学家对规范论证的异议，焦点在于规范论证中的局域规范对称性原理是否为一个严格的物理学原理，包括从整体规范对称性原理推广到局域规范对称性原理有没有逻辑必然性，局域规范对称性原理是否仅仅为一个形式上的原理，它有没有经验内容. 也就是说这里有一个类似于历史和逻辑的关系问题.

一、规范论证的异议和辩护的语境

科学哲学家和物理哲学家对规范论证的逻辑分析及其形式特征分析，完全是一种规范性的辩护活动，正是体现出一种辩护的语境. 比如，在物理学家看来，从整体规范对称性原理到局域规范对称性原理是自然而然的事情，这就是一种发现的语境的话，相比之下，物理学哲学家认为从整体规范对称性原理到局域规范对称性原理没有逻辑必然性，就是一种辩护的语境.

---

① Richard Healey, *Gauging What's Real*: *The Conceptual Foundations of Contemporary Gauge Theories*, Oxford: Oxford University Press, 2007, p. 20.

按照希利的《规范实在》的论述[①]，对于一个满足克莱因—高登方程及其共轭方程的标量场 ψ，不仅在变换 $\psi' = e^{i\Lambda(x)}\psi$ 下的局域不变性时，用 $D_\mu = \partial_\mu + iC_\mu$ 替代 ∂_μ（这个过程即是局域规范原理）没有逻辑必然性，而且局域规范对称性本身无法决定规范场和相互作用场。比如经常讨论的规范场的引入过程，在局域变换下相位是随 x 而变的，场 ψ 的拉格朗日量密度 L_0 变换成：$L'_0 = L_0 + (\partial_\mu\Lambda)J^\mu$，这里多出一项与荷流密度有关的项。在局域规范变换下，为了满足变化相位的不变性，首先要引进规范场，具体办法是通过添加一项 L_1 到拉格朗日量中使 $L = L_0 + L_1$，$L_1 = -J^\mu C_\mu$，变换时用来抵消 L'_0 中的与荷流密度有关的项，而局域变换时，$C_\mu \to C_\mu\Lambda = C_\mu + \partial_\mu\Lambda$，这样一来，在 ψ' 和 $C_\mu\Lambda$ 的联合变换下，$L_0 + L_1$ 又不是不变量了，于是不得不再加一项 $L_2 = C_\mu C^\mu\psi^\dagger\psi$，使得 $L_0 + L_1 + L_2 = (D_\mu\psi)(D^\mu\psi^\dagger) - m^2\psi^\dagger\psi$，用 D_μ 替代 ∂_μ 这个过程即是规范原理，并且 $D_\mu = \partial_\mu + iA_\mu(x)$ 中的 $A_\mu(x)$ 就是规范场（在经典电磁理论中叫规范势）。就像前面讲的，从物理学家的发现语境角度看，拉格朗日量中新项的引入和规范场的引入都非常自然，特别是在纤维丛的框架下看来更加自然。但是，物理哲学家总是强调，从 $A_\mu(x) \to A_\mu\Lambda(x) = A_\mu(x) - \partial_\mu\Lambda(x)$，到 $C_\mu \to C_\mu\Lambda = C_\mu + \partial_\mu\Lambda$，没有任何理性推理，纯粹是一种相似而不是逻辑推理。包括理论跟经验的关系问题上，很多物理哲学家都指出，虽然 A_μ 表示电磁场的规范势，但是没有什么理由认为 C_μ 对应着新物理场的势，它有可能只是把物质场理论模型扩展到相应的截面任意选择的一种技巧，比如从相位丛或者主丛到伴矢丛相关的截面选择。可见，物理学哲学家对规范论证的异议，主要是把规范论证中从发现的语境看来"自然而然"的步骤评价为"没有逻辑必然性"，这显然不是一种科学史式的事实性或者描述性的断言，而是一种评价性的论述活动，在他们心目中物理学原理具有一定规范标准，正是要用这些规范标准来衡量局域规范对称性原理不是真正的物理学原理，当然也就得出了和物理学家不一样的结论。

① Richard Healey, *Gauging What's Real: The Conceptual Foundations of Contemporary Gauge Theories*, Oxford: Oxford University Press, 2007, pp. 159 – 167.

二、规范论证中的发现语境和辩护语境的关系

表面看来，物理学家的规范论证与物理哲学家对规范论证的异议是完全对立的，而从规范论证中的发现语境和规范论证异议中的辩护语境的角度看，与 DJ 区分中的发现的语境和辩护的语境一样，它们一个是发现而另一个是辩护，应该说是不同的活动．虽然规范论证中的发现语境牵涉各种规范理论的统一性，而规范理论的异议中的辩护语境深入对局域规范对称性原理的评价，但是规范论证中的发现语境和对规范论证异议中的辩护语境分属于不同的语境因而并不是直接对立的．而有了 DJ 的精益区分之后，分别从描述性和规范性的角度作出事实性的和评价性（或者规范性）的中性区分，使得无论是 DJ 区分的反对者还是支持者都能接受这样的精益区分，自然也使得规范论证中的发现语境和辩护语境的区分更加中性，于是，我们至少可以认为规范论证中的发现语境与规范论证异议中的辩护语境是不同的，同时也不应该是矛盾的．

再来看看规范场的具体确定．希利从辩护语境的角度，认为"C_μ 对应着某个场"没有办法从物理上具体落实，即便提议加一个 $L_3 = \lambda E^{\mu\nu} E_{\mu\nu}$，其中 $E_{\mu\nu} = \partial_\mu C_\nu - \partial_\nu C_\mu$，$\lambda$ 是常数．而且 L_3 不仅在 $C_\mu \rightarrow C'_\mu = C_\mu + \partial_\mu \Lambda$ 下有不变性，同时也是洛仑兹不变量，自然诱使人们把 $E_{\mu\nu}$ 跟电磁张量 $F_{\mu\nu} = \partial_\mu A_\nu - \partial_\nu A_\mu$ 联系起来，特别是 $\partial_\nu E^{\mu\nu} = 0$ 很像电磁场的麦克斯韦方程．但是仍然没有任何论证可以证明 $E_{\mu\nu}$ 或 C_μ 必然要代表任何新的物理场，因为相应的如果正好 $E_{\mu\nu} \equiv 0$，那么这个假设的新场就会既无能量也无动量，也不会和物质场有任何作用．但是，从规范论证中发现语境的角度看，"C_μ 对应着某个场"已经非常自然，而且还是洛仑兹不变量，$\partial_\nu E^{\mu\nu} = 0$ 在方程形式上也很像电磁场麦克斯韦方程的条件下就更加自然不过了，已经完全满足做出发现的条件．而希利从辩护语境角度进一步认为，要是我们根本就不知道电磁场的存在，我们也会基于上述考虑提议跟 $E_{\mu\nu}$ 和 C_μ 对应的新场，但这也不是一种逻辑关系而是一种启发式思维．这更加说明发现语境不需要辩护语境那样的逻辑性要求，相反，要是在这些条件下还想不到"C_μ 对应着某个场"那才是怪事．当然，从辩护语境的逻辑上讲，在局域规范变换下，规范对称的确只是一个纯粹数学形式上的要

求，表面上为了抵消规范变换时才添加那些项去修正拉格朗日量，包括引进新场和规范势并耦合到新的相互作用物质场上，但是这些修正或引进并不是唯一的．可见，发现语境与辩护语境是在不同的语境中，因而是在不同的标准下的断言．

三、规范论证和规范论证异议之间的关系

由于规范论证中的发现语境跟规范论证异议中的辩护语境分属于不同语境，因而并不是对立的，从而规范论证跟规范论证的异议之间的关系也应该是能够协调起来的，并不是完全对立的．当然，这种说法是在DJ 精益区分和语境论理论观的基础上而言的．从 DJ 精益区分和语境论理论观的角度来看，局域规范对称这个纯数学形式，在规范场论建构的发现语境中，是"附着"在拉格朗日量上，拉格朗日量又"附着"在新引进的各种场上，某种场可能"正好"有经验对应物．在规范论证异议的辩护语境中，这样的"附着"不全部是逻辑必然性的，这里的"正好"也不是推导性的．也就是说，"附着"也好、"正好"也好，既适合发现的语境，也适合辩护的语境，换言之，在发现语境中规范论证是成立的，在辩护语境中说明规范论证的异议也有道理．总之，它们分属于不同语境，因而并非矛盾．

相互作用场的产生过程也能说明这个情况，考虑对于场 $\psi^{\dagger}$ 和 ψ 的作用量 $L_0 + L_1 + L_2$ 的改变产生的欧拉—拉格朗日方程，加上对于 A_{μ} 的总拉格朗日量 $L_{tot} = L_0 + L_1 + L_2 + L_3$ 的改变产生的欧拉—拉格朗日方程，然后在一系列考虑和相关常数的取值之后，最后通过比较 $L_0 + L_1 + L_2 = (D_{\mu}\psi)(D^{\mu}\psi^{\dagger}) - m^2\psi^{\dagger}\psi$ 和 $L_{tot} = L_0 + L_1 + L_2 + L_3$ 可以得到物质场 ψ 和电磁场的最终拉格朗日量密度：$L_{tot} = (D_{\mu}\psi)(D^{\mu}\psi^{\dagger}) - m^2\psi^{\dagger}\psi - 1/4\, F^{\mu\nu} F_{\mu\nu}$．从发现语境角度看，这也是"合情合理"的．而从辩护语境的角度看，同样不存在一个这样的论证，从实验上基于规范不变性原理得出一个电磁相互作用的存在，使其性质就是像 L_{QED} 和 L_{tot} 一样的拉格朗日量密度的结果．事实上，从另外的物质场比如狄拉克场出发，使用差不多的方法也可以得到量子电动力学的拉格朗日量密度 $L_{QED} = \psi^{\dagger}(i\gamma^{\mu}D_{\mu} - m)\psi - 1/4\, F_{\mu\nu}F^{\mu\nu}$．

这样一个发现语境的事实本身说明规范论证的确是成立的，规范对称性原理的确综合各种各样的考虑和取值最终会"附着"到经验上．也就是说，得到相互作用场的方法可以迁移或者具有可重复性，也可以说是，规范论证中对各种规范理论的统一描述所体现出来的"论证"因素，从发现语境角度看是描述性的，而从辩护语境的角度看又具有规范性方法的特征．这一点似乎否认了 DJ 区分．同样，在物理学哲学家反对规范论证时，其所强调的局域规范对称性原理仅仅只是形式上的约束并没有经验内容时，的确也发现了规范对称性原理的重要方面，甚至是被物理学家所忽略了的内容．但是，抽象的 DJ 精益区分作为 DJ 区分支持者和反对者共同接受的最小部分是中性的，发现语境中的"论证"因素和辩护语境中的"新发现"都不是物理学家和物理学哲学家的目标，也不是发现语境和辩护语境的主流，不会威胁到 DJ 区分．我们完全可以在坚持 DJ 精益区分的前提下，从语境论理论观的角度出发，认为发现语境中的"论证"只是拓展新理论的一个小的环节，而辩护语境中的"新发现"也只是为了辩护所作的评价性说明，至少这里的"发现""辩护""论证"和"新发现"互相不矛盾．或者，纯粹从语境论理论观的角度出发，因为语境论理论观是一种科学理论的结构观，对 DJ 区分的支持与反对之间的争论更是中性的，所以，作为发现语境的规范论证（包括其中的"论证"）和作为辩护语境的规范论证的异议（包括其中的"新发现"），只是科学研究活动（包括发现活动和辩护活动）中交错重叠的大大小小的不同部分而已．总之，从语境论理论观来看，发现语境没有必要追求辩护语境中的逻辑必然性要求，辩护语境也应该全面评价发现语境中非逻辑思维的作用．实际上，当物理学家说对称性原理"决定"或者"支配"相互作用的时候是在强调其发现的功能，而物理学哲学家说规范对称性原理不是真正的物理学原理时是在评价其没有逻辑必然性，所以，规范论证和规范论证的异议之间不是完全对立的，它们同为科学研究活动中交错重叠的不同部分．

可见，在物理学家建立科学理论的过程中，科学原理比起科学概念更能够把数学和经验结合起来，就像局域规范不变性原理，虽然不是科学定律，存在规范论证问题，但是它也具有部分经验内容，确实能起到衔接理论和经验的作用．

第三篇

粒子物理标准模型的实验

第九章　新实验主义的实验观

如前所述，科学方法论以科学理论的结构观为基础，而理论结构观的演变主要还是在逻辑实证主义的问题取向基础上发展的，为了论证证实性原则（理论是否有意义要通过实验和观察看有没有经验意义），使得理论和观察的二分是以"理论优位"面貌出现的．事实上，逻辑实证主义是片面继承了迪昂在《科学理论的目的和结构》中区分"应用实验"和"检验性实验"的思想，正如卡拉加（Karaca）指出的："迪昂科学实验的理论优位观在逻辑实证主义传统中保留下来；甚至，跟迪昂的整体论相反，逻辑实证主义科学哲学承认实验是按照他们的证实方法检验理论的便宜方法．"① 造成的影响是公认观点衰落后，重新兴起的各种语义学理论观还是以分析科学理论的结构为主，只是分析的模式和方法有所改进，就理论跟实验的关系问题而言还是理论优位倾向，无论是分析理论的语义学还是语用学，或是模型论和语境论分析，都是以科学理论结构的分析为中心．所以才在科学实在论和反科学实在论的背景下出现了

① Koray Karaca, *The Strong and Weak Senses of Theory-Ladenness of Experimentation*: *Theory-Driven versus Exploratory Experiments in the History of High-Energy Particle Physics*, Accepted for Publication in Context, 2012.

哈肯（Haken）等人的新实验主义.①

第一节 弗朗克林的实验认识论

作为新实验主义新进展的代表，弗朗克林（A. Franklin）在斯坦福哲学百科全书的"物理学中的实验（Experiment in Physics）"中，开门见山地指出："物理学及其一般的自然科学是一项建立在有效实验证据、批评以及理性讨论基础上的合理事业，在其为我们提供物理世界知识的同时，正是实验提供了作为该知识基础的证据. 实验在科学中起了诸多作用，其中一个重要作用就是检验理论并为科学知识提供基础. 实验也能够唤起新理论，不管是通过证明一个已有理论是错误的，还是通过展示一个需要说明的新现象. 实验还能够揭示理论的结构或者数学形式，并且还能够提供我们理论牵涉到的实体的存在证据. 最后，它也有独立于理论的自身生命. 科学家可能仅仅因为现象有趣而研究它，这样的实验可以为将来的理论解释提供证据. 我们会看到，单个实验可以同时起几个作用."② 不过，弗朗克林也指出，如果实验在科学中起到这些作用，那么我们就有相信实验结果的理由，因为科学是一项可错的事情. 理论计算、实验结果以及理论跟实验之间的比较都可能出错，科学远远比"谋事在科学家，成事在自然界"这样的说法还要复杂，科学家谋划什么常常不太清楚，理论通常需要阐释和澄清，自然界如何成事也不甚清楚，实验并非总是给出清晰的结果，甚或经不住时间的考验. 甚至，在介绍完一整套为实验结果提供合理信念的策略（即所谓实验认识论）后，仍然得出结论说："如果像我相信的那样，认识论过程为实验结果的合理信念提供了基础，那么实验就能够合法地起到我所讨论的作用，以及能够为科

---

① 参看 Allan Franklin "Experiment in Physics", *The Stanford Encyclopedia of Philosophy* (Winter 2012 Edition), Edward N. Zalta (ed.), URL = < http: //plato. stanford. edu/archives/win2012/entries/physics-experiment/ >. 这一章的论述主要是弗朗克林的"物理学中的实验"这一词条的内容. 此外，郭贵春教授主译的《爱思唯尔科学哲学手册：一般科学哲学焦点问题》的第四章"自然科学中实验的功能：物理学与生物学的例子"有更加全面的内容.

② Ibid. .

学知识提供基础."① 可见，弗朗克林在实验知识论层面大大地扩展了哈肯所谓"实验有自身的生命"的思想，并且是在把科学甚至实验看作可错的前提下来重新考察理论和实验之间的关系，有可能跳出考察实验时的理论优位观点. 下面对弗朗克林的文章进行逐段介绍.

　　自从哈肯 1981 年开始讨论"我们通过显微镜看吗"?② 其意是想搞清楚我们如何相信通过复杂的实验装置获得的实验结果，我们何以区分有效结果跟装置产生的人工物。如果科学要起到前面所讲的重要作用，并为科学知识提供可靠基础，那么我们必须有好的理由相信这些实验结果.直到 1983 年其在代表作《表征与介入》第二部分指出，即便一个实验装置负载了一点装置的理论，观察还是强有力的，而不管发生在装置理论或者现象理论里的变化. 意思是说，尽管出现了显微镜中衍射学说这样大的理论变化，显微镜的图像仍然被相信，哈肯的理由是这样的，观察有实验者的介入——他们操控着被观察对象，因此在通过显微镜看细胞时，人们可以注溶液到细胞或者给样本染色，人们希望以此改变细胞的形状或者颜色. 观察预期的结果强化了我们对于显微镜适当操作和观察两方面的信念. 当然，弗朗克林也承认，哈肯还进一步讨论了人们在相互独立地得到证实的观察下的信念强化，各种类型的显微镜下看到细胞里相同的图案维护了观察的有效性，因为不同理论背景下的各种类型仪器所看到的相同图案不可能纯属巧合. 这实际上开始重新审视理论和实验的相互关系，而且不像理论优位和实验优位.

　　弗朗克林认为哈肯的上述说法都是正确的，不过还不全面. 因为人们还是搞不清楚在只有一种装置来进行实验时，或者实验者无法介入或者很难介入的情况下，如何来保证实验的有效性. 为此，弗朗克林扩展

---

　　① 参看 Allan Franklin "Experiment in Physics", *The Stanford Encyclopedia of Philosophy*（Winter 2012 Edition），Edward N. Zalta（ed.），URL = ＜ http：//plato. stanford. edu/archives/win2012/entries/physics-experiment/＞. 这一章的论述主要是弗朗克林的"物理学中的实验"这一词条的内容. 此外，郭贵春教授主译的《爱思唯尔科学哲学手册：一般科学哲学焦点问题》的第四章"自然科学中实验的功能：物理学与生物学的例子"有更加全面的内容.

　　② Ian Hacking，"Do we see Through a Microscope"，*Pacific Philosophical Quarterly*63（1981），pp. 305 – 322.

了保证观察有效的下述方法:[1]

A. 实验检验和测量,其实验装置产生的知识. 比如,如果我们要论证用一种新的光谱仪获得的物质谱系是正确的,我们应该检验这种新光谱仪能够产生氢原子里已知的巴尔末线系. 如果我们正确地观察到巴尔末线系,那么我们就加强了光谱仪正常工作的信念,这也强化了我们用那台光谱仪获得的结果的信念. 如果检验失败,那么我们就有好的理由质疑那台仪器获得的结果.

B. 复制原先就知道存在的制造物. 比如,测量有机分子红外谱线的实验(Randall et al. , 1949). 并不是总有该种材料的纯的样品,有时候实验者不得不把物质放在油膏或者溶液当中,在此情况下,人们希望观察到加在物质上的油或者溶剂的光谱,这样就可以比较合成物光谱跟已知的油或者溶剂的光谱. 这样的制造物的观察就能够得到另外光谱仪测量的支持.

C. 排出可能的错误根源和结果的替代解释(所谓"夏洛克·福尔摩斯策略"). 借此,当科学家断言观察到土星的光环放电时,他们论证说,这不可能是由遥测技术的毛病、与土星周围环境的作用、闪电或者尘埃导致的. 对其结果剩下来的唯一解释就是它是由光环中的放电引起的,而不存在观察的其他看上去可能正确的说明.

D. 使用结果自身为其有效性论证. 比如伽利略用望远镜观察木星的卫星问题. 虽然人们非常相信他原始的望远镜可能产生了虚假的光点,但是望远镜能够产生出月食和其他与小行星系统一致的现象还是完全不可能的,产生的斑点会满足开普勒第三定律($R^3/T^2 = C$),更加令人难以置信. 这说明它们不是人为创造的而是真实的.

E. 使用一个对现象独立地确证好的理论来解释结果. 比如 $W^\pm$ 的发现,有荷中间向量玻色子是温伯格—萨拉姆弱电相互作用统一理论所必需的. 虽然这些实验动用了非常复杂的装置以及其他认识论策略,我们相信观察和粒子属性的理论预言对确认实验结果的有效性起到了很大的

---

① Allan Franklin, "Experiment in Physics", *The Stanford Encyclopedia of Philosophy* (Winter 2012 Edition), Edward N. Zalta (ed.), URL = < http：//plato. stanford. edu/archives/win2012/entries/physics-experiment/ >.

作用.

F. 使用建立在很好确证理论基础上的仪器. 在此情况下对理论的支持激发出在此理论基础上的仪器, 比如电子显微镜和射电望远镜就是这种情况, 虽然也用了其他方法来保证这些仪器观察的有效性.

G. 使用统计论证. 比如, 在 20 世纪 60 年代占用高能实验物理学家大量时间和精力来寻找新粒子和共振态的方法. 常用技巧是绘制作为末态粒子不变质量函数观察到的大量事例, 并寻找光滑背景上面的凸起. 常用的存在新粒子的非形式化的标准是, 背景上的三个均方差结果, 占据一个本底 0.27% 的概率. 这个标准后来变成四个均方差, 具有 0.0064% 的概率. 那个时候高能物理学家每年绘制的大量图表, 在统计基础上使得三个均方差结果可能被观察到的概率很高.

弗朗克林认为这些方法跟哈肯的"介入"以及独立论证一起构成实验的认识论, 为我们提供了相信实验结果的很好理由, 虽然它们不能保证结果都是正确的. 这样的实验认识论比之哈肯的观点, 事实上已经不知不觉站在理论和实验之间关系中实验一边的立场上了.

第二节 弗朗克林对新实验主义者的研究

下面是弗朗克林对其他新实验主义的思想的研究.

一、加里森的拓展

首先, 在《实验如何终止》①(1987)一书中, 加里森(P. Galison)把实验的讨论扩展到更加复杂的情形, 在关于电子的回磁率测量、介子的发现以及弱中性流的发现的故事里, 他考虑了一系列测量单独量的实验、最终发现的一套不同实验以及用一大组复杂实验装置完成的两个高能物理实验的故事. 加里森的意思是, 实验终止于实验者相信他们具有公之于众的结果的时候, 弗朗克林相信其中使用了包括前面讨论的认识论策略所得到的结果, 如一位弱中性流实验者所说的: "目前我无法理解

---

① P. Galison, *How Experiments End*, Chicago: University of Chicago Press, 1987.

如何消除这些结果［指弱中性流事例的候选者］."就是说，直到论文发表后实验者也不一定理解整个实验数据的取舍.加里森还强调在大的实验组里不同成员可能发现最令人信服证据的不同部分，甚至可以区分出不同的实验传统.并且指出，理论和实验活动以及仪器里的主要改变并不一定同时发生，这样的实验结果的持续存在对于跨越概念变化提供了一种连续性，正因如此，回磁率方面的实验横跨了经典电磁理论、玻尔旧量子理论以及海森堡和薛定谔的新量子力学.这些情况都是在证明理论和实验之间的关系不像理论优位观认为的那样单一，而要复杂得多，并不是单纯靠理论就能够指导实验的进程的，也不是单凭一个理论就能够指导实验.

其次，加里森讨论了实验和理论相互作用的其他方面，如理论可能影响被考虑成真正结果、要求说明的东西以及被视为背景的东西.在其关于发现介子的讨论中，他论证了奥本海默（Oppenheimer）和卡尔森（Carlson）的计算，说明了在电子通过物质、离开穿透物质时所期望的大量点，后来证明是介子，当时作为没有得到解释的现象，认为这些阵雨般的粒子是个难题.加里森也讨论了作为"有可能理论"的理论作用，即允许计算或者估计期望结果或者所期望背景的大小，这样的理论有助于决定实验是否有变.并且还强调，可以模拟或者覆盖结果的背景的排出，是实验活动的大事情而非小事，比如在弱中性流的实验里，流的存在关键就在于证明候选事例不完全属于中性背景.可见，涉及高能物理实验，理论和实验之间的中介问题就更加重要和复杂.有关实验的不同设计思路、相关计算、模拟和背景选择的作用就明显存在，不过加里森主要是从实验角度来讨论的.再如，存在一种可能妨碍现象观察的实验设计，加里森指出，中性流实验的最初设计，包括了一个介子触发器，就不可能观察到中性流.此触发器的设计是用来观察带电流的，它会产生高能介子，中性流却不会，因此具有介子触发器阻止其观察.只有探索中性流的理论重要性得到强调后，才会改变触发器.当然改变设计不能保证中性流就会被观察到.加里森也证明了实验者的理论前提可能决定性地影响实验及其结果，并且证明了测量的重要性促使测量的多次重复，这会导致跟理论期望不一样的一致同意结果.可见，从加里森的分析也可以看出，实验设计的许多环节都跟理论和相关背景知识有关.

　　最后，加里森在其新书《图像和逻辑》里修正了自己的观点①，通过扩展研究 20 世纪高能物理的仪器，他论证了在此领域存在两种不同的实验传统，一种是可视化的（或者图像的）传统，另一种是电子的（或者逻辑的）传统．前者使用比如云室或者气泡室这样的探测器，以提供有关每一个独立事例的详细大量信息，后者使用的是比如盖革计数器、闪烁计数器和火花室这样的电子探测器，提供单个事例不多的信息，而探索更多的事例．并认为实验者在这两个不同的传统中按不同论证形式，形成不同的认知和语言群．相比之下，可视化传统更加强调单个"黄金"事例．对这样的区分斯特利（Kent Staley, 1999）提出异议．在弗朗克林看来，无论如何可视化传统和电子传统，或者说图像传统和逻辑传统的区分，看到了仪器设计影响了实验结果，而仪器设计不是简单的装置问题，它已经把理论甚至是一种传统带进实验．也就是说，加里森把实验设计中的背景知识扩展成更加普遍的"传统"层面．

二、科林斯和实验者的回归

　　在弗朗克林看来，科林斯（Collins）、皮克林（Pickering）以及其他人发起了对实验结果是在认识论论证基础上被接受的观点．他们指出："有效地决定性批评总能够找到一个争论任何可疑'结果'的理由．"②比如，科林斯对实验结果和证据的著名怀疑，发展出所谓的"实验者的回归（experimenters' regress）"③，意思是：科学家们所获得正确的结果是用真正起作用的好实验装置获得的，但是一个好的实验装置只是给出实验结果的那个装置，可是不存在可以用来决定实验装置真正起作用的形式化标准．特别是，科林斯论证说用一个代表性信号来校准实验装置，不能提供一个把装置看作可靠的独立理由．

　　在科林斯看来，回归（或者说无穷后退）最终被相关科学共同体的

---

　　①　P. Galison, *Image and Logic*, Chicago: University of Chicago Press, 1997.

　　②　D. Mackenzie, "From Kwajelein to Armageddon? Testing and Social Construction of Missile Accuracy", *The Uses of Experiment*, D. Gooding, T. Pinch and S. Shaffer (eds.), Cambridge: Cambridge University Press, 1989, pp. 409–435, p. 412.

　　③　H. Collins, *Changing Order: Replication and Induction in Scientific Practice*, London: Sage Publications, 1985, p. 79.

否定所打破，那是一个由科学家的经历、社会的认知兴趣以及未来工作的实用性所决定的因素所驱动的过程，但那不是一个可以称为认识论标准或者理性判断所决定的过程．因而，科林斯得出结论说，他的回归产生了一个涉及实验证据以及用来评价科学假说和产生理论的严重问题．弗朗克林也认为，如果确实找不到回归的出路，那么科林斯就是对的．科林斯所讲实验者回归例子的最好代表是早期试图探测引力辐射和引力波，物理学家们被迫去比较韦伯（Weber）宣称他已经观察到引力波跟来自六个其他没有观察到引力波的实验报告．一方面，科林斯力主在这些相矛盾的实验结果之间取舍不可能是在认识论和方法论基础之上进行，他断言六个否定性实验不可能合乎规则地被认为是重复性的，从而可以不管．另一方面，韦伯的装置是准确的，因为该实验用了一种新型装置试图探测一直没有被观察到的现象，它并不遵守传统的校准方法．

在我们看来，科林斯的"实验者的回归"是暴露了理论和实验关系的复杂性，这和加里森（1987）的"交错分期"（intercalated periodization）所描述的理论化、实验以及仪器之间的"部分自治"的每一个相互作用的多重层面是一致的．就像我们分析科学理论结构时的语境论理论观一样，跨出理论范围，涉及实验部分，理论和实验及他们之间的中介都是一种"交错重叠"的关系，不仅仅是时间上的交叉，而是各种因素之间都如此．

三、对皮克林的考察

（一）皮克林论集体机会主义和柔性资源

皮克林最近提出一种关于实验结果的不同观点，在他看来实际过程（包括跟实验装置相应的修建、运行以及对其操作的监控）、装置的理论模型以及所考察现象的理论模型，全部都是考察者产生相互支持关系的柔性资源．他讲道："实现这样的相互支持，在我看来是成功实验的明确特征．"①

---

① A. Pickering, "Against Correspondence：A Constructivist View of Experiment and the Real", *PSA* 1986, A. Fine and P. Machamer（eds.）, Pittsburgh, philosophy of Science Association. Vol. 2：1987, pp. 196－206, p. 199.

对此，弗朗克林认为皮克林对实验得出几个重要而有效的观点，最重要的是，皮克林强调实验装置最初很少能够产生有效实验结果以及之前所要求的一些调整或者修补．虽然他也认识到不管是装置理论还是所研究的现象理论，都能够进入有效实验结果的形成之中．不过，人们可能关注的是他对于那些理论部分的强调．比如，自从密立根伊始，实验已经强力支持电荷基本单位和量子化电荷的存在，莫波格（Morpurgo）装置没有能够产生基本电荷的测量，意味着它没有被适当操作，并且理论理解也有问题．正是没有能够产生跟已经知道的东西一致的测量（即没有重要的实验校准），引起了对莫波格测量的怀疑．不管理论模型是否有用或者莫波格想接受什么，情况都如此，只有莫波格的装置可以产生已知测量，它才值得相信，并且用来探测分数电荷．

可见，皮克林允许自然界在实验结果的产生中起了作用，但是它起的作用并不是决定性的．沿着同样的思路，皮克林允许进入实验结果的各种因素中实验者的作用可能才是决定性的．

（二）对皮克林的批判性回应

弗朗克林看来，阿克曼（R. Ackermann）实际上提出了对皮克林观点的修正，阿克曼建议实验装置本身要比之装置的理论模型或者现象的理论模型，没有太多柔性资源．正如他所言："重复一遍，在 A［装置］里的改变通常能够（在第一时间，而不是等到 B［装置的理论模型］调整）作为进步，而在 B 里的'进步'并不作数，除非 A 被实际改变并且实现了所理解的进步．可以理解这小小的不对称最终能够解释科学进步的大方向及其客观合理性．"①

哈肯也提出对皮克林后期观点中的复杂方案的批评，他指出成熟实验科学的结果具有稳定性和自明性，只要实验科学的要素是相互一致和支持的，这些要素包括：（1）观念，问题、背景知识、系统理论、主要假设以及装置的模拟；（2）材料，目标、修正资源、探测器、工具以及数据产生器；（3）标记和标记的操控，数据、数据评价、数据还原、数

---

① R. Ackermann, "Allan Franklin, Right or Wrong", *PSA 1990*, Vol. 2, A. Fine, M. Forbes and L. Wessels（eds.）, East Lansing, MI：Philosophy of Science Association, 1991, pp. 451 – 457, p. 456.

据分析以及解释.

　　弗朗克林认为,人们可能质疑理论与实验结果之间的这种调整,是不是总是能够得以实现? 一旦实验结果由成功应用了前面讨论的几个不同认识论策略的实验装置产生,并且结果跟现象的理论不一致,情况又当如何呢? 已经接受的理论可能被推翻.哈肯也担心依靠相互调整和自我调整,关于实验室里产生现象的实验科学,能够成功应用到实验室之外的世界吗? 可见,大家对皮克林的不满主要在于对其社会学的出路不甚满意,实验科学的诸多因素中人为因素可能没有决定性.

　　(三) 皮克林和力量之舞

　　弗朗克林指出,近来皮克林提出了对科学的重新解释,如其所说:"我的基本科学形象是行动性的,在其中人的行为和物质力量首当其冲,科学家是机器尽力扑捉的物质力量领域里的人为行动者."[1] (Pickering,1995,p. 21)[2] 在此基础上他讨论了人和物力量之间的复杂相互作用,即实验者、实验者的仪器以及自然界之间的相互作用.他讲道:"力量之舞,就人类目的非对称地来看,取阻抗和妥协的辩证法形式,阻抗代表无法实现试图抓住实践力量,而妥协是回应阻抗的主动人为策略,能够涵盖各种目的和意图,也包括所研究机器的物质形式及其所处的交际和社会关系."(Pickering,1995,p. 22) 虽然皮克林注意到"结果依赖于世界如何"(Pickering,1995,p. 182)."……物质世界是如何以一种卓有成效的方式影响我们对它的表征,因此我的分析展示了结合进科学实践的科学知识跟物质世界之间的契合之处"(Pickering,1995,p. 183).不过,有关皮克林对自然界的诉求存在一些混淆.

　　事实上,皮克林的社会建构理论走向科学实践的辩证法后,还是一种社会学理论.在实验者、实验者的仪器以及自然界之间的相互作用辩证过程中,立足点还是在实验者形成的社会.

----

[1]　A. Pickering, *The Mangle of Practice*, Chicago: University of Chicago Press J. Prentki, 1965. CP Violation, Oxford International Conference on Elementary Particles, Oxford, England, 1995.

[2]　特别注明:从本章开始涉及多处转引原文出处的地方,为了简明并且便于查找,我们用作者、年代和页码的方式在正文中用小括号标出,以便查阅和传递相关信息.

四、哈肯的社会建构是什么?

弗朗克林指出,后来,哈肯(1999)提供了把建构主义者(科林斯、皮克林等人)跟关系论者[司徒埃尔(Stuewer)、弗朗克林、布赫瓦尔德(Buchwald)等人]分离的直截了当的有趣讨论.他从这两种观念得出三点关键:(1)偶发性;(2)唯名论;(3)稳定性的外在解释.偶发性说的是科学并不是预先决定的,它可能按照任何一种成功方式得到发展,这一点为建构主义者所采纳.哈肯借用皮克林关于20世纪70年代夸克模型占统治地位的高能物理的解释来说明,建构论者维护偶发性论题,就物理学而论,(a)物理学理论、实验、材料诸方面都可能以一种非夸克方式发展,并且按其替代的物理演化出详细标准,其成功也跟夸克物理学一样.而且(b)这种想象的物理学可能等价于当前物理学,这一点毫无意义,物理学家不认可.(Hacking,1999,pp.78-79)① 总体来说,皮克林的学说是:有可能存在一种像20世纪70年代高能物理一样成功("进步")的研究纲领,而又有不同的理论、现象、装置的严谨描述以及仪器,及其在这些成分之间不一样的、进步的系列鲁棒性结合.而且这是一些没有必要澄清的不好的东西,它们等价于目前物理学的"另类"物理学,不仅是逻辑不兼容而且是不同的物理学.夸克(观念)的建构主义者断言这种妥协和阻抗过程的建构不完全是预先决定的.实验室工作要求我们获得装置、有关装置的信念、解释和数据分析以及理论之间的鲁棒性结合.在此鲁棒性结合达到之前,无法决定那样的结合是什么,无法提供世界是怎么样来决定,也无法通过现存技术、无法通过科学家的社会实践、无法通过兴趣和网络、无法通过天才、无法通过任何事情来决定(Hacking,1999,pp.72-73).

哈肯的第二个关键是唯名论.他注意到绝大多数极端的唯名论者都否认存在共同的任何东西或者名称所指的特定对象,就像"花旗松"并不是被称为"花旗松"的东西.反对者则认为好的名称或者好的自然解释,则告诉了我们有关世界的正确东西,这就牵涉到困扰哲学家上千年

① Ian Hacking, *The Social Construction of What*? Cambridge, MA: Harvard University Press, 1999.

的不可观察实体地位的实在论—反实在论之争．在哈肯看来，科学唯名论者比反实在论者还要彻底，他们怀疑松树就像怀疑电子一样．一个唯名论者会把我们理解的结构，视为我们对世界的表征的属性而不是世界本身的属性．哈肯所指的对手是内在结构主义者．哈肯也强调这个关键点跟"科学事实"的问题之间的关系．因此建构主义者拉图尔和伍尔伽把他们的书名起为"实验室生活：科学事实的社会建构"（1979），而皮克林把夸克模型的历史称为"建构夸克"（1984）．物理学家争辩说这贬低了他们的工作．

　　哈肯的第三个关键是稳定性的外在解释．哈肯所讲的："建构论者认为科学信念的稳定性，说明至少部分地牵涉到外在于科学内容的要素，这些要素通常包括社会因素、利益、网络，或者它们被无论怎样描述．反对者认为发现的语境是什么，稳定性的解释是内在于科学本身．"（Hacking，1999，p. 92）"理性主义者认为，大多数科学就像是按照探索出来的好理由那样进行的，某些知识体系变得稳定是因为为其引证的大量的理论理由和实验理由，建构主义者认为这些理由对科学过程不是决定性的，尼尔森（Nelson，1994）总结说这个问题永远得不到解决．稍稍回想一下，理性主义者总能够引证满足它们的理由．按照相同的心智，建构主义者总能够找到他们自身满意的开放程度，其中研究结果是理由之外的某些东西决定的，某些外在的东西．那是另一种说我们发现一个不可解释的'症结'的方式"（Hacking，1999，pp. 91 – 92）．

　　因此，对于实验结果的接受理由，存在非常严重的分歧，对于像斯塔利（Staley）、加里森和弗朗克林，那是靠认识论论证．对于像皮克林及其他人，理由是将来的实际利益以及对现存理论承诺的认同．虽然科学史证明推翻普遍接受的理论要大量的理论和实验工作，但是这个观点的支持者似乎视其为没有问题，总能够认同有更多未来利益的现存理论．哈肯和皮克林也建议实验结果的接受，是建立在包括现象理论的要素在内的相互调整．当然，弗朗克林指出大家都认同有关实验结果但目前还没有一致意见．

　　我们认同弗朗克林的观点，确实各种因素之间错综复杂的关系不容易达成一致，这也反映出实验主义者立场涉及因素众多，不容易突显出哪个更基本些．不过社会建构最终的立足点是社会关系．可是，社会关系可能不是理论和实验关系的最佳基础．

第三节　实验的作用

弗朗克林在不同地方都考察过实验的作用，大多是在其实验认识论基础上考察的．这也直接有利于考察理论与实验之间的关系问题．下面主要介绍弗朗克林的总结①，然后指出相应评论．

一、实验本身的生命

虽然实验常常从其与理论之间的关系获得其重要性，但是哈肯指出它常常有其本身独立于理论的生命．他注意到 C. 赫谢尔（Carolyn Herschel）发现彗星的原始观察、W. 赫谢尔（William Herschel）关于"辐射热"的工作以及大卫（Davy）对藻散发气体和那种气体里的烛的火焰的观察，这些都不是实验者有任何有关现象的理论下进行的．人们也注意到 19 世纪原子光谱的测量、20 世纪 60 年代对于基本粒子质量及其性质方面的工作，都是在没有理论指导下进行的．

在决定什么实验考察值得追求，科学家可能完全受可用装置及其操控装置的能力的影响（Mckinney，1992）．因此当曼—奥尼尔小组在 20 世纪 60 年代普林斯顿—宾夕法尼亚加速器上做高能物理实验时，所做系列实验有：（1）K^+ 衰变率的测量，（2）K^+_{e3} 的分支比和衰变谱的测量，（3）K^+_{e2} 的分支比的测量，（4）在 K^+_{e3} 衰变里形式因子的测量．这些实验用基本上相同的装置完成，只是对每一个具体实验进行小的修改．系列实验结束后，他们已经成为使用这些装置的专家，并且熟知相关背景和实验问题，这允许小组成功完成技术上更难的后续实验．弗朗克林称其为"仪器的忠诚度"和"专长的循环"（Franklin，1997b）．这跟加里森的实验传统观点吻合，不管是理论家还是实验家，都追求在其训练和专

① Allan Franklin，"Experiment in Physics"，*The Stanford Encyclopedia of Philosophy*（Winter 2012 Edition），Edward N. Zalta（ed.），URL ＝ ＜http：//plato. stanford. edu/archives/win2012/entries /physics-experiment/＞．

长能够使用的实验和问题.

　　哈肯也评论过巴托林（Bartholin）关于冰洲石的"值得注意的观察"、由胡克和格里马尔迪（Grimaldi）的衍射，以及牛顿关于光的色散."当然现在看来巴托林、格里马尔迪、胡克和牛顿都是在其头脑中没有'想法'的无心经验主义者.他们看其所看是因为他们是富于好奇、深究和反思的人.他们试图形成他们的理论，但是在所有这些情况下，显然观察进行了理论阐释"①.在所有这些情况中，我们看到这些都是等待甚或是呼唤理论的观察，任何意外现象的发现都呼唤理论解释.弗朗克林做如是评论.

　　无论是无理论指导的实验、实验改进后的实验，还是好奇心驱使的观察，应该说是没有直接的理论或者临近理论指导的实验.事实上，要不是彗星的耀眼光芒或者实验装置的"好用"以及有好奇心的敏感，上述实验观察也是不可能的，也就是说有些实验观察对其他影响因素特别敏感而已.但是之所以敏感也跟我们的背景知识或者常识有关.

　　二、证实和反驳

　　不过，弗朗克林认为，实验有几个重要作用涉及它与理论的关系，实验可能证实理论、反驳理论或者对理论的数学结构给予提示：

　　1. 先看看一个理论跟实验关系清楚明白的故事.这是一个"关键"实验，完全决定了两个（或者两类）相互竞争的理论。这个故事是关于发现宇称、镜像对称或者左右对称在弱相互作用里不守恒的.实验证明在原子核的 β 衰变里，在核自旋方向的散射的电子数跟自旋相反方向散射的数目不一样，这就明确证明了宇称在弱相互作用中不守恒.

　　2. CP 不守恒的发现：一个颇具说服力的实验.在发现了宇称和电荷共轭不守恒后，按照朗道的提议，物理学家考虑了 CP（把宇称和粒子—反粒子对称结合起来），它作为一个适当的对称在实验里仍然守恒，如果 CP 是守恒的，其结果是 K_1^0 介子可能衰变成两个介子，而 K_2^0 却不能.因此 K_2^0 衰变的观察可能揭示出 CP 不守恒，衰变被普林斯顿大学的一个小

---

　　① Ian Hacking, *Representing and Intervening*, Cambridge：Cambridge University Press, 1983, p. 156.

组观察到，虽然有相互竞争的几个解释提了出来，但是只保留了 CP 不守恒作为实验结果的解释.

3. 玻色—爱因斯坦凝聚的发现：70 年后证实. 前面讨论的宇称不守恒和 CP 不守恒的故事中，我们看到在相互竞争的两类理论的决定中，发现了玻色—爱因斯坦凝聚（BEC），说明了具体的理论预言在首次做出 70 年后得到证实. 玻色（1924）和爱因斯坦（1924，1925）预言没有相互作用的玻色原子的气体，在低于一定的温度条件下会突然发展成处于最低能量量子态的宏观一致状态.

证实理论的实验、反驳理论的实验和一下子揭示数学结构的实验，不仅突显了理论和实验关系中实验对理论的作用，也说明实验的作用越大，它来源于理论的迹象越明显. 比如，吴健雄发现宇称不守恒的实验是在李政道建议下进行的，但是李政道和杨振宁提出宇称不守恒时也就有一些其他实验依据，至少明确知道没有发现过弱作用过程中宇称守恒的实验.

三、复杂性

在前面讨论的三个故事中，理论和实验之间的关系都很清楚，实验给出肯定的结果而理论预言也很清楚，没有哪个结论受到怀疑，宇称守恒和 CP 对称在弱相互作用里被违反，玻色—爱因斯坦凝聚也是被承认的现象. 弗朗克林进一步指出，在科学实践中事情更加复杂，实验结果可能冲突，或者可能是错的，理论计算也可能出错或者正确理论被错误应用. 甚至存在实验和理论两方面都出错的情况，正如早先注意到的，科学是可错的，下面就是这样的几个弗朗克林归纳的例子：

1. 第五种力的衰落. 第五种力是假说被驳倒的案例，但是仅仅是在实验结果之间的不一致被解决之后. "第五种力"是提议对牛顿万有引力定律的修正，最初实验给出相冲突的结果：有人支持第五种力的存在而其他人反对，在大量实验之后，不一致得到解决，并一致认为第五种力并不存在.

2. 正确的实验、错误的理论：斯特恩—盖拉赫实验. 斯特恩—盖拉赫实验最初是为了用非均匀磁场分析原子磁矩的可能性与验证空间量子化的意义. 最终，提供了电子自旋存在的证据，这个实验结果首次发表

在 1922 年，虽然电子自旋的想法直到 1925 年才由古兹密特（Goudsmit）
和乌伦贝克（Uhlenbeck）提出，人们甚至会说电子自旋是在它被发明之
前被发现．斯特恩—盖拉赫实验在其提出时被看作是很关键的，但是事
实上并非如此．在物理学界看来它决定了两个理论之间的问题，反驳一
个而支持另一个，不过，从后来的工作看，反驳成立而证实有问题．事
实上，实验结果引起似乎得到证实的理论有问题，随后一个新理论被提
出．虽然斯特恩—盖拉赫结果最初也引发新理论有问题，不过在新理论
修正后，结果确实证实了新理论．在某种意义上，这毕竟是关键，只是
花了些时间．这很好说明理论跟实验的先后并非那么简单．

3. 有时反驳无效：电子的双—散射．在前面我们看到实验—理论之
间的内在比较的一些困难，人们有时面对实验装置是否满足理论所要求
的条件问题，或者反过来，适宜理论是否和实验可比．一个恰当例子是，
20 世纪 30 年代在电子用重核双—散射的实验（Mott 散射）及其这些结果
对狄拉克的电子理论的关系．当初实验跟理论计算不一致，故怀疑背后
的狄拉克理论．努力了十几年之后，无论是理论上还是实验上，认识到
是实验里的背景效应掩盖了预计的效果，一旦背景被排出，实验和理论
就一致了．

这几种情况跟实验对理论的"证实和反驳"一样，还是对理论做出
了判据，虽然不明显，而且困难重重，但是使人们明确意识到理论需要
实验来检验和发展．难就难在理论跟实验之间的中间环节搞不清楚．这样
的复杂性需要详细的理论层次的划分，以及具体的实验种类，在此基础
上再深究它们之间的具体关系．

四、其他作用

弗郎克林例举了两类实验的特殊作用：

1. 新实体的证据：汤姆逊（Thomson）和电子．实验也能够为我们提
供理论涉及的实体存在的证据，如汤姆逊的阴极射线实验为电子存在的
信念提供了基础．

2. 理论的衔接：弱相互作用．实验也能够有助于阐释理论，如关于
β 衰变的实验，从 20 世纪 30 年代到 50 年代期间，决定了 β 衰变的费米
理论的精确形式．

这类情况说明实验不仅仅对理论选择具有一定作用，实验甚至直接可以判据理论背后的理论实体，就像汤姆孙的电阴极射线实验，不仅指出射线的属性跟原子结构理论一致，而且直接证明电子的存在．另外，实验的发展直接导致理论的修改，或者说直接精确决定理论的表述形式．同时，也说明理论实体的存在性这样的问题、各种理论之间深层关系之类的问题，跟某些实验紧密相关．

五、计算机模拟

在科学中尤其在科学哲学中一项有趣的进展，是计算机模拟的不断使用和更加重要．在某些领域，诸如高能物理学家，模拟是所有实验的根本部分．更公平地说，没有计算机模拟这些实验就不可能进行．在科学哲学中大量文献讨论了计算机模拟是不是实验、理论或者某些新的做科学的混合方法．

这使我们想起诺贝尔化学奖，2013 年诺贝尔化学奖授予美国科学家马丁·卡普拉斯（Martin Karplus）、迈克尔·莱维特（Michael Levitt）和阿里耶·瓦谢勒（Arieh Warshel），以表彰他们在开发多尺度复杂化学系统模型方面所做的贡献．20 世纪 70 年代，他们结合经典和量子物理学，设计出多尺度模型，将传统的化学实验搬到了网络世界．这正是对计算机模拟的最大肯定，也说明当代科学研究中理论和实验关系问题上，不得不动用计算机进行模拟和数据分析．

六、小结

弗郎克林总结说，"有人认为实验结果的接受是建立在认识论论证基础上的，而其他人将其接受建立在未来的好处、社会利益或者跟共同体承诺的一致，不过，无论什么理由，大家都同意就实验结果而言要达成共识，这些结果在物理学中起到重要作用，正如前所述，我们已经检验其中几种这样的作用．我们已经看到实验决定了两个竞争理论、呼唤新理论、证实理论、反驳理论、提供决定理论数学形式的证据以及提供涉及已接受理论中的基本粒子存在的证据．我们也看到实验有独立于理论自身的生命．正如我相信的，认识论过程提供了合理相信实验结果的基础，那么实验就能够起到如上讨论的作用并且提供了科学知识的基础"①. 对此，我们明显看到弗郎克林在强调实验的作用时，是站在所谓的"实验认识论"基础上进行的. 确确实实，实验是有诸如此类的作用. 但是正如上述分析的，这些作用总是突显了诸多因素的某种因素或者某方面的作用.

问题在于，无论是什么样的实验主义，只是抓住了每一个环节的真理，然后进一步放大，用于阐释整个理论与实验之间的关系问题. 甚至弗朗克林也不例外，所以他才列出了若干实验认识论策略以及实验的各种各样的作用. 我们还是希望有一种类似于逻辑实证主义连接理论部分与观察部分之间的"桥接"的原理，一种更加系统统一的说法.

第四节　弗郎克林对弱相互作用 V-A 理论的案例分析②

关于实验在粒子物理中的作用，弗郎克林在《物理学定律是必然的吗?》③ 一文中，通过对弱相互作用的 V-A 理论的历史考察，就科学家关于自然定律到底是发现还是发明这个问题，站在理性主义的立场批判了社会建构论的观点. 同时也说明，在标准模型之前对弱相互作用的研究，也是理论跟实验的相互作用结果.

一、通向弱相互作用的 V-A 理论之路

为了详细阐明自己的观点，弗郎克林考察了 β 衰变的理论和实验，包括从 1934 年费米提出的 β 衰变第一个成功理论，一直到乔治·苏达山（George Sudarshan）跟罗伯特·马沙克（Robert Marshak）和 R. 费曼（R. Feynman）跟 M. 盖尔曼（M. Gell - Mann）在随后二十几年内独立提出 V-A 理论的这段历史. 期间充满各种错误的实验结果、不正确的实验

---

① Allan Franklin，"Experiment in Physics"，*The Stanford Encyclopedia of Philosophy*（Winter 2012 Edition），Edward N. Zalta（ed.），URL = ＜http：//plato. stanford. edu/archives/win2012/entries/physics-experiment/＞.

② 注意：本节内容基本上是弗朗克林原文的简述.

③ Allan Franklin，"Are the Laws of Physics Inevitable?"，*Phys. perspect*. 10，2008，pp. 182 - 211，1422 - 6944/08/020182 - 30，DOI 10. 1007/s00016 - 006 - 0309 - z.

—理论比较以及错误的理论分析，但是 V-A 理论的提出仍然是不可避免的结果．这就说明人为因素的作用毕竟不是决定性的．下面我们按照弗朗克林的论文进行介绍．

费米的 β—衰变理论假定原子核仅由质子和中微子组成，而电子和中微子是在衰变的瞬间产生的．他增加了一项微扰能量到核系统能量的衰变相互作用上，其微扰哈密顿量为

$$H_{if} = G[\,U_f^* \Phi_e(r) \Phi_\nu(r)\,] O_X U_i$$

其中，U_i 和 U_f^* 分别描述核子的初始态和末态，$\Phi_e(r)$ 和 $\Phi_\nu(r)$ 分别描述电子和中微子波函数，G 是耦合常数，r 是正变量，而 O_X 是数学算符．其实，泡利已经证明如果描述系统的哈密顿量是相对不变量的话，数学算符 O_X 只能取五种形式，即标量相互作用 S，赝标量 P，极矢量 V，轴矢量 A 以及张量 T．在此基础上跟电磁理论类比，加上他的计算要跟实验一致，他选取相互作用的矢量（A）形式．而弱相互作用的正确数学形式的探索，成为 β 衰变随后四分之一世纪的主要工作．总而言之，到 20 世纪 50 年代早期的实验结果、理论分析以及限定了 β—衰变相互作用的形式只能是，要么是标量 S、张量 T 以及赝标量 P 的结合，要么是极矢量 V，轴矢量 A 的结合．在 1957 年宇称不守恒定理的发现、弱相互作用中空间—反演的破坏，都强烈偏向于 V 和 H 的结合．苏达山跟马沙克、费曼跟盖尔曼也都明确提出了 V-A 的相互作用形式．那个时候仅有的问题是存在几个实验结果看起来排除 V-A 理论．两组作者提出理论的经验成功，加上其所需的理论性质，强烈论证了实验应该可以重复．确实如此，新的结果支持 V-A 理论，该理论变成普遍费米相互作用的，适用于所有的弱相互作用，无论是 β 衰变还是基本粒子的衰变．可见，弱相互作用的 V-A 理论的提出和论证是跟实验密切相关的．

直到第二次世界大战末都强烈支持费米的 β—衰变原始理论，偏向于伽莫夫—特勒选择定则和张量（T）相互作用．从 β—粒子能量谱和科诺平斯基跟乌伦贝克对 $_{15}P^{32}$ 和 RaE（$_{83}Bi^{210}$）的谱分析，直到特勒对 ThB（$_{82}Pb^{212}$）$\rightarrow$ ThD（$_{82}Pb^{208}$）跃迁的早期分析，都支持费米的这种观点．

二、二战后的 β—衰变理论

寻找 β—衰变相互作用正确数学形式的努力在第二次世界大战后得到

加强. 在 1943 年科诺平斯基已经注意到, 存在偏向张量 (T) 或者轴矢量 (A) 相互作用的费米理论的普遍支持. 然而, 到 1953 年科诺平斯基 (Konopinski) 和劳伦斯·朗格 (Lawrence M. Langer) 还说: "正如我们即将在此解释的证据所言, 正确的规律一定是熟知的 STP 联合." [①] 弗朗克林试图从这开始讨论, 看看他们如何达到这个看似正确最后发现错了的结论.

"二战"后, 物理学家认识到菲尔茨 (Fierz) 在 1937 年澄清 β—衰变相互作用实质工作的重要性. 菲尔茨曾经证明, 如果相互作用包含标量 (S) 和矢量 (V) 项或者轴矢量 (A) 和张量 (T) 项, 那么确定的干涉项就会出现在容许跃迁的 β—衰变相互作用里. 然而, β 衰变相互作用里不管是轴矢量 (A) 还是张量 (T) 项的存在, 都受到 1951 年玛丽亚·格佩特—梅耶 (Maria Goeppert Mayer) 及其同事的支持, 他们使用源自大量核子的 β—衰变数据支持他们对核自旋和宇称的赋值. 他们发现 25 个 $\Delta J = \pm 1$ 的 β 衰变, 没有宇称变化, 这就要求要么轴矢量 (A) 或者张量 (T) 项在相互作用里出现 (不过, 在其结论里存在一个不定因素, 因为它依赖于其核自旋和宇称的某些不确定的赋值). 轴矢量 (A) 和张量 (T) 项的存在证据, 不依赖于对核自旋所知多少, 而是源自于唯一的禁戒跃迁的 β—衰变能量谱, 那是些 n—倍禁戒跃迁, 因为其在自旋的变化是 $\Delta J = n + 1$. 这些 n—倍禁戒跃迁要求在相互作用里轴矢量 (A) 或者张量 (T) 项的存在, 并且由于它们当中每一个对衰变相互作用都有适当贡献, 由此这些跃迁的特殊形状都可以得到计算. 科诺平斯基跟乌伦贝克证明 n—倍禁戒跃迁的 β—粒子能量谱可能是容许跃迁能量谱乘上可以计算的能量—依赖因子 a_1.

三、宇称不守恒的发现

在 1956 年末和 1957 年初有关弱相互作用的研究形势急剧变化. 李政道和杨振宁提出宇称守恒或者镜像对称可能在包括 β 衰变的弱相互作用

---

① See E. J. Konopinski and L. M. Langer, "The Experimental Clarification of the Theory of β-Decay", *Annual Reviews of Nuclear Science* 2, 1953, pp. 261 – 304; quote on 261. 注意: 本书在引用物理学家和物理学史家的著作时, 为了完整性和查询方便, 转引英文用 "See" 表示.

里被破坏，紧接着吴健雄及其同事，理查德·加尔文（Richard Garwin）、利昂·莱德曼（Leon Lederman）、温瑞奇（Marcel Weinrich），以及杰尔姆·弗里德曼（Jerome Friedman）和约瑟夫·泰勒（Valentine Telegdi）的一系列实验都确定地表明宇称不是守恒的．这个发现产生了有关 β 衰变的早期分析的基本问题，提出新的实验，并把道路引向 β 衰变的新理论．

在 20 世纪 50 年代物理学界面临著名的"θ-τ之谜"．就一套已经接受的标准来说，即相同的质量和寿命而言，θ 粒子和 τ 粒子显然是同样粒子．就另一套标准而言，即自旋和宇称来说，它们显然是不同粒子．自旋和宇称的分析集中在衰变产物上，θ 粒子有两个 π 介子，而 τ 粒子则有三个 π 介子．在这些衰变里假定的宇称守恒、θ 粒子和 τ 粒子的自旋和宇称都是从衰变产物推出来的．曾经有几位研究者努力试图在当时接受的框架内解决这个谜，但是都没有成功．

在 1956 年李政道和杨振宁认识到如果宇称在弱相互作用里不守恒，那么 θ 粒子和 τ 粒子的自旋和宇称的分析可能是错误的，而且 θ 粒子和 τ 粒子可能是相同粒子的两种不同衰变模式．这引导他们彻底检查有利于宇称守恒的当时拥有的实验证据．使他们惊讶的是，他们发现虽然先前实验强烈支持在强相互作用和电磁相互作用里宇称守恒到很高的精确度，实际上没有任何实验说明在弱相互作用里宇称守恒，这从来没有在实验上检验过．

李政道和杨振宁提出了几个对他们假设的可能检验．两个最重要的涉及定向核子的 β 衰变和 π 介子衰变成缪子，而缪子又衰变成电子（π→μ→e）的系列衰变．我们只讨论前者，李政道和杨振宁描述如下："一个相对简单的可能性是测量来自定向核子 β 衰变的电子的角度分配．如果 θ 是母核子的方向跟电子动量之间的夹角，在 θ 跟之间分配的非对称性构成宇称在 β 衰变里不守恒的确定证据．吴健雄和她的同事进行了这个实验．"[1]

从这个新理论得出两条重要的实验意义：它预言了定向核子的 β 衰

---

[1] See T. D. Lee and C. N. Yang, "Question of Parity Conservation in Weak Interactions", *Phys. Rev.* 104, 1956, pp. 254 – 258, p. 255.

变里的非对称，并且它预言了 β 衰变里散射的电子可能具有一个等于 v/c 的极化，其中 v 是电子的速度而 c 是光速. 不过，我们要讨论的重点是缪子衰变的意义. 存在三个可能性：缪子可能衰变成：（1）一个电子、中微子以及一个反中微子（$\mu \rightarrow e + v + \bar{v}$）；（2）一个电子和 2 个中微子（$\mu \rightarrow e + 2\mu$）；（3）一个电子和 2 个反中微子（$\mu \rightarrow e + 2\bar{v}$）. 对于情况（1）中微子的二—分量理论要求标量（S）、张量（T）、赝标量（P）项耦合全部等于 0，并且米歇尔 ρ 参数是 $\rho = 0.75$，而情况（2）和情况（3）$\rho = 0$. 这个值跟萨金特（C. P. Sargent）和他的同事的实验结果不一致，他们发现 $\rho = 0.64 \pm 0.10$，与博莱帝（A. Bonetti）和他的同事的实验结果也不一致，他们发现 $\rho = 0.57 \pm 0.14$，这一点同时被李政道和杨振宁以及朗道注意到. 沃尔特·杜齐亚克（Walter F. Dudziak）和他的同事后来报告了大约 0.75 的 ρ 值. 这意味着缪子的衰变相互作用不可能涉及标量（S）、张量（T）、赝标量（P）项，但是不得不是矢量（V）和轴矢量（A）项的组合（回顾早期工作已经把 β—衰变相互作用项限制到三元组 STP 或者二元组 VA 组合）.

总之，到 1957 年夏天结束宇称不守恒已经被确定地证实，并且存在强的实验支持中微子的二—分量理论. 那个理论加上轻子的不守恒，得出的结论就是负责缪子衰变的弱相互作用不得不是 VA 组合. 虽然源自 β 衰变的大多数证据跟这种二元组 VA 相互作用是一致的，但是拉斯塔德和鲁比在 $_2\text{He}^6$ 上的角度—关联实验似乎提供了 β—衰变相互作用是张量（T）的确定证据. 没有能够观察到 π 介子衰变成电子也反证了 VA 相互作用. 这个形势还不确定.

四、弱相互作用的 V-A 及其接受

尽管存在这种不确定和混乱形势，苏达山和马沙克以及费曼和盖尔曼提议，普遍费米相互作用（UFI），一个可能适用于全部弱相互作用的东西，可能是矢量（V）和轴矢量（A）项的线性组合. 苏达山和马沙克从弱相互作用费曼的实验证据的检验得出这个结论，虽然他们注意到反对 V-A 理论的四个实验，分别如下：（1）拉斯塔德和鲁比在 $_2\text{He}^6$ 上的电子—中微子角度—关联实验；（2）π 介子的电子衰变频率；（3）在缪子衰变里电子的极化信号；（4）极化中微子衰变的非对称，比预言的要小.

前两个情况被看作有重大问题，而后两个作为证据分量不够并且被后来的实验所排除．尽管如此，苏达山和马沙克还是建议说："所有这些实验应该重做，特别是它们当中有些实验跟弱相互作用的另外一些新近实验相矛盾．"[①] 他们也指出了 V-A 理论具有一些非常吸引人的特征．它提供了在奇异粒子衰变导致 K 介子的 θ 和 τ 衰变模式的宇称违反的自然机制．它也允许对 π 介子和 K 介子进行类似的处理，并且具有与在 β 衰变里散射的中微子同样的手征或者螺旋性，这对 VT 组合或者 SA 组合都不正确．费曼和盖尔曼也强调这个理论优雅．[②] 可见，1934 年起到后来 20 世纪 50 年代末 V-A 理论的提出和接受，从泡利证明四—费米子相互作用只有五种相对论不变性形式，到苏达山跟马沙克和费曼跟盖尔曼的 V-A 理论的理论优势的讨论，已经看到理论原理是如何约束物理学家提出的理论类型的．β—衰变相互作用的可能形式的数目从三个以上变成只有两个，即三元组合 STP 和二元 VA 组合．在宇称不守恒发现时基本上要求二元 VA 组合．其发展的每一步都是理论跟实验相互作用的必然结果．

弗朗克林强调，V-A 理论最吸引人的理论特征是在于其被接受方面的重要性．这从下面讨论可以看得出来．跟弱相互作用的 V-A 理论不一致的地方，在新的实验上也慢慢得到消除．这也说明 V-A 理论有其必然性．两个对 V-A 理论而言问题不大的实验，在缪子衰变时电子的极化信号以及极化中子衰变时的非对称性，也被消除掉．甚至在 V-A 理论的全部四个反常被消除之前，它已经在 1958 年获得强烈支持，当时瓦伦坦·泰莱格迪（Maurice Goldhaber）和他的同事就测量了在 β 衰变里散射的中微子的螺旋性（它的自旋是否跟其动量平行或者反平行）．他们得出结论："我们的结果揭示出伽莫夫—特勒解释是中子散射的轴矢量（A）……"[③]

总之，到 1959 年有关弱相互作用的全部实验证据——核 β 衰变、π 介子衰变、缪子衰变以及电子扑捉——都跟 V-A 理论是一致的．正如苏

[①] See E. C. G. Sudarshan and R. E. Marshak, *The Nature of the Four-Fermion Interaction*, in Padua Conference on Mesons and Recently Discovered Particles（Padua：1957），p. 126.

[②] See Feynman and Gell-Mann, *Fermi Interaction*（ref. 10），pp. 197－198.

[③] See M. Goldhaber, L. Grodzins and A. W. Sunyar, "Helicity of Neutrinos", *Phys. Rev.* 109, 1958, pp. 1015－1017.

达山和马山（Marshan）后来评论道："由此，仅仅在弱相互作用中宇称不守恒被假设之后的三年，实现了尘埃落定，以及我们不仅证实了 UFI（普遍费米相互作用）概念的证实，而且知道在重子和轻子的弱相互作用里带电流的基本（V-A）结构."[1]

五、结论

β—衰变理论的发展和接受. 从其 1934 年起到后来 20 世纪 50 年代末 V-A 理论的提出和接受，是弗朗克林所谓的物理学规律的必然性的例子. 从泡利证明四—费米子相互作用只有五种相对论不变性形式，到苏达山跟马沙克和费曼跟盖尔曼的 V-A 理论的理论优势的讨论，我们已经看到理论原理是如何约束物理学家提出的理论类型的. 我们也看到了理论计算和实验结果，甚或说是自然，两者是如何缩减 β—衰变相互作用的可能形式的数目，从三个以上变成只有两个，即三元组合 STP 和二元 VA 组合. 在宇称不守恒发现时基本上要求二元 VA 组合，直到 1957 年 β—衰变理论是矢量（V）和轴矢量（A）相互作用的组合看上去几乎是必然的. 弗朗克林认为这是支持理性主义者立场的物理学史中众多例子之一.

这不是一根绳似地不断成功的历史. 早先，不正确的实验结果导致科诺平斯基和乌伦贝克修正了 β—衰变的费米理论，其办法似乎更好地符合实验结果，其实是一个依赖于不正确实验结果基础上对理论的实验的不正确比较. 在两方面相继矫正后，最初的费米理论又得到支持. 三元 STP 组合最初被选择成相互作用的形式，这是由于 RaE（$_{83}Bi^{210}$）β—粒子能量谱的不正确理论分析. 当那个错误被矫正后，物理学家剩下的是在三元 STP 组合跟二元 VA 组合相互作用之间进行选择. 拉斯塔德和鲁比的对$_2He^6$的角度—关联实验，把情况弄得更复杂，而直到他们的实验被发现错误时三元 STP 组合才得到支持. 最后，V-A 理论提出后所出现的实验反常全部被后来的实验消除，由此导致令人信服地支持 V-A 理论. 也就是说，物理学家能够战胜错误.

---

[1]　See E. C. G. Sudarshan and R. E. Marshak, "Origins of the Universal V－A Theory", *Blacksburg*, Virginia: Virginia Polytechnic and State University Report VPE-HEP-84/8, September 16, 1985, p. 14.

　　某些或者全部物理学家提出 β—衰变的替代解释是有可能的吗？当然，在逻辑上是肯定的，但是就如我们看到的，理论原理以及计算和实验结果（自然界）引入了约束，由此弱相互作用的 V-A 理论发展看来基本上是必然的．可见，在漫长的理论和实验发展过程中，物理学家并不是像社会建构论所说的那样，科学共同体可以通过协商决定实验和理论的结果，事实上，科学家是可以排除错误的，排除错误的决定因素应该还是自然界．

第十章　理论物理和实验物理之间的关系

　　最近，德国物理学家和物理学哲学家考拉依·卡拉加（Koray Kara-ca）系统考察了实验中的理论—负载问题①．在科学实验的理论负载观中，所有理论跟实验的关系被视为平等的，即实验的操作只是用来确定科学理论的结论．结果，实验的不同方面和理论跟实验的关系的不同方面仍未分化，这相应地促进了实验的理论—负载（theory-ladenness of experimentation）观念（简称 TLE），此观念太粗糙不足以精确描述科学实践中的理论跟实验之间关系．相反，卡拉加建议 TLE 应该理解为具有不同意义的概括性概念．为此，卡拉加把高能粒子物理理论区分为背景理论、模型理论和唯象模型．与此同时，卡拉加对照了两类实验，即"理论—驱动"实验和"探索"实验，以及在高能物理散射实验的语境中 TLE 的"弱"意义和"强"意义．在此区分的基础上认定深度—非弹性电子—质子散射实验的探索特征，这为"标度无关性"的发现提供了好线索．卡拉加的研究对强相互作用中的粒子物理标准模型和高能物理实验的细分，并且深究其相互关系，具有很大启发作用，我们会在系统介绍基础上做出简要评论．

---

　　① Koray Karaca, *The Strong and Weak Senses of Theory-Ladenness of Experimentation*：*Theory-Driven versus Exploratory Experiments in the History of High-Energy Particle Physics*，Accepted for Publication in Context, 2012. 本章下面论述基本上是按照卡拉加的论文完成，其中引文以作者加年份方式标出，详情参看卡拉加原文．

第一节　科学实验哲学的新近观点

科学实验的理论—负载观认为实验完成只是肯定了科学理论的结论.卡拉加综述了近年来关于实验的新观点,施泰因勒(Friedrich Steinle)论证了 TLE 观念不能很好抓住科学实验的复杂性和多样性(Steinle,1997,2002)①,他得出这个结论,根据的是他引入的"理论驱动"实验和"探索"实验的区分,在他看来,理论驱动实验展现了科学实验的传统观念所说的特征,即"实现心目中的一个好理论,从最初的想法,经过具体设计并实施,直到评价"(Steinle,1997,p.69).理论驱动实验也可以是为了其他目的,比如数值参数的确定,或者理论在新效应的探索领域作为启发工具的作用(Steinle,1997,pp.69-70).相比之下,称探索实验"通常发生在科学发展的时期,无论什么原因,没有什么好理论甚或没有概念框架可以使用或者认为是可靠的"(Steinle,1997,p.70).然而,在施泰因勒看来,"尽管独立于具体理论,在探索实验里的实验活动还是可能高度系统化,并由常规准则所驱动"(Steinle,1997,p.70).他的探索实验的典型例子,是源自于电磁理论的早期历史,并且包括由迪费(Charles Dufay)、安培和法拉第所做的静电实验.施泰因勒所说的"新研究领域",是还存在没有定义好和建好其理论框架的研究领域.

按照施泰因勒的认识,"探索实验不是一个具体的明确的程序,而是包括一大类不同的实验方法"(Steinle,1997,p.73).施泰因勒分出如下一些探索实验方法:"改变大量不同实验参数;决定不同实验条件中哪些是必不可少的,哪些仅仅是修正;寻求稳定的经验规则;用这些规则公式化来寻求适当表征;形成实验安排,只涉及必不可少的条件,又要以特别清晰方式呈述规则."(Steinle,1997,p.70)而且,施泰因勒论证探索实验的发现,可能对我们理解现存理论概念具有重要意义,因为

---

① See Friedrich Steinle, "Experiments in History and Philosophy of Science", *Perspectives on Science* 10, 2002, pp.408-432.

要想公式化探索实验提出的规则，可能要求"现存概念和范畴的修正及其新概念和范畴的形式化"（Steinle，1997，p. 70）.

卡拉加认为，施泰因勒的工作已经触发了与理论无关实验的可能性为中心的整个新争论. M·海德尔伯格（Michael Heidelberger）区分了不同层次实验，即"因果层次的实验，其仪器操控明显，而发生在理论层次的实验，其在因果层次的结果是在理论结构中表示的"①（Heidelberger，2003，p. 145）. 他还论证说，在建立好的理论为主的领域里，两个水平的理论是不可分割地连接在一起的，因而实验同时发生在两个层次上. 不过，海德尔伯格争辩说，如果一个新领域被探索，实验只是在因果层次进行，并且是与理论无关的. 正如前面的讨论揭示的，在海德尔伯格的观点跟施泰因勒两人关于科学实验的观点之间存在平行，不过施泰因勒并不反对 TLE，似乎也不否认在揭示实验情况下背景理论的作用，结果跟海德尔伯格不一样，他并不认可理论无关实验的可能性.

相对于海德尔伯格，卡西尔（Martin Carrier）论证说："进行实验和测量物理量依赖于贯穿观察的理论."（Carrier，1998，p. 182）② 卡西尔把直接进入实验程序的观察理论跟他所说的说明性理论分开，后者仅仅解释所考虑的现象. 按照卡西尔的划分，观察性跟说明性理论直接的差异不是根本性的，主要涉及应用模式，即实验语境决定了哪个理论用来作观察性理论，而哪个理论作为说明性理论. 而一个理论在某个实验语境中作为观察性理论，它在另外一个语境中也可以作为说明性理论. 这自然意味着观察性理论可能是跟说明性理论一样是高阶的和系统的. 注意，卡西尔的观点显然跟哈肯不一致，后者坚持系统的高阶理论通常并不在实验里起根本作用.

而相对于理论无关实验的可能性，拉德（Hans Radder）争辩说："切实理解一个稳定关联并且通过观测仪器，我们能够从对象知道什么，

---

① See Michael Heidelberger, "Theory-Ladenness and Scientific Instruments inExperimentation", *The Philosophy of Scientific Experimentation*, edited by Hand Radder, Pittsburgh: University of Pittsburgh Press, 2003, pp. 138 – 151.

② See Martin Carrier, "New Experimentalism and Changing Significance of Experiments. Onthe Shortcomings of an Equipment-Centered Guide to History", *Experimental Essays-Versuche zum Experiment*, edited by Michael Heidelberger and Friedrich Steinle, Baden-Baden: Nomos, 1998, pp. 175 – 191.

这取决于对实验系统及其环境的理论洞见."①（Radder，2003，p. 165）在拉德看来，在某些被检验现象的特征跟实验的某些特征之间建立稳定关联，一直是科学实验的本质所在.与卡西尔不一样，拉德赋以理论在科学实验中广泛作用，争论说："实验当时和随后的意义是受它们所处的理论语境所影响的"（Radder，2003，p. 163）.

上述讨论使卡拉加总结出，近来很大一部分关于科学实验的文献，主要是致力于与理论无关的实验.不过，就目前我们先看看它们的不同之处，哈肯区分了他所谓的系统理论、主要假设和仪器理论，卡西尔区分观察性理论和说明性理论，而拉德区分实验中用到的理论和解释实验发现时使用的理论.可见，对于新实验主义的理论无关实验这样观点的争论，主要是通过区分不同层次的理论或者不同种类的实验来为自己论证.意思是不同理论与不同实验的不同关联，可能某些关联以理论为主，某些关联以实验为主.显然"理论驱动"的实验自然是理论的作用明显，"探索"实验中探索还得主要靠实验了；不同水平的实验，实验作用也不一样，虽然实验可以在不同水平理论上起作用，但是存在不受理论控制的探索性实验；观察理论和说明理论的区分依赖于语境的话，观察理论的高阶性又不能独立于实验起作用；实验所用的理论和解释实验的理论之间区分，更强调理论的作用.如此看来对理论和实验孰优位孰劣位的认识，确实跟立足点有关.

第二节　卡拉加对高能物理的三重理论划分

卡拉加回顾道，科学中所谓"背景理论"跟"唯象模型"的区分被科学哲学家保持了很长时间，特别是卡特莱特（Nancy Cartwright）、莫里森（Margaret Morrison）和摩根（Mary Morgan）.在其《物理学定律如何撒谎》一书中，卡特莱特的著名论证认为，自然现象的描述一般不是靠

①　See Hans Radder, "Technology and Theory in Experimental Science", *The Philosophy of Scientific Experimentation*, edited by H. Radder, Pittsburgh：University of Pittsburgh Press. 2003, pp. 152 – 173.

我们的"基本理论"描述的，而是由近似和修正过的基本定律获得的唯象模型，他们不是由基本定律决定的（Cartwright，1983）. 在后来的工作中，卡特莱特及其合作者论证唯象论的模型建构方法和目标，对基础理论而言拥有很多的独立性（Cartwright，Shomar and Suarez，1995）. 同样的，摩根和莫里森强调科学实践中模型建构的重要性和需要，并论证说，在很多情况下自然现象具体特性的说明和预测是用模型进行的，增补外在于理论框架的更多结构和概念要素到基本理论，使这些模型建构起来的（Morgan and Morrison，1999）. 在此基础上，他们论证说模型体现了独立于理论和数据的因素. 莫里森认真考虑了唯象模型的建构，认为唯象模型的功能独立于理论，但这样的独立性仅仅是部分的；因为唯象模型的建构及其应用到自然现象，可能有赖于基础理论的某些重要特性（Morrison，1999）.

高能物理主要研究构成物质的基本粒子及其相互作用. 卡拉加认为，由于量子力学效应统治了经典的亚原子领域，因此亚原子粒子之间的相互作用，要按照遵守量子力学基本假设的各种理论和模型来适当处理. 在高能物理里，卡拉加所称为的"背景理论"，是那些提供统治基本力主要方面的基本规则和原理性的理论. 不过，由于基本力呈现了彼此很不相同的特性，背景理论为基本力的描述提供规则和原理，不能说明和预测亚原子现象的具体相互作用特性. 在高能物理里，为了解释基本力场的基本相互作用特性的具体目的，卡拉加就是在这样的背景理论的理论框架之下建构了所谓的"模型理论". 跟背景理论相比，模型理论能够被说得更精确，因为它们的理论框架适应相对更多的概念和结构因素，它们涉及的背景理论通常不拥有的假设和机制. 由于这些结构和概念因素，模型理论能够联系到目标现象并提供解释，还有关于亚原子现象在实验上可检验的预言. 接下来，卡拉加借助跟粒子物理的规范理论有关的量子场论（量子规范场论），阐明了背景理论跟模型理论之间的区别. 相关量子场论包括量子电动力学（QED）、弱电理论（EWT）和色动力学（QCD）.

量子规范场论是亚原子粒子之间所有类型相互作用的基础理论，正是相对论性量子场论提供了规则——比如"正则量子化"——来量子化基本相互作用，还有数学技巧——比如"重整化"——来获得实验上确定的量，如束缚能量和散射截面，它们都从理论计算而来．每一个前述规范理论都是一个使用 QFT 形式体系，并且适用于特定类型相互作用的具体量子场论．QED 只管带电粒子跟光子之间的电磁相互作用，QCD 管的是强相互作用，而 EWT 提供了弱力和电磁力的统一描述．上述讨论表明，即便所有基本相互作用力场都按 QFT 处理为量子化场，基本力的相互作用具体特征都为不同量子场论所解释．

如卡拉加讲述的，在 QFT 里，拉格朗日量密度（或者简称拉格朗日量）被作为基本动力学量，用来计算统治基本力的动力学及其像能量和动量这样的相关物理量．QFT 并没有特别针对任何具体类型的基本相互作用，它也不利用拉格朗日量的任何具体数学形式，而是提供基本力的动力学分析必需的数学形式体系．给定一个具体相互作用拉格朗日量，QFT 提供如何得出理论计算的规则和技巧，以及从这些计算获得实验上确切的结果．而在 QED、EWT 和 QCD 中，拉格朗日量的精确数学形式是固定的．因为这些理论描述不同类型的相互作用，他们采取不同数学形式拉格朗日量来解释各自针对的现象．另外，这些理论拥有不同的对称；QED 和 EWT 分别展现了 $U(1)$ 和 $SU(2) \otimes U(1)$ 规范对称，QCD 则展现了 $SU(3)$ 规范对称．在每一个这样的理论里，基本对称原理被表示为拉格朗日量在对称变换下的不变性．值得注意的是，这些对称中没有哪一个是由 QFT 自己决定的；相反，每一种情况下把对称形式结合进理论的理论结构，都是由附加的对称论证范导的，后者表述了在传递所考虑的相互作用时特定物理量的守恒．在 QFT 中，术语"守恒流"表示物理量在相互作用过程中的守恒，从而表明具体对称原理的存在．比如，在 QED 中，电磁流和电荷分别代表守恒流和相关守恒量；类似地，在 EWT 和 QCD 里，守恒量分别是"弱同位旋"和"色荷"．

再者，不管是 EWT 还是 QCD 通过诉诸某些特殊机制来解释它们的目标现象，这样的机制不再由 QFT 决定．在 EWT 里，中间玻色子——即弱力的传递者——是如何获得其质量的方法，是由所谓"希格斯机制"解释的．而在 QCD 里，核子内的夸克运动是通过所谓"渐进自由"的机制被解释的．值得注意的是这些机制并不是从 QFT 直接推出来的．相反，它们的建构及其跟相应理论的理论结构的结合要求进一步的理论考虑，后者在 QFT 的理论框架里并不一定有备用．也就是说，"希格斯机制"虽然比 QFT 更具体些，但是它还是一种理论性的模型．

卡拉加总结说，即便 QED、EWT 和 QCD 很大程度依赖于对力场进行量子化的 QFT，但是其理论框架还是提供了假说形式的具体相互作用概念因素的——比如对称原理，以及 QFT 并没有打算提供的机制．而且，正是靠这些结构要素，这些理论才能解释基本力的动力学．因此，他把 QED、EWT 和 QCD 归结为具体相互作用量子场论，并称其为 QFT 的"模型理论"．

高能物理模型理论的一个重要不适当性在于，即便解释了目标现象的最基本特征，它们也无法抓住其根本的复杂性．结果，高能物理实验通常诉诸常常称作"唯象模型"的那些模型来进行控制，正如模型理论是通过补充高能物理的背景理论来进行建构，以解释基本粒子的基本特性和理解其相互作用，唯象模型靠补充模型理论来建构，以便评价其理论发现而不是实验发现，以及为其找出其实验上确定的结果．高能物理的模型理论跟它们的各种唯象模型之间的本质区别在于假设、所用技术和机制以及关于感兴趣现象所做的假设．所有这些理论部分在唯象模型里比在模型理论里更详细，现象更具体．结果，跟模型理论不一样，唯象模型具体到足以在粒子物理实验里进行直接检验的预测，而且它们在实验数据的分析中更好追踪．另外，被唯象模型包容的理论因素适用于相对较窄的现象范围，因此只能为在相对较窄范围内的观察结果的分析模型理论的具体目的服务．因此，可以说唯象模型的适用范围比起高能物理模型理论相对较窄．

总之，卡拉加对高能物理理论化做了三重划分，认为高能物理语境中"理论"一词的用法较为宽泛，不仅仅是背景理论和模型理论，也是唯象模型．这跟高能物理学家所说的"理论"一词也不兼容．另外，上述不同的理论和模型在粒子物理实验上产生性质上不同的承诺；以不尽相同的细节和在不同范围内解释亚原子现象的不同方面．应该说，背景理论、模型理论和唯象模型的区分是正确的，大致相当于量子规范场论；量子电动力学、弱电统一理论和量子色动力学（即所谓粒子物理标准模型）；标度无关性、渐进自由，以及"希格斯机制"之类．事实上，这样区分显然有很多好处，特别容易理解为什么很难把背景理论直接跟实验现象直接结合．我们认为三重理论划分更有利于考察量子规范场论中理论跟实验之间的关系问题.

第三节　强相互作用物理学的散射矩阵方法案例

卡拉加介绍了散射截面的纲领发展过程. 在高能物理术语中,"总散射截面"本质上定义为通过散射角表示粒子作用在目标粒子上的散射率. 高能物理的主要目的之一是测量亚原子现象之间相互作用的总散射截面;作为一种获得有关亚原子现象各种特性信息的方法. 在"二战"结束那段时期, 粒子物理学家针对截面计算所用的唯一理论工具, 是美国物理学家理查德·费曼(Richard Phillips Feynman)发明的费曼图. 这种方法使用了所谓的 QFT 的微扰方法, 用一套近似技巧来计算散射截面. 散射振幅微扰扩展的每一项, 用来刻画给定方向上的散射概率, 对应于跟所考虑的相互作用相关联的中间态. 每一个中间态按图式表示出来, 图中直线和顶点表示粒子的世界线及其各自相互作用. 比如, 图 10—1 中费曼图表示了电子(e⁻)和正电子(e⁺)之间的散射过程, 其中可见光子(γ)被交换.

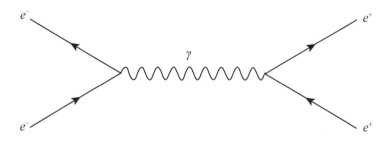

图 10—1　电子—质子费曼散射图

源自:Koray Karaca, 2012. 最早使用 JaxoDraw 绘制的情况参见 Binosi and Theussl, 2004.

为了计算某个核过程的总散射截面, 人们需要加和所有可能中间态. 一直到 20 世纪 50 年代, 费曼图方法在 QED 框架下都很成功. 然而, QFT 的微扰方法对完成跟强相互作用的强子有关的截面计算无效, 在此情况下, 由于强相互作用的耦合常数很大, 微扰膨胀产生发散项, 而又没有部分从微扰计算的无穷大结果获得可观测量，形成通常所谓的"重整化问题"．

从 20 世纪 50 年代中期，物理学家的兴趣逐渐从 QFT 转移到散射矩阵理论（简称 SMT），这是海森堡在 1943 年的开创性论文（Heisenberg，1943a，1943b）中提出来的．其动机并不复杂，在 QFT 中，基本实体是场而不是粒子，可是，场并不是直接可探测量．另一方面，高能物理里的实验本质上都是散射实验，只有粒子能够被探测．因此海森堡建议只有这些在实验上确定的量才应该进入高能物理理论．于是，他考虑把散射—矩阵（S—矩阵）——去组成直接跟实验可探测量有关——作为基本动力学量，而不是把拉格朗日量作为基本动力学量．不过，在海森堡提出的最初形式里，SMT 对强作用的研究并没有用，因为 S—矩阵方程产生了无穷多组没有精确解的耦合微分方程．

在 20 世纪 50 年代末高能物理的情况在涉及强相互作用时都很令人失望．不管是 QFT 还是 SMT 都笼罩在无法克服的技术困境之中．在 20 世纪 60 年代早期，SMT 的强力支持者乔弗利·丘（Geoffrey Chew）提出，QFT 对研究强相互作用完全无用，应该由 SMT 取而代之．相对于 QFT 里的等级划分方法，丘认为强相互作用的粒子应该平等对待．为了这个目的，他和合作者弗劳幸（Steven Frautschi）提出用他们所谓的"靴袢假说"进行补充，提出通过强力相互作用的所有粒子的相互产生机制——即所谓的"靴袢机制"．按照这个机制，没有哪个粒子是"基本"的，每一个强相互作用的粒子都被看成全部其他强相互作用粒子的复合（或者基态）．

丘及其合作者发展起来的 SMT 新形式被称为"分析的 SMT"，虽然摆脱了海森堡当初的某些技术困难，不过分析的 SMT 远没有形成实验上可检验的预言，也不能经受实验数据分析的检验．为了把分析的 SMT 应用到实验，丘及其合作者弗劳幸和曼德尔斯塔姆（Stanley Mandelstam）考虑了一种意大利理论物理学家图利奥·雷吉（Tullio Regge）提出的数学技巧．其基本思想是，散射过程中的散射振幅是角动量的取复数值的分析函数．相应地，雷吉技术指出散射计算应该通过复平面上的能量和动量变量来完成，而不是靠动量转移值．使用这种技术，雷吉已经在非相对论领域建立起一种对大动量转移值的弹性散射振幅的渐进行为上的

约束，这种技术为丘及其合作者采用并推广到相对论领域，最后与靴袢
机制相结合，成为对应于小散射角的小动量移动上的边界条件．物理文
献中所说的这种"雷吉理论或者模型"，如科林斯（1977）所言，已经能
够促进产生有关强子—强子散射实验上可检验的预言，其最重要的预言
是，高能和小散射角的强子—强子散射截面可能随着在散射时动量转移
的增加而迅速下降．这意味着散射截面在大散射角上可能较低．雷吉理论
在 20 世纪 60 年代对强子相互作用的实验研究起了大作用．

　　原本由海森堡提出的 SMT 是散射现象的量子理论，其理论框架设计
是为了使更精致高能物理理论被建构的规则和原理，分析的 SMT 在此框
架内被建构为强相互作用理论．在此意义上，最初的 SMT 能够被说成在
SMRP（散射矩阵的雷吉物理）起到背景理论的作用——正如 QFT 在粒子
物理规范理论语境中的作用．不过，跟最初的 SMT 不一样，分析的 SMT
能够解释亚原子如何通过强力相互作用．其借助"核民主"原理作为指导
原理达到这一点，并且更重要的是通过诉诸靴袢机制，这是唯一适合其目
标现象（即强相互作用）的．因此，卡拉加把最初 SMT 视为 SMRP 的背景
理论，而分析的 SMT 作为在此研究纲领里强相互作用的模型理论．也就是
说，最初 SMT—分析的 SMT—靴袢机制，基本对应于强相互作用现象所对
应的背景理论—模型理论—唯象模型．

　　总之，按照卡拉加的三重理论划分，似乎强相互作用过程中的散射
矩阵方法，也可以分为最初 SMT—分析的 SMT—靴袢机制，分别对应与
背景理论、模型理论、唯象模型三个层次．关键是这样的区分能否帮助
澄清理论跟实验之间的关系．应该说强相互作用中各种理论和实验现象
关系纷繁复杂，这样的划分的确起到帮助澄清的作用．

第四节　夸克模型和强相互作用物理学的流代数方法案例

　　卡拉加在散射截面的基础上进一步以流代数为例说明他的三重划分
理论．使用 QFT 的概念工具，美国物理学家盖尔曼（Murry Gell-Mann）
提出了强相互作用物理学的一种替代方法，现在在高能物理文献里叫作
"流代数"（Gell-Mann，1962）．强相互作用粒子，即强子，也有电磁相

互作用和弱相互作用，流代数方法只管强相互作用粒子的这些作用，并且是建立在对称考虑的基础上的，这在之前只用在弱相互作用和电磁相互作用领域．盖尔曼提出，跟电磁相互作用和弱相互作用一样，强相互作用可能在对称原理基础上模型化．因此他提出强相互作用可能用 SU（3）代数来描述．

在只有两页的论文中，盖尔曼提出了阐明流代数方法基本特征的强子模型，这是他在此之前为强相互作用发展起来的（Gell-Mann，1964）．在同一年，俄裔美国物理学家兹威格（george Zweig）独立提出了类似模型（Zweig，1964a，1964b）．按照这些模型，强子都由更基本的粒子组成，盖尔曼叫"夸克（quarks）"而兹威格叫"爱斯（aces）"．两人都提议构成粒子分成三个类型，即我们今天所说的"上"夸克、"底"夸克和"奇异"夸克；每一个自旋为 1/2，分别具有 $2e/3$、$-e/3$ 和 $-e/3$ 的部分电荷，其中 e 为电子电荷．特别注意的是，部分电荷的说法跟传统的科学信念相距很大，一般认为电荷只能以电子电量的整数倍存在，这可以追溯到密立根油滴实验．

夸克模型对满足于描述强相互作用的雷吉理论的高能物理界提出了一个真正的挑战．夸克提议再回到某些粒子比其他粒子更"基本"的想法．明显地，这是一个标榜"核民主"的 SMT 支持者竭力反对的想法．不过，夸克模型成功地解决了一些分析 SMT 不能解释的对称问题．

高能物理学界对夸克模型做出的第一个反应，是在加速器实验里寻找部分电荷的粒子，第二反应是在宇宙射线中寻找夸克，第三反应是完成更精细的密立根油滴实验以寻找分数电荷．然而，这些想法都没有能够产生夸克存在的任何证据．经验证据的缺乏是高能物理学界在接受夸克模型时勉为其难的重要原因．除此之外，就是"整数电荷"的观念在高能物理学界流行甚广，极大地阻止了接受夸克为真实粒子．

流代数方法的历史拓展是靠"求和规则"的建构．在盖尔曼流代数的基础上，美国物理学家阿德勒（Stphen Adler）导出从原子核散射出弹性中微子的求和规则（Adler，1966）．依靠阿德勒以及流代数方法，SLAC 理论家比约肯（James Bjorken）导出对背景弹性电子—原子核散射的低约束，这样的散射提议在高动量转移时有大量截面．在此结果和流代数基础上，比约肯得出结论："在固定大［动量转移］的总体背景散射

被预言成至少跟具有 $\pm e$ 电荷的狄拉克粒子一样大．"（Bjorken，1967）[①]

　　夸克模型和流代数方法对雷吉理论的替代，被皮克林（1984）视为新物理学传统对旧物理学传统的革命．其中最明显的一个原因是夸克模型不仅在理论上有新的推进，在实验上也有检验方案．不过，在卡拉加这里主要还是模型理论．这样的划分确实有益于问题的澄清，比起物理学传统的说法清晰得多，也更加具体．从而不会轻易转向社会学维度．可见，卡拉加的三重理论划分的想法在强相互作用领域是成功的，可以更好地考察高能物理中各种理论、模型和机制的演变．

第五节　20 世纪 60 年代强相互作用
物理学中的理论—实验关系

　　卡拉加为了讨论对科学实验划分的哲学意义，从理论—实验关系角度检查了高能物理学史的实验．他讲道："我的讨论试图突出某些跟实验结合在一起的主要理论进展，与科学实验的理论—优位观建议的未分离的理论—实验关系相反，我试图论证高能物理理论的前面的划分，意味着'理论'和实验可能以完全不同的方式相互作用，反过来引起在高能物理实践中不同意义的 TLE 的存在．"[②] 下面是他考察的案例：

一、弹性质子—质子散射实验
　　如前所述，雷吉理论提供有关强相互作用实验上可检验的预言，强子—强子不同散射截面$(1/k)^2 \mathrm{d}\sigma/\mathrm{d}\Omega$——它对整个 Ω 积分产生总的散射截面 σ——满足下面的数学公式：

$$\frac{1}{K^2}\frac{\mathrm{d}\sigma}{\mathrm{d}\Omega} \approx F(t)\left(\frac{S}{2M^2}\right)^{2L(t)-2},$$

　　[①]　See James D. Bjorken, "Current Algebra in Small Distances", *Proceedings of InternationalSchool of Physics*, Enrico Fermi Course 41, Selected Topics in Particle Physics (Varenna, July17 – 29, 1967), edited by Jack Steinberger, London and New York: Academic Press, 1967, pp. 55 – 81.

　　[②]　Koray Karaca, *The Strong and Weak Senses of Theory-Ladenness of Experimentation*: *Theory-Driven versus Exploratory Experiments in the History of High-Energy Particle Physics*, Accepted for Publication in Context, 2012. 下面叙述基本上是 Karaca 论文对三个实验的描述，没有什么评论．

其中，$t = -2k^2 (1 - \cos\theta)$ 是四—动量转移平方的负数，而 θ 就是散射角；S 代表质心能量的平方；$L(t)$ 代表角动量的改变；而 M 代表强子质量. $F(t)$ 代表散射幅度，并且在高能情况下它是 t 的指数递减函数，在物理范围总是负的，而 $L(t)$ 取值小于1. 雷吉理论对弹性强子—强子散射截面作出如下预言：（1）散射截面应该随着散射过程里动量转移指数递减；（2）前方散射峰的宽度应该随所增加的散射能量呈指数地减少. 第一个预言意味着散射粒子比例应该随散射粒子和目标粒子之间的动量转移而减小；第二个预言意味着散射粒子的比例也随粒子散射目标的能量增加而减少. 雷吉理论的公式出现不久，很多弹性质子—质子实验就开始进行，想检验上述预言. 卡拉加指出，这样的实验也不足以得出结论说这些实验在 TDE 意义上是理论—负载的，有必要回顾一下 TDE，如前所讨论的那样，也要求实验过程的其他阶段，诸如实验设计、数据获得、数据分析以及数据解释，是按照理论—指导的方式实施的. 下面看看实验设计和数据获得在质子—质子散射实验里是如何实施的。首先，要注意的是这些实验是为了检验雷吉理论的预言，这个事实对于现象被选择来仔细检查具有重要影响. 只有对应于弹性散射区域的向前散射区域，在质子—质子散射实验里被探测，数据才能在此区域里取. 还要注意的是，向前散射区域是跟雷吉理论的预言仅有的相关区域. 结果，对应于质子的弹性散射向后散射区域就被忽略了，这一点表明仪器的安排和在质子—质子散射实验里的数据获得过程，被具体化到跟雷吉理论的检验有关的现象. 因此，卡拉加得出结论说，在质子—质子散射实验里的实验设计和数据获得过程，被具体安排来检验之前提过的雷吉理论.

雷吉理论对于质子—质子散射实验的影响也表现在所收集数据被分析的方式. 数据分析目的在于提取能够得出关于雷吉理论预言结论的数据分析. 更具体地，就像图10—2所示，收集到的截面数据想用来反对不同能量值上的动量转移. 已经发现向前散射峰值的宽度是随所增加的能量而下降的，并且其末尾随动量转移的增加指数般下降. 即，弹性质子—质子散射实验的结果发现跟雷吉理论的预言兼容.

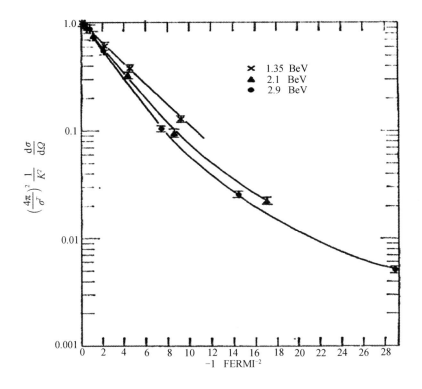

图 10—2　作为动量转移函数的不同能量截面

注：源自 Fujii et al., 1962.

再者，所收集的数据也用来决定函数 $F(t)$ 在不同动量转移值的数值，注意 $F(t)$ 是表示散射截面的高能行为的数值函数．在此意义上，其数值规定性要求雷吉理论的数学形式化体系，把它跟截面、能量和动量值结合起来，这些量都是在散射实验里直接可测量的物理量．函数 $F(t)$ 的数值结果发现可以展现随动量转移 t 指数衰减的情况，与此同时保持能量值几乎不变．这样的结果跟雷吉理论的理论框架也是兼容的，其中 $F(t)$ 被定义为仅有的一个动量转移 t 的函数．弹性质子—质子散射实验最后的结论是，弹性质子—质子散射实验展现了如雷吉理论预言的情况．所以，卡拉加总结说，质子—质子散射截面实验里的数据分析更加保守，不想探测可能隐藏在散射数据里没有预料到的结果，而只是用来对雷吉理论的预言进行检验．

总之，弹性质子—质子散射实验的各个阶段都是靠雷吉理论的概念框架来进行的．换言之，雷吉理论可以说是，为弹性质子—质子散射实验提供了一个蓝图，无论从最初的设计还是到最后阶段的实施．也可以说，这些实验是强 TLE 意义上的理论负载，即 TDE.

二、深度—弹性电子—质子散射实验

电子从核子（质子或者中子）的弹性散射，首先是在 20 世纪 50 年代由来自斯坦福大学的霍夫思塔特（Robert Hofstadter）领导的一群物理学家研究的．系列实验的最终数据表明，弹性散射截面随动量转移的增加而迅速下降，这加强了质子具有更多的内部结构这个信念．数据也揭示了核子大约在 10^{-1}cm 左右的大小．这些实验发现标志着探索质子内部结构的新时代开始，而且使霍夫思塔特获得了 1961 年的诺贝尔奖．要注意的是，那个时候电子束能量还太低，不能研究电子对核子的弹性散射实验，这是要到 20 世纪 60 年代中叶才能进行的研究方向．但是高能物理学界迫切需要较好的加速技术，允许电子对核子的弹性散射研究．

在 1961 年，美国国会通过了斯坦福大学的提议，建造了一个线性加速器，把电子加速到 22GeV，在 SLAC 的线性加速器的建造完成于 1966 年．早在建成后不久的 1967 年，来自 SLAC、麻省技术研究所（MIT）和加福利亚技术研究所（Caltech）的物理学家合作，开始了一个主要目标在于弹性电子—质子散射的分析．杰尔姆·弗里德曼（Jerome Isaac Friedman）是这个工程的一个总领导，曾经在其 1990 年 12 月 8 日的诺贝尔奖获奖演讲时概括这个工程的研究意图为：弹性计划的主要目的是要研究共振态的电子产生作为动量转移的作用．高质量共振态在用虚光子激发时可能变得更重要，并且这是我们所能达到的最高质量探索．（Friedman，1991，p. 615）[1]

第一步，Caltech-MIT-SLAC 合作组研究了质子为目标的电子的弹性散射．所获得的数据表明，散射截面随动量在散射时转移增强而迅速下降，这个结果与联合小组的预期是一致的．按照工程计划，下一步要研究来自质子目标的电子弹性散射，在这个阶段，加福利亚技术研究所

---

[1] See Jerome I. Friedman, "Deep-inelastic Scattering: Comparisons with the Quark Model", Nobel Prize Lecture delivered 8 December 1990, *Review of Modern Physics* 63, 1991, pp. 615–627.

（Caltech）小组退出了合作，认为计划的弹性实验不过是重复了以前弹性电子—质子散射实验的已知结果．最后，工程的弹性部分由 MIT-SlAC 合作组完成．对于合作组来说，即便是弹性连续区，即深度非弹性散射区域，也是一个有待探索的新散射区域，他们希望 DIS 实验不要产生可能挑战广为接受信念的结果，即相信"核子是用弹性电子散射发现的扩展对象，而不是在……质子散射里看到的扩散内在结构"．不过，小组有理由承认核结构的说法，它为前面弹性电子—质子散射实验所建议．在理论方面，夸克说法是唯一的挑战。但是，如前所述，夸克模型在实验上尚未获得任何支持．之前的承诺导致实验小组猜想质子的内在结构不可能用来散射大角度的撞击电子．正如弗里德曼在其诺贝尔奖获奖演讲时所说的："在计划实验时，没有任何预期的清晰理论图景．霍夫思塔特在其关于弹性电子被质子散射的先前研究的观察，已经证明质子有 10^{-1} cm 的大小，并且有平滑的电荷分布．这个结果加上当时广为接受的理论框架，在计划实验时使得我们小组提议，深层—弹性电子—质子截面随（散射时动量转移）的增加而迅速下降．"（Friedman，1991，p. 616）。

弹性计划始于 1967 年 9 月，在强相互作用物理学里的理论图景很不稳定．雷吉理论被看成是对强子—强子散射过程研究的主流方法．这很大程度上归于它被弹性强子—强子散射实验证实的预言．但是，雷吉理论的主要缺点是它不能解释强子间的弹性散射过程．而且，QFT 对强相互作用的微扰方法被重整化问题困扰，这阻碍了强子过程．有关向后电子—质子弹性散射的理论结果的是，在 SLAC 计划的弹性部分开始前的流代数基础上，比约肯（Bjorken）所获得的下限．正如前面所述，这个结果是核子类点结构暗示的．在这一点上值得指出的是，在 SLAC 工程进行的时候，比约肯正在忙于 SLAC 的理论—分离工作．正如弗里德曼在诺贝尔奖获奖演讲时所讲的，MIT-SLAC 合作组成员显然在工程的弹性部分，之前就听说过比约肯关于电子—质子散射的工作；不过他们开始 DIS 实验之时并没有把比约肯的结果考虑进去．

DIS 实验是由泰勒（Richard Taylor）（来自 MIT），以及弗里德曼（Jerme Friedman）和肯德尔（Henry Kendall）（来自 SLAC）领导的 MIT-SLAC 合作组进行．跟小组的预料相反，在深度—非弹性散射区域，对应于大尺度角和高能量，散射截面发现没有大的改变而是接近在小角度的那样．换言之，弹性散射数据揭示出弹性截面对动量转移的依赖性很弱．如图 10—3 所示：

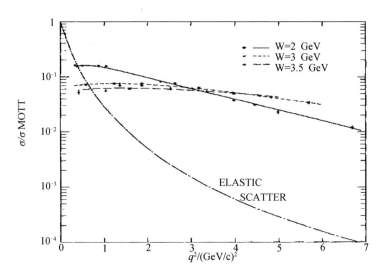

图 10—3　SLAC 弹性截面（σ）是动量—转移
（q^2）的函数，上面一条曲线表示弹性截面测量，
而下面一条表示弹性散射的数据

注：源自于 Breidenbach 等人，1969.

卡拉加认为，DIS 实验启动的历史语境揭示了 MIT-SLAC 小组并没有考虑进比约肯的 1967 年结果（关于向后电子—质子弹性散射），这个结果是跟 DIS 实验目的相关的仅有理论结果．因此，可以正确得出结论，DIS 实验的计划、设计和数据获得的各个阶段的实施，都没有细究散射过程的任何有用理论和唯象模型的指导．甚至，这些环节都面临向前散射区域和向后区域的探索，这些在以前的散射实验里是没有探测过的．也就是说，DIS 实验没有任何 TDE 意义上的理论和模型来驱动，包括其设计阶段．跟前面讨论的早期弹性质子—质子散射实验的情况不一样，DIS 实验的设计并不针对任何理论．即便实验家小组对这些实验结果有一个明确的希望，即散射截面会在向后散射区域下降，但是他们的预期在其实验设置上也不确定．要注意的是，仪器设置并非只是服务于实验者小组的预期；它还能够探测向后区域，该区域在此之前被大多数高能物理学界看成是散射实验不感兴趣的区域.

　　为了搞清楚在 DIS 实验里数据分析是如何得出的,首先可以仔细考察在这些实验里收集到的截面数据是如何发生的. 第一个没有预计到的截面数据是在数据被策划为四—动量转移平方的函数的时候,即 $q^2 = 2EE'(1 - \text{COS}\theta)$,针对的是定义为 $W = \sqrt{2M(E - E') + M^2 - q^2}$ 的反冲目标系统的不变质量的常值,其中 E 是入射电子的能量,E' 是散射电子的能量,θ 是散射角而 M 是质子质量. 发现随 W 增加,q^2 对截面的依赖性显然下降,就像上面图示的. 值得注意的是,没有关于散射截面数据可能像 q^2 的函数那样的任何理论预言,也没有 W 在 DIS 实验的数据获得阶段之前就被考虑过. 在这个意义上,MIT-SLAC 小组的上述发现应该被看作实验发现,而不是前面说的理论结果的实验检验. 这说明,与早期弹性质子—质子散射实验的情况不一样,在 DIS 实验里的数据分析,并非想进行无论什么样的证实或者反证都可以. 它也没有直接发现现成理论的进一步经验结果. 因此,就像早期阶段那样,有关依赖于截面数据的弱动量转移的数据分析阶段,并没有任何有用理论和唯象模型的指导.

　　弹性电子—质子散射数据的另一个没有预料和令人激动的特性,是根据比约肯下面的提议来理解的. 在 1964 年,来自斯坦福大学的德雷尔(Sidney Drell)和瓦尔勒卡(John Walecka)通过使用"结构函数"的概念,提供了弹性电子—质子散射截面的公式. 在此公式里,总散射截面取成结构函数 W_1 和 W_2 的函数,两者依次分别表示动量转移平方和散射时电子失去的能量的变量 q^2 和 v 的函数.(Drell 和 Walecka,1964)比约肯详尽说明了这个公式,并且提出现在电子—质子深度非弹性散射的所谓"比约肯标度无关性",即在深度—非弹性散射区域 q^2 和 v 都变得足够大,W_1 和 vW_2 只依赖于比率 $\omega = Mv/q^2$(其中 M 是质子质量,而 ω 是无维标度变量),而不是 q^2 和 v 各自独立. 在弹性散射截面数据的分析中,比约肯和肯达尔(Kendall)讨论后向实验小组提议,分析散射截面数据检验标度无关假设. 在此建议基础上,实验小组策划 W_1 和 vW_2 为 ω 函数,并且决定散射截面近似展现了按比约肯建议的标度无关性情况. 当然,卡拉加也指出,由于标度变量 ω 没有维度,深度—非弹性电子—质子散射数据出现标度无关性情况,只意味着不存在描述散射过程绝对的长度或者能量标度，因此，在深度—非弹性散射区域，电子能够散射质子目标，还在大散射角上对应于高动量转移值．

卡拉加总结了在 DIS 实验中理论考虑的作用．他引用了弗里德曼的一句私下交谈的话：［截面数据］跟标度无关性的比较，真的是事后反思，我们没有哪一个在那个时候理解标度无关性的物理意义．

弗里德曼的话说的是比约肯的标度无关性解释，与他的弹性电子—制作散射截面数据不等式一样，并没有为 MIT-SLAC 小组所考虑直到最终获得，并且分析了截面数据及其动量转移相关性被观察到．因此，人们可以得出结论，在 DIS 实验里，比约肯的解释只对数据分析的后半部分和揭示实验数据的标度特性的解释阶段有吸引力．因此，截面数据的标度特性是按照比约肯的建议发现的事实，并不意味着 DIS 实验在 TDE 意义上的理论—负载．还要注意的是，各种其他理论上的考虑也有赖于这些实验的实施．首先，由于这些都是散射实验，探测器用来探测和决定每个散射角度上的散射电子的数量．按照这种方式，计算出散射电子流跟入射电子流的比率．实验者把这个比率等同于入射电子跟目标质子之间相互作用的总散射截面．假定在量子力学中术语散射截面表示的是将要发生的某个核反应的概率，那么电子在散射过程中电子的流比率解释为不同的散射截面，要求诉诸在方程基本层次上的量子力学理论框架．

DIS 实验里的数据分析，是通过截面数据上实现"辐射修正"来完成的．由于辐射效应可能对固定能量和角度的测量截面有贡献，在涉及带电粒子的散射实验里辐射修正必须做，为的是用电子排除光子辐射的作用．在 DIS 实验的情况下，辐射修正按不同方式考虑来进行，在其中电子在其与质子的相互作用中可能吸收或者发射光子．为此借用 QED，为每一个情况画出费曼图，借用费曼图计算出产生于电子跟光子之间相互作用的贡献．根据这些贡献，所测量的截面数据被修正，以便仅仅产生只是源自电子跟光子的相互作用．因此，显然在 SLAC 的 DIS 实验的数据获得阶段和数据分析阶段得以完成，靠的是使用源自高能物理的各种理论．然而，由于这些理论考虑的是限制在实验的单个阶段，与比约肯标度无关性假设的考虑一样，它们并不连续地指导 DIS 实验的连续阶段，以便产生 TDE 意义上的实验过程中的理论—驱动．

可见，卡拉加所说的 TDE 已经涉及实验的数据获得和数据分析阶段，只是卡拉加认为这是一个间断的过程.

三、早期 DIS 实验的余波：费曼部分子模型、渐进自由以及 QCD 的出现

SLAC 的早期实验以陷入困境告终，其指向弱动量转移相关性和深度—非弹性电子—质子散射截面. 最初结果出现在第 14 届高能物理国际会议（维也纳，1968 年 8 月 28 日—9 月 5 日）上. 在这次大会的一次全体会议的谈话记录中，潘诺夫斯基（Wolfgang Panofsky，SLAC 的那时主任）提到实验数据的标度无关性，并且提出"理论反思［被］集中在［深度—非弹性电子—质子散射］数据可能给出核子里类点、带荷结构情况证据的可能性".（Panofsky，1968，p. 30）[1] 然而，这不是 MIT-SLAC 小组的官方观点；在小组里面那个时候没有一个人就其发现具有一个清晰的说明. 在其诺贝尔演讲中，弗里德曼引用了潘诺夫斯基的话，并自己表述为"不是主流观点，即便人们在那时提出一个构成模型，还是不清楚存在一个合理的构成候选者"（Friedman，1991，p. 616）. 再者，弗里德曼清晰地证明那次会议上 MIT-SLAC 小组并没有形成有关 DIS 实验发现的任何明确结论：潘诺夫斯基给了一个那次会议的全体会议上的讲话，他说存在实验证据提议在质子里的类点结构的可能性. 他讲了有关的两句话，但是听众显然没太注意. 学界总体不太同意在任何强子里的类点结构，加上在那个时代根深蒂固的"核民主".[2]（Friedman，2012，p. 417）

除了 MIT-SLAC 小组的不确定性，上述段落也说明，在举行维也纳会议的时候，高能物理学界还没有准备突破说核子具有扩散的内部结构. 接下来，卡拉加概述了高能物理学家试图解释 DIS 实验困惑的结果，以及对这些努力的 MIT-SLAC 小组做出回应.

---

[1]　See Wolfgang K. H. Panofsky, "Electromagnetic Interactions：Low Electrodynamics：Elastic and Inelastic Electron (and Muon) Scattering", *Proceedings of the* 14*th International Conference on High Energy Physics* (Vienna, August 28 – September 5), edited by Jacek Prentkiand Jack Steinberger, Geneva：CERN, 1968, pp. 23 – 39.

[2]　See Jerome I. Friedman, "Peering Inside the Proton", *European Physical Journal H*, 36, 2012, pp. 469 – 485.

　　在后来的 1968 年 8 月，诺贝尔奖获得者加州理工（Caltech）物理学家费曼，试图在 20 世纪 60 年代理解强子—强子相互作用，访问 SLAC. 那时候，费曼认为，强子是由他理解成类点结构的所谓"部分子"构成的. 弹性电子—质子散射数据强化了他关于部分子存在的信念；在此意义上弱动量转移相关和在 DIS 实验里观察到的标度性，可能诉诸他所谓的部分子构成. 费曼反思了高能强子碰撞发生在类点部分子和部分子之间的相互作用都可忽略地小；意味着部分子被包围，在深度—非弹性电子从质子目标散射期间，作为"独立"实体起作用.（参见 Feynman，1969a，1969b）。

　　在部分子模型的框架内，费曼发现了一种看上去合理的方法，来解释标度无关性和弱动量转移对截面数据的依赖性. 费曼认为从质子来的电子散射是入射电子发射光子，光子和质子内部的单个部分子相互作用. 费曼对弱动量转移依赖性的说明，建立在他从电子—电子散射得出的类比. 由于它们的类点结构，电子通常以大角度彼此散射. 按照费曼的观点，在入射电子跟目标质子之间的散射期间，实际散射发生在单个电子跟我们认为是在质子内部的类点结构的部分子之间. 因此，按照费曼的部分子模型，电子—部分子散射不得不发生在大角度的条件下；由此解释了为什么大散射角散射截面并不在深度非弹性电子—质子散射里迅速下降. 另外，费曼还证明了，当一个部分子被认为是质子总动量部分的载体，即 $p_{par} = x_t p_{por}$，如图 10—4 所示，那么这里的 x 可能等同于 $x = 1/\omega$，其中 ω 是比约肯标度中的标度常数. 因此，从质子发出电子的弹性散射里观察到标度无关性现象，被证明是把质子理解成由类点结果构成和质子的总动量的自然结果. 按这样的方式，容易理解标度无关性和深度—非弹性电子—质子散射数据的弱动量转移依赖性，本质上是电子和质子内部类点粒子散射的同样特性.

　　几乎同时，在比约肯标度公式的基础上，以合作方式，美国物理学家卡伦（Curtis Callan）和戴维·格罗斯（David Gross）证明了，对于大动量转移的比率 $R = \sigma_L / \sigma_T$，其中 σ_L 和 σ_T 分别表示在部分子和电子之间交换极化虚光子纵向和切向的截面，强烈依赖于核子构成的自旋.（Callan and Gross，1969）而且，他们证明 R 在 q^2 和 v 足够大处取极限零，即在深度—非弹性散射区域，可能意味着核子只能由夸克模型提出的自

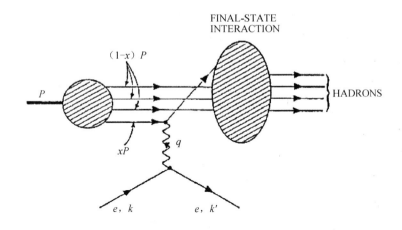

图10—4　在部分子模型中的深度—非弹性电子—质子散射.
K 和 k' 分别表示电子入射和最后动量，q 代表在散射
期间交换的光子，而 x 是质子动量的某种部分子

注：源自 Bjorken and Paschos, 1969.

旋 $-1/2$ 的粒子构成；而 R 在相同极限不为零意味着核子的构成包括自旋 -0 或者自旋 -1 粒子．在这个结果的基础上，曼都拉（Jeffrey Mandula）具体化标度假设要求的 R 的运动学改变；他证明了 R 会像在深度—非弹性散射区域里的 $1/v$ 一样消失（Mandula，1973）．这些理论预测的实验证实很快就做到了．在第 15 届高能物理国际会议上（基辅，1970 年 8 月 26—9 月 4 日），MIT-SLAC 小组提供的数据证明了 $R = 0.18 \pm 0.5$. 正如我们从弗里德曼的诺贝尔奖获奖演讲知道的，"［Kiev 会议 MIT-SLAC 小组成员］那时合理相信［他们］在［其］实验结果里看见构成结构"（Friedman，1991，p. 623）．在系列实验里，R 是在大的运动学范围上测量的，并且其精确性通过降低误差得到有效推进（参见 Miller 等人，1972，以及 Riordan 等人，1974）．而且，这已经证明，对于 $\omega \leqslant 5$，R 的运动学变化跟标度无关性是一致的，即情况就像曼都拉之前建议深度—非弹性散射区域里的 $1/v$ 一样．MIT-SLAC 小组把这些结果解释为，揭示了按照核子的部分子模型的自旋 $-1/2$ 组份的存在．

　　源自于改进过的 DIS 实验的实验结果，催促理论高能物理学界仔细研究标度无关性假设，它与盖尔曼和茨威克先前提出的核子由自旋 $-1/2$

类点组份构成的可能性有关．这个努力中的关键一步是"渐进自由"，最先是由普林斯顿大学的格罗斯和他的博士研究生弗兰克·维尔切克（Franz Wilczek）联合，以及哈佛大学的戴维·波利策（David Politzer）独立提出来的（Gross and Wilczek，1973，David Politzer，1973）．按照这种机制，高能时在我们今天成为夸克的核子组分之间的相互作用在距离短时变得很弱．渐进自由的机制能够解释为什么质子构成之间相互作用被忽略，以及一个在费曼部分子模型里剩下来没有解释的特性．渐进自由的假设开启了后来取代了 SMT 的 QCD 这种进一步理解强相互作用更全面理论的发展之门．

可见，不仅 DIS 实验推进标度无关性和渐进自由这样的唯象模型的发展，而且唯象模型与实验的关系比跟理论的关系更加密切．

第六节　卡拉加对实验的探索特性考察

卡拉加引入高能物理理论的划分——背景理论、模型理论和唯象模型——建立在它们与亚原子现象联系方式的基础上．利用这个划分，卡拉加对照了理论考量所起的不同作用，并在高能物理历史上两个实验案例的语境中区分了 TLE 的弱意义和 TLE 的强意义，即 20 世纪 60 年代前半段的弹性质子—质子散射实验和 1967 年与 1973 年之间的在 SLAC 的 DIS 实验．卡拉加之所以论证在前一个案例实验的每一个阶段、形成最初计划以及设计数据分析和解释，是为了检验这个理论的结论，这个目的是通过诉诸高能物理的特定唯象模型（即雷吉理论）来实行的．这个案例说明 TLE 的强意义，如前所说的 TDE．注意，后一个案例反思了科学实验的理论—优位的观点，就像科学实践中理论跟实验之间的仅有那类关系所建议的．卡拉加指出，他无意于在理论—驱动实验和高能物理唯象模型之间建立必然关联，使得在高能物理里的理论—驱动实验是通过唯象模型方法来进行的．但是他提议假如提供亚原子更详细解释的能力和直接可检验的预言，通常在高能物理里的理论—驱动实验是通过唯象模型的方法进行的．相反，在 SLAC 的 DIS 实验的案例中，实验缺乏目的明确的任何唯象模型的指导．结果，实验阶段不是在任何理论考量指导下连续控制的；这说明实验是很大程度上自动进行的．即便在实验期间对某些理论有所依赖，这些理论在实验的总体进步上的影响仍是局域的和最小的，因为它们的作用被限制在实验的某个阶段，并且只对完成高能物理实验提供仅有的最基本的仪器要求和概念要求．这些包括对量子力学和麦克斯韦电动力学来建造和使用粒子探测器进行散射截面测量，以及依赖于 QED 对测量散射截面数据完成辐射修正．因此，卡拉加得出结论说，在 SLAC 的 DIS 实验说明他之前所说的 TLE 的弱意义．

科学实验的理论—优位观承认科学理论结论和假设的检验，作为实验在科学实践中能够起到的唯一作用．然而，在 DIS 实验案例中这个说法太不正确．即便比约肯关于电子对核子的向后弹性散射大散射截面的预言，在这些实验之前是可以得到的，但从实验者的叙述看得出来，比约肯结果的检验最初并不在他们的议程中．因此，虽然在实验中有研究现象的理论解释的事实，并不意味着它可能被实验者考虑进去．最终，是实验者的考虑和决定形成了实验里追求的议程内容；这说明简单地假设理论家给实验者指出说明现象要在实验中进行研究，可能在描述上不准确．这些考虑说明，实验是如何像之前哈肯说的那样，获得其自身生命的，以及支持实验享有某种针对"理论"自治的观点，就像以前加里森说的那样．

卡拉加还指出，即便是上述两个历史案例里实验是理论—负载的，实际工作中 TLE 的含义在性质上也不同．因此，在高能物理学史上"理论"在实验里起到性质不同的作用，而这反过来（实验的作用）又有不同程度的差异，由此有不同意义的 TLE. 为此，他得出结论说 TLE 应该理解成具有意义变化的概括性概念，并认为这个结论跟把 TLE 概念作为无差异的科学实验（角度的）理论—优位观，以及把所有理论化与实验不分轩轾的关系形成对照，即认为科学中的实验是单纯为了确定科学理论或者假说完成的．

如果 DIS 实验不起检验作用，那么它们在高能物理学史上的实验到底发挥了其他什么作用？卡拉加论证说，这些实验说明了在高能物理实践中是一种探索性使用，因此可以说起到了一种实验的探索作用．与施泰因勒有类似的倾向，他用"探索"来刻画那种（实验）完成时没有对其目标现象诉诸任何理论解释的实验类型．卡拉加进一步描述 DIS 实验的描述特征，包括实验研究的一般目的、用到的实验方法或者策略，以及实验里理论考量的涉及，以此说明 DIS 实验的探索特征．

先看看 DIS 实验进行时具有一个探索目的，因为他们想探测以前实验没有探测过的散射区域，以及那些没有明确定义或者很好建立起来的理论框架．进行 DIS 实验不是想检验说明理论解释，而是想通过研究之前没有探索过的散射区域弄清楚核子的内部结构．关于 DIS 实验用的实验方法，深度—非弹性电子—质子散射截面弱动量转移依赖性的获得，不是通过特定理论或者模型的指导，而是还未探索过的散射区域的系统考察决定的结果．正是这导致了 DIS 实验的成功．如果只是实验探测过的向前散射区域，就不可能得到任何发现．在 DIS 实验里采用的策略是想系统改变参数以便允许探测向前和向后散射区域．更具体地讲，散射截面是在不同能量的不同散射角（对应于不同动量转移值）测量的．而这个办法允许探索存在于散射谱里的任何可能的规则，这不同于因为某些理论考虑已经预言的单个具体结果，这方面 DIS 实验采用的实验办法的确是对以前预言结果的探测做到不偏不倚．而就实验中的理论考量的牵涉，DIS 实验是用对"理论"来说很自治的方式进行的．因此，这些考虑说明了 DIS 实验的探索特征，因为他们通过采用对"理论"来说很自治的方法进行的探索办法，是为了探索对象而完成的，即 DIS 实验的探索特征与其对"理论"的自治紧密相关．这可以引用格罗斯的话来支持：

> 早期散射实验因为显然的原因集中在最大比率的事例上．在强相互作用的情况下，这指的是寻找共振包或者探测临近向前散射，这里的截面最大．理论家没有完全认识到，通过探测短距离强子结构得到的大动量转移的实验，可能揭示强子动力学的秘密……因此理论家得出结论说，雷吉情形肯定很重要，并且提出散射实验被主要的发现工具所否定．雷吉理论不久就跟作为边界条件的靴袢纲领结合在一起．对此理论热情的回应，实验家的对前散射的兴趣得到加强，探测不太容易进入的大动量转移的时机就被忽略了．仅仅到了后来，被很多人嘲笑为不起眼的东西，在深度非弹性散射实验的影响下，才认识到最有信息量的实验是在探测短……距离的这些大

动量转移情况下的实验（Gross，200，pp. 197 – 198）[1]．

按照他们的结果来评价，DIS 实验可以说对理论方面的高能物理的随后探索议程的发展产生了重大影响．特别是，DIS 实验（即弱动量转移依赖性和散射截面数据的标度）的发现，跟广泛接受的核子内部结果的观点相冲突；即核子有发散内部结构，并且不能作为对应于散射时的大动量转移在大角度地绕道撞击电子．DIS 实验的发现使得这样的核子观成为问题，由此对核子的短程行为的理论研究劲头十足，这在之前由于认同特定观点而被物理学家大大忽略．虽然比约肯在 DIS 实验之前提出过标度无关性假说，但是只有当它用在 SLAC 深度—非弹性散射截面数据的弱动量转移相关性的公式里，标度无关性假说才通过彻底讨论，并且在高能物理界得到理解．就像比约肯说的，甚至他本人在所有深度散射截面数据可以得到之前，对标度无关性假说的有效性也感到可疑：“［在 DIS 实验之前］……我已经有非常好的标度无关性假设的想法及其跟类点—构成的解释，但是，由于我对其正确性缺乏自信使得我还是没有搞清楚．它是几个有关实验何以出结果的意见之一，不过，全部结果都出来，我还没有完全承认类点—组分观．”（Bjorken，personal communication，March20，2012）[2]．

标度无关性假设应当看作是核子新解释的第一个具体努力．然而，即便在其发现者的眼里，第一次提出来时还是一个可疑的企图．在 20 世纪 70 年代早期，当 DIS 实验的结果开始获得理论物理学家的信任，标度无关性假设开始得到理论方面的高能物理学界的注意；正是这种理论考虑解释了 DIS 实验的结果．格罗斯下面这段话也说明 DIS 实验结果对试图理解核子内部结构的理解：SLAC 深度—非弹性散射实验对我有深远影响．它们清楚证明质子短时间观察到的情形，好像它是由二分之一自旋类点对象构成的．（Gross，2005，p. 199）

---

①　See David J. Gross, "Asymptotic Freedom and QCD-A Historical Perspective", *NuclearPhysics B* (Proceedings Supplements), 135, 2005, pp. 193 – 211.

②　Koray Karaca, *The Strong and Weak Senses of Theory-Ladenness of Experimentation：Theory-Driven versus Exploratory Experiments in the History of High-Energy Particle Physics*, Accepted for Publication in Context, 2012, p. 31.

渐进自由的概念很快建议，可以提供用量子场论描述标度无关性的概念，这是在费曼部分子模型里没有的．上述讨论意味着 DIS 实验不仅开启，而且构成了一种驱动力，形成了在这些概念基础上核子内部结构新概念和新解释得以发展的历史过程．这个结论也用来支持施泰因勒所说的，探索性实验不仅仅带来现存概念和理论框架的修正，而且对应用新概念的新理论框架的形式也有贡献．再者，通过费曼部分子模型里的标度概念，对弱动量带来转移对深度—非弹性电子—质子散射截面的依赖性的解释，以及按照比约肯标度无关性假设使非弹性截面数据的标度行为在实验上被发现的事实，说明理论考量对解释实验数据和在理论语境中定位实验结果都是根本性的．所有这些考虑都指向理论和实验之间的相互作用和合作的某个时间段，在那时人们首先面对的问题是没有正常提出来的．

结果，目前 DIS 实验的案例研究的启示是，由于感兴趣研究领域的理论语境，就在理论—负载的同时，存在实验的探索性的空间．因此，科学实验的探索特征和术语"探索性实验"的认知适当性，并没有被局限在没有很好建立起理论框架的研究领域内，就像施泰因勒等人所讨论的，而应该是在由很好—建立起来的理论（换言之成熟科学理论）占据的研究领域也有效．另外一个重要区别是，在施泰因勒的案例研究中，进行探索实验的实验者，也是发展解释这些实验发现新概念的人，而在 DIS 实验案例里，在实验者小组与基于新概念阐释实验发现的理论家小组有明显区别．因此，两者的区别主要源自于施泰因勒关注的是研究领域的早期，即静电学，还没有职业分化．而 DIS 实验涉及的是高能物理，其职业分化程度很高，导致实验小组跟理论物小组分离开来．这也意味着科学实践中的探索性实验面貌在改变．

可见，关于卡拉加对 20 世纪 60 年代强相互作用方面几个实验案例的考察，弹性质子—质子散射实验说明，雷吉理论可以说为弹性质子—质子散射实验从最初的设计直到最后阶段的实施提供了一个蓝图，即其典型的"理论驱动"实验；深度—弹性电子—质子散射实验却不是理论驱动的，甚至与理论预言相反；早期 DIS 实验的余波——费曼部分子模型、渐进自由，以及 QCD 的出现，充分体现实验可能受到理论—负载影响的同时，实验也有自己的探索空间，就是说存在"探索"实验．这样是把实验分成"理论驱动"实验和"探索"实验，与理论的三分法稍有不同，并且注意到实验设计、数据获得和分析方法的重要性．不过，总体上还是想通过理论划分和实验分类搞清楚理论和实验的关系，不像新实验主义那样纯粹立足于实验的作用去思考问题．虽然注意到高能物理实验使得探索性实验面目在变，但还是没有最终提出更好的理论和实验之间关系的新观点．而且，如果就理论物理跟实验物理两分法来讨论理论和实验之间的关系的话，可能还不如进行三分法：理论物理、计算物理、实验物理学，计算物理已经不是单纯计算工具．总而言之，卡拉加已经在新实验主义的基础上又走了一步，这一步就是想重新回到理论和实验的关系问题上来，并且是以高能物理在历史上最发达时期所做的著名实验为案例，对理论和实验的分类都细致而准确，只是没有对理论和实验之间的关系给出一个明确统一的说法．当然，卡拉加的局限性是限于 TDE 的意义问题．

第十一章　粒子物理标准模型和希格斯粒子

从量子场论角度考察粒子物理标准模型，往往说它主要包括弱电理论和量子色动力学，这相当于卡拉加说的模型理论，而从粒子物理中实验物理学的角度，谈到标准模型首先想到的是三代夸克和轻子及其玻色子，尤其是产生它们质量的希格斯粒子，包括希格斯机制，相当于卡拉加说的唯象模型.

第一节　粒子物理标准模型

简单地说，我们周围的物质，诸如书本、桌椅板凳、地球、星系和能够观察到的这个宇宙，最终都是由三个第一代基本粒子构成的，包括上夸克（u）、下夸克（d）和电子，而第一代最下面的电子中微子，是几乎无质量、变幻莫测的粒子. 目前认为所有第一代粒子都是稳定的和不可再分的，确实是基本结构单元.

如图 11—1 所示[1]，粒子物理的标准模型，物质的所有可能形式都由夸克和轻子构成. 最右边格子表示传递力的粒子，图中间是刚找到的希格斯玻色子. 第二代和第三代粒子也由夸克组成，包括粲夸克（c）和奇

---

[1]　Martin Beech, *The Large Hadron Collider: Unraveling the Mysteries of Universe*, Springer, 2010, p. 71.

异夸克（s）、顶夸克（t）和底夸克（b），加上缪子（μ）和陶子（τ）轻子．第二代和第三代是短暂的，在日常生活中没有位置．粒子在其湮灭成一系列稳定第一代粒子之前，由只存在最小时间标度的这几代基本粒子构成．在本质上而言，第二、三代粒子是第一代的高质量复制，虽然目前还不知道为什么这个结构会重复自己，或者为什么只存在三代．当然，这几年，人们最关注的问题是这些粒子的质量是如何获得的，寻找希格斯玻色子，这正是 LHC 的首要目的，找到希格斯粒子，是否有多种希格斯粒子还有待研究．

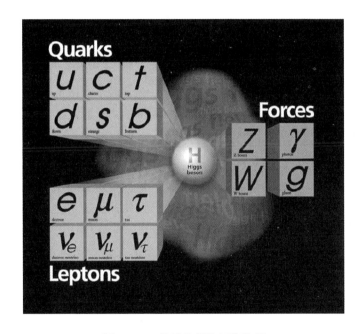

图 11—1 粒子物理的标准模型

注：Image courtesy of fermilab.

为了有个总的印象，我们回顾一下粒子物理标准模型中基本粒子的发现时代，其发展历史超过了 100 年的发现、实验和理论发展．大家知道电子的发现是由英国物理学家 J. J. 汤姆森（J. J. Thomson）在 1897 年发现的，随后卢瑟福（Ernest Rutherford）于 1900 年通过实验解释了原子的结构，质子是英国卡文迪许实验室的詹姆斯·查德威克（James Chadwick）在 1932 年发现的．而缪子是安德森 1936 年研究宇宙射线时发现的．电子中微子的实验探测是弗雷德里克·莱因斯（Frederick Reines）和克莱德·科温（Clyde Cowan）在 1956 年完成，而缪子中微子是莱德曼及其合作者在 1962 年完成的．上夸克和下夸克存在的实验迹象是 1969 年在斯坦福线性加速中心（SLAC）收集到的，而粲夸克和底夸克是 SLAC 和费米实验室分别于 1974 年和 1977 年找到的．陶子（τ）轻子是下一个由佩尔（Martin Perl）及其在 SLAC 的同事于 1976 年探测并证实的．在 CERN 的超级同步质子加速器（SPS）上，卡洛·鲁比亚（Carlo Rubbia）、西蒙·范德梅尔（Simon Van Der Meer）及其几百位合作者在 1983 年发现了 W 和 Z 玻色子．而工作在 CERN 的大型正负电子（LEP）对撞机实验上的探索者，在 1991 年证明只存在三种类型中微子（即三代粒子）．顶夸克是费米实验室的探索者在 1995 年找到的，而这个成就之后，很快在 2000 年就发现陶子中微子．

众所周知，宇宙中稳定物质都由原子构成，原子由质子、中子和电子组成，而质子和中子都由三个上夸克和下夸克构成．各种物质分类按照它们包含的夸克多少和种类来区分，由夸克和反夸克组成的所有粒子叫强子，而强子又包含重子和介子，重子是由三个夸克组成（诸如质子和中子），介子由夸克和反夸克对组成．π 介子是大量的介子群，比如 π^0 由上夸克和反上夸克对组成（写成 u$\bar{\text{u}}$）．另外，强子都是靠强核力结合在一起的，这是通过交换胶子来传递的．

图 11—1 右边所示的是各种传递力的粒子（称为玻色子），Z 和 W 称为中间矢量玻色子，传递负责辐射衰败的弱核力．胶子（g）负责传递把夸克结合在一起的强核力，而光子（γ）是跟电磁场结合在一起的．强核力作用在夸克上负责把质子和中子这样的粒子结合起来，不像日常生活中熟悉的引力总是表现为吸引，强相互作用力有时是吸引有时是排斥，要随距离而定．比如，如果两个夸克靠得太近，胶子交换变成排斥力，迫使它们变成分开；如果分开的过远，那么胶子交换是吸引，会把它们拉回．按此方式，夸克总被禁闭并通过交换胶子继续彼此吸引，如图 11—2 所示，质子的夸克结构：一个夸克能够拥有三种可能的色荷之一（蓝、绿、红——反夸克传递反色荷）．一个带色夸克能够被另一个带其反色的夸克系住（成介子），而三个夸克，每一个具有不同的色荷，能够捆绑在一起（成强子）．

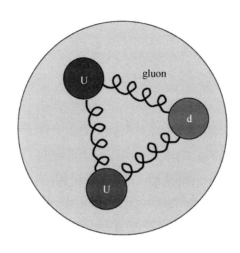

图 11—2 质子的夸克结构

注：Image courtesy of Wikipedia.

弱核力负责描述核衰变和变化，比如 β—衰变，一个中子变成质子，伴随一个电子和一个反电子中微子的产生，弱力作用靠的是三个所谓的中间玻色子 W^+、W^-、Z^0 进行的，其中 +、-、0 对应与它们结合的电荷．弱力作用在比强力所在尺度还小的地方，但是正如它的名字所说的相对较弱．弱力的重要性体现在它能够改变夸克色的味，正是这个性质导致粒子变化．比如，β—衰变是按照底夸克通过 W^- 矢量玻色子的发射进入上夸克的变换来缓减的．

粒子物理标准模型最大的成功是解释了观察到的粒子园，但是在找到希格斯粒子前，一直不能解释为什么各种粒子具有它们所观察到的质量．由于这是如此基本，物理学家多年来致力于发展一个真正赋予宇宙质量的理论，在找到希格斯粒子前最好的竞争者是激发希格斯场的希格斯机制的理论，以希格斯（Peter Higgs）命名的．要强调的是，著名的希格斯场最初只是源自于纯粹的数学建构，以便解决质量产生问题，在其还未证实之时就成为标准模型（SM）不可或缺的部分．事实上，建造 LHC 的初衷只是为了探明希格斯场和相关希格斯玻色子是否真正存在．有趣的是，目前已经年过八旬的希格斯，还回顾了他 1964 年 6 月 16 日星期四时首次想到希格斯机制的激动人心的几周，迅速完成两篇这方面的短文．他回忆说当时他正在大学图书馆琢磨一篇吉尔伯特（Walter Gilbert, 哈佛大学杰弗逊物理实验室) 的论文, 那篇论文所讲的观点希格斯很不认同, 并且认识到需要提出一个反驳——但是如何反驳呢? 希格斯逐渐认识到, 在其反复思考吉尔伯特那令人烦恼的论文时, 逐渐在他心里形成一个回答; 他认识到基本粒子如何有可能获得质量, 希格斯场就诞生了. 当然, 恩格勒 (Englert) 等其他科学家也做出过各自的贡献.

第二节　希格斯机制

"自发对称性破缺" (spontaneous symmetry breaking, 简称 SSB) 作为粒子物理的规范理论中的概念, 最初是源自于固体物理超导理论中的巴丁—库珀—施里弗的 BCS 理论的启发. 关于两者如何结合, 布朗和曹天予 (Brown&Cao, 1991) 专门做过解释. 在此基础上, 卡拉加详细地比较研究对希格斯机制做过贡献的各项工作.[1] 而在弱相互作用的 V-A 理论失败和格拉肖统一电磁相互作用和弱相互作用理论的部分成功基础上, 卡拉加重点介绍了下面 "质量产生机制的建构过程".

在物理学中, 粗略地讲, SSB 是用来描述系统的拉格朗日量的某种对称性消失的情形, 即在系统进入另一种状态时不再保持其拉格朗日量的最初对称性. 这种非对称状态常常是所考虑系统最低能量状态或者基态 (通常叫 "真空态"). 按照量子力学物理系统基态通常是唯一的, 并且定义为具有最低能量的状态. 如果存在多重最低能量状态, 基态被定义为所有这些状态的叠加. 不过, 存在系统基态简并的情况, 也就是说存在 "真空简并" 的情况, 即存在由某算符的非零值得到彼此不同的多重最小能量状态. 在此情形下, 一旦系统是处于这些最小能量状态之一, 则此系统的对称变换下的基态不变性 (或者唯一性) 就会消失. 因此, 在量子力学中, SSB 的条件是由基态的非不变性条件来表示的. (Cheng and li, 1984, chapter 5.)

---

[1]　Koray Karaca, "The Construction of the Higgs Mechanism and the Emergence of the electroweak theory", *Studies in History and Philosophy of Modern physics*, 44, 2013, pp. 1 – 16. 本节的介绍是根据此文, 其中引文以作者加年份方式标出, 详情参看卡拉加原文.

　　SSB 的概念首先是由南部一郎引进粒子物理学语境的，他提出固体物理超导 BCS 理论的量子场论阐释. 在 1961 年，受到狄拉克电子理论场方程跟博戈留波夫（Bogoliubov，1958）改写的超导 BCS 理论之间的相似性启发，南部（1960a，1960b，1960c，1960d）跟约纳—拉西尼奥（Jona-Lasinio）一起，建构了一个在 BCS 理论的理论结构类比基础上的核子复合模型（Nambu and Jona-lasinio，1961a，1961b）. 这个方法随后被其他量子场理论家用来做基本粒子的动力学模型，这些动力学模型的共同之处在于基本粒子的质量是由拉格朗日量整体对称的自发破缺产生的，然而这些模型存在 SSB 产生不希望出现的无质量玻色子，因为没有任何实验证据.

　　1961 年，哥斯通（Jeffrey Goldstone）猜想，任何洛伦兹不变的拉格朗日量连续整体对称的自发破缺，产生无质量的零自旋（标量）玻色子——通常称之为"哥斯通玻色子". 一年后，这个猜想的几个证明由哥斯通、萨拉姆和温柏格联合提出（Goldstone，Salam，Weinberg，1962），并且哥斯通猜想被上升到定理的地位，产生了粒子物理文献里的"哥斯通定理". 这导致量子场理论家提出无质量标量玻色子可能是所有 SSB 模型不可避免的结果，因此提出一个下面所说的杨—米尔斯理论假定二难困境. 解决杨—米尔斯理论中零质量困难并赋予矢量玻色子质量的唯一方法是，通过 SSB 的机制，然而，照这样的方法，人们会遇到哥斯通定理引起的困难，通常称为"哥斯通零质量困难"，即没有实验证据的无质量的标量玻色子的存在性问题. 因此，或者规范原理错了应该抛弃，或者 SSB 想法应该放弃.

　　然而，代替这两种方法中的无论哪一个，要解决哥斯通零质量困难还是要在应用哥斯通定理的语境中进行的. 按照这样的看法，在 1963 年安德森（Philip Anderson）提出了第一个提议，他质疑哥斯通定理对固体物理里非相对论系统的实用性，特别是超导的情况. 安德森的提议源自于施温格关于规范不变性的工作.

　　在 1962 年，施温格（1962a）论证了"如果流矢量耦合足够强，矢量场的规范不变性并不必然地蕴含着跟相关粒子的零质量". （1962a，

p. 397)① 施温格的论证建立在一个技术性事实基础上，即在相对论量子场论里，如果真空极化张量在动量$p^2=0$有个极点（即奇点），局域规范不变性并不能保证规范量子为零．施温格证明了如果守恒流场耦合足够强，那么这样一个极点的存在是可能的．他证明在 QED 的二维（一个时间维一个空间维）模型里的这个论证，其中极化张量发展为$p^2=0$的极，因此光子获得质量．施温格的提议很重要，他阐明了把杨—米尔斯理论质量产生机制作为基础的重要观念，规范玻色子可能通过守恒的流矢量场耦合来获得质量．

安德森还（1963）论证说，用固体物理的（自由电子的）等离子体理论处理迈斯纳效应，是说明施温格 1962a 和 1962c 论文的非相对论例子．简单说，安德森相信"哥斯通零—质量困难并不严重，因为它可能在面对杨—米尔斯零质量问题时被消除掉"②．（Anderson，1963，p. 442）而且，他还建议矢量场中可能很多质量，特别是在"简并真空类型理论中，最初的对称在可观察领域不明显"（Anderson，1963，p. 441）．因此，安德森相信哥斯通定理并不实际产生杨—米尔斯理论的困境，实际情况跟平常假定的相反．

然而，安德森的论证是建立在固体物理里迈斯纳效应的非相对论处理基础上的类推论证．安德森论证在（相对论的）规范理论理论框架里的有效性的证明有待于大量物理学家的贡献．一年后，克莱因（Abraham Klein）和李辉昭（Benjamin Lee）采纳了安德森的建议，并在非相对论量子场论语境中满足下面两点："（1）不存在独立于模型和计算方法的一般证明，说明具有自发对称破缺场论的零质量粒子的存在．（2）永远也不存在这样一类场论，其零质量粒子作为对称破缺的结果出现"③（Klein & Lee，1964，p. 268）．

---

① See J. Schwinger, "Gauge Invariance and Mass", *Physical Review*, 125, 1962, pp. 397.

② See P. W. Anderson, "Plasmons, Gauge Invariance, and Mass", *Physical Review*, 130, 1963, p. 439.

③ See A. Klein and B. W. Lee, "Does Spontaneous Breakdown of Symmetry Imply Zero-Mass Particles", *Physical Review Letters*, 12, 1964, p. 266.

接下来希格斯（Higgs，1964b）[①]，检验了经典（非量子化）规范模型里的局域 U（1）规范对称的自发破缺，其中两个实标量场 φ_1 和 φ_2 与实矢量场 A_μ 按照如下拉格朗日量来描述：

$$L = -\frac{1}{2}(\nabla_\mu\varphi_1)^2 - \frac{1}{2}(\nabla_\mu\varphi_2)^2 - V(\varphi_1^2 + \varphi_2^2) - \frac{1}{4}F_{\mu\nu}F^{\mu\nu}$$

其中

$$\nabla_\mu\varphi_1 = \partial_\mu\varphi_1 - eA_\mu\varphi_2,$$
$$\nabla_\mu\varphi_2 = \partial_\mu\varphi_2 - eA_\mu\varphi_1,$$
$$F_{\mu\nu} = \partial_\mu A_\nu - \partial_\nu A_\mu$$

并且 e 是无维耦合常数，L 也可以表示成：

$$L = -(D_\mu\varphi)^*(D^\mu\varphi) - V(\varphi^*\varphi) - \frac{1}{4}F_{\mu\nu}F^{\mu\nu}$$

其中 $\varphi = (\varphi_1 + i\varphi_2)/\sqrt{2}$，而 $D_\mu = (\partial_\mu + ieA_\mu)$ 是"协变"微分．因此 L 在局域 U（1）规范变换下是不变的：

$$\varphi(x) \to \varphi(x)' = e^{-\alpha(x)}\varphi(x),$$
$$A_\mu(x) \to A'_\mu(x) = A_\mu(x) + \frac{1}{e}\partial_\mu\alpha(x)$$

其中规范函数 $\alpha(x)$ 是空间和时间坐标的任意标量函数．而 L 是从标量场拉格朗日量

$$L = -(\partial_\mu\varphi)(\partial^\mu\varphi^*) - V(\varphi_1^2 + \varphi_2^2)$$

通过场论所谓"最小耦合"标准过程获得的，据此矢量场 A_μ 被耦合到标量场，办法是用协变微分替代通常偏微分，同时添加矢量场动能项 $L_K = -(\frac{1}{4})F_{\mu\nu}F^{\mu\nu}$．结果是，$L$ 能够被写成三项之和：$L = L_S + L_K + L_I$．其中最后一项代表矢量场跟标量场之间的耦合或者相互作用，而且可以写成 $L_I = -eA^\mu J_\mu + e^2 A^\mu A_\mu\varphi\varphi^*$，这里 $J_\mu = i[\varphi(\partial_\mu\varphi^*) - \varphi^*(\partial_\mu\varphi)] + 2eA_\mu\varphi\varphi*$ 是 L 的守恒流．

要注意 L_S 在标量场 $\varphi(x) \to e^{i\theta}\varphi(x)$ 和 $\varphi(x)^* \to e^{-i\theta}\varphi(x)^*$ 的整体 U（1）相位变换下是守恒的，并且 θ 是任意实常数．因此在上述情况

① P. Higgs，"Broken Symmetries and Masses of Gauge Bosons"，*Physical Review Letters*，13，1964，p. 508.

下，最小耦合过程使我们从 L_S 到 L，规范不变性从整体到局域；结果是 L 包含矢量场 A_μ 到守恒流的耦合．这反过来意味着 L 满足守恒的矢量流场耦合的条件，最先是施温格（1962a）提出的，这是在其 1964 年论文里希格斯视之为规范玻色子，并通过 SSB 获得质量而不损坏规范不变性的本质所在．

为了使模型展开 SSB，希格斯选择 L 里的势能 V 具有下面标量场的最小值：$\varphi_1(x) = 0$，$\varphi_2(x) = \varphi_0 = 常数$，即 $V'(\varphi_0{}^2) = 0$，$V''(\varphi_0{}^2) > 0$，其中一撇和二撇分别表示对标量场的一阶和二阶微分．V 的数学形式说明标量场基态值的特殊选择只是无穷多种可能性之一，使其能够获得最小能量，因此存在系统里的简并真空的一个无穷集合．有了标量场基态值的上述选择结果，局域 $U(1)$ 规范对称是自发破缺的，这意味着 ψ 在局域 $U(1)$ 规范对称下还是不变的，所选择的基态不是不变的．通过使用变分原理，并且考虑标量场和矢量场的微小变化，希格斯导出真空值 $\varphi_1(x) = 0$，$\varphi_2(x) = 0$ 附近的微小位移的欧拉—拉格朗日量场方程：

$$\partial^\mu\left[\partial_\mu(\Delta\varphi_1) - e\varphi_0 A_\mu\right] = 0 \qquad (1a)$$

$$\left[\partial^2 - 4\varphi_0{}^2 V''(\varphi_0{}^2)\right](\Delta\varphi_2) = 0 \qquad (1b)$$

$$\partial_\nu F^{\mu\nu} = e\varphi_0\left[\partial^\mu(\Delta\varphi_1) - e\varphi_0 A^\mu\right] \qquad (1c)$$

其中 $\Delta\varphi_1$ 和 $\Delta\varphi_2$ 代表真空值周围标量场的微小变化，并且只有线性项被保留．要注意的是 SSB 后 $U(1)$ 规范不变性在模型里被保持．这一点可从上述三个方程在 $U(1)$ 局域规范变换之下不变看出，即上述方程解的场的局域规范变换都是相同方程的解．相应地，存在 SSB 后模型里的守恒流，就像方程（1a）揭示的那样．还有，希格斯在其 1964 年论文中也指出，场方程（1a）和（1c）说明局域 $U(1)$ 规范不变性是通过梯度项 $\partial_\mu(\Delta\varphi_1)$ 的存在来保持的．

通过应用 L 的局域 $U(1)$ 规范不变性，希格斯通过局域规范变换

$$A_\mu: B_\mu = A_\mu - (e\varphi_0)^{-1}\partial_\mu(\Delta\varphi_1)$$

引入一个新矢量场 B_μ，它反过来导致

$$G_{\mu\nu} = \partial_\mu B_\nu - \partial_\nu B_\mu = F_{\mu\nu}$$

值得指出的是，B_μ 是通过特定选择的局域 $U(1)$ 规范变换来获得的．此规范被称为"酉规范"，规范函数选为 $\alpha(x) = -\Delta\varphi_1/\varphi_0$，而方程

（1a）和（1c）分别取成下面形式：

$$\partial_\mu B^\mu = 0 \qquad (2a)$$

$$\partial_\nu G^{\mu\nu} + e^2 \varphi_0{}^2 B^\mu = 0 \qquad (2b)$$

希格斯注意到方程（2a）和（2b）共同描述了量子具有 $e\varphi_0$ 质量的矢量波，意味着 B_μ 是有质矢量场。注意，$\Delta\varphi_1$ 应该是无质哥斯通玻色场，如果没有耦合到理论拉格朗日量中的守恒流—矢量场，对应于耦合常数 e 的零质量。然而，通过酉规范，$\Delta\varphi_1$ 是进入有质矢量场 B_μ 横向极化态的变换方向，就像在 B_μ 里的项 $\partial_\mu(\Delta\varphi_1)$ 的存在揭示的那样。因此，希格斯事实上证明了，局域规范对称自发破缺的结果是，无质量哥斯通玻色子并不出现在理论的粒子谱系里，而矢量场 B_μ 获得横向极化态和质量而不违反规范原理。

然而，希格斯强调在"没有规范场耦合（e = 0）时情况很不一样：[方程（1a）和（1b）分别描述零质量标量玻色子和矢量玻色子。]"（Higgs，1964b，p. 508）。这意味着 SSB 后的模型中局域 U（1）规范不变性保持的情况下，$\Delta\varphi_1$ 变成哥斯通玻色子。这意味着，在没有守恒的流—矢量场耦合时，哥斯通场从矢量场脱耦，而后者变成无质量的。基于上述结果，希格斯得出结论说："作为 [与内部群相关的守恒流跟规范场之间的耦合]，有些规范场的自旋为 1 的量子获得质量；这些粒子的横向自由度（如果质量为零可能就没有）在耦合倾向于零时翻转为哥斯通玻色子。"（Higgs，1964b，p. 508）这导致他得出结论说："这个现象正好是安德森在其 1963 年论文中注意到的等离子体现象的相对论类比"（Higgs，1964b，p. 508）。

希格斯在其同一篇论文里还有另一个重要观察是，方程（1b）描述了其量子具有 $2\varphi_0 [V''(\varphi_0{}^2)]^{\frac{1}{2}}$ 质量的标量波；因此通过 SSB 解释了质量产生机制的重要方面，即它在理论中带入了一个有质标量玻色子——这就是我们今天所说的"希格斯玻色子"。按希格斯的话来说："值得注意的是，在此注释中所描述的理论类型的本质特征是标量玻色子和矢量玻色子的不完全多极子的预言，希望这个特征也会出现在对称破缺标量场不是基本动力学标量而是费米场的双线性组合的理论中。"（Higgs，1964b，p. 508）结果是，质量产生的希格斯机制能够摆脱不想要的哥斯通玻色子，不过激发一个未知标量场和一个相关未知质量的标量玻色子，这个场后来称为"希格斯场".

独立于希格斯的工作，局域 U（1）规范对称的自发破缺被弗朗索瓦·恩格勒（François Englert）和罗伯特·布罗特（Robert Brout）（Englert and Brout，1964）联合发表的论文检验过.[①] 不过，与希格斯基于变分原理的经典处理有所不同，他们按照施温格在 1962 年和 1962 年论文里的提议提供了一个量子场论的处理. 而在一篇联合发表的论文中，杰拉德·古拉尼（Gerald Guralnik）、卡尔·哈庚（Carl Hagen）以及汤姆·基博尔（Tom Kibble）（Guralnik，Hagen and Kibble，1964）[②] 采用下面的局域 U（1）规范不变拉格朗日量来刻画的矢量场和实标量场之间相互作用的模型：

$$L' = -\frac{1}{2}F^{\mu\nu}(\partial_\mu A_\nu - \partial_\nu A_\mu) + \frac{1}{4}F^{\mu\nu}F_{\mu\nu} + \varphi^\mu \partial_\mu \varphi + \frac{1}{2}\varphi^\mu \varphi_\mu + ie\varphi^\mu \sigma_2 \varphi a_\mu$$

其中 $\varphi^\mu = (\varphi_1{}^\mu, \varphi_2{}^\mu)$ 是二—组分哈密顿场，σ_2 是泡利矩阵，并且 e 又是耦合常数. 为了产生局域 U（1）规范对称的自发破缺，古拉尼等人标量场 φ 选择基态预期值具有非零值：

$$ie\sigma_2 \langle o | \varphi | o \rangle = \eta = \begin{pmatrix} \eta_1 \\ \eta_2 \end{pmatrix}$$

这种对称条件被加在上式里的拉格朗日量，靠的是近似一阶相互作用项 $ie\varphi^\mu \sigma_2 \varphi A_\mu$. 通过使用像希格斯在其 1964 年论文里那样处理的变分原理，他们从上面的拉格朗日量导出下面的一组一阶近似欧拉—拉格朗日量场方程：

$$F^{\mu\nu} = \partial^\mu A^\nu - \partial^\nu A^\mu,$$
$$\partial_\nu F^{\mu\nu} = \varphi^\mu \eta,$$
$$\varphi^\mu = -\partial^\mu \varphi - \eta A^\mu,$$
$$\partial_\mu \varphi^\mu = 0$$

---

① 现在一般把希格斯机制称为布罗特—恩格勒—希格斯机制［Brout-Englert-Higgs（BEH）mechanism］.

② See Guralnik, Hagen and Kibble, "Global Conservation Laws and Massless Particles", *PhysicalReview Letters*, 13, 1964, p. 585.

得到相应波动方程．因此也提出"在理论中存在无质粒子……跟其他（有质）激发态完全脱耦，以及跟哥斯通定理无关"（Guralnik et al.，1964，pp. 86－587）．不过他们未曾注意到无质粒子可能具有质量，如果高阶相互作用项被考虑进去的话．结果是，跟希格斯不一样，他们没有提出质量产生机制可能在理论里产生有质标量玻色子．他们提出在展示局域规范对称自发破缺的非明显的洛伦兹—协变规范理论里哥斯通玻色子的缺失，有可能是"哥斯通定理的不适用性的结果而不是跟它的矛盾"（Guralnik et al.，1964，p. 587）．他们也争论说通过局域规范对称的自发破缺的质量产生机制可能不会一致地应用到洛伦兹规范公式，就像"正则量子化"可能跟洛伦兹规范固定不一致那样．

　　基博尔（1967）推进了一大步，他重新考虑了希格斯和恩格勒、布罗特、基博尔之前处理过的 SSB 模型，得到两个结果．第一，跟之前希格斯（1966）古拉尼等人（1964）断言的相反，基博尔证明了通过局域规范对称自发破缺的质量产生机制可能也能一致性地用在洛伦兹规范公式中．特别是他证明了即便哥斯通定理不能用在辐射公式里面，洛伦兹和辐射规范公式也可能导致同样的结论，即只有有质矢量粒子可能出现在理论的物理粒子谱系之中．第二，基博尔证明所提的质量产生机制对于任意 n 维非阿贝尔规范群具有一般性．特别是，基博尔在数学上证明了："如果跟破缺非阿贝尔对称群结合的所有流都耦合到规范矢量场，理论中剩下的大量无质矢量玻色子正是没有破缺的对称变换子群的维度．特别是，如果不存在没有破缺的对称群的元素，那么就没有留下无质粒子．"[1]（Kibble，1967，p. 1555）

　　假定跟弱相互作用相关的规范对称群 SU（2）是非阿贝尔的这个技术事实，基博尔的上述第二个结果对发展杨—米尔斯类型的规范理论具有重要影响，因为它意味着在此类型的规范理论中，通过局域规范对称的自发破缺产生质量的机制的可能性，可以用来解决长期以来阻碍电磁相互作用和弱相互作用统一的零质量问题．这就是 1967 年的事情，以及现在想在提出的质量产生机制的基础上建构电磁和弱相互作用的真实模

　　[1]　See Tom Kibble, "Symmetry Breaking in Non-Abelian Gauge Theories", *Physical Review*, 155, 1967, p. 1554.

型的挑战．重要的是，基博尔论文发表不久，矢量玻色子可能通过局域规范对称自发破缺获得质量的这个想法，就被温伯格在 1967 年发表的论文中用来建构电磁和弱相互作用的统一场论．（Weinberg，1967）可见，当初希格斯机制确实是一种理论探索．

第三节　希格斯机制的哲学反思

即便是温伯格 1967 年的关于弱电统一的开创性论文中也曾经说过："当然我们的模型具有太多的任意特性而不能对这些预言进行严肃地……"[1]（Weinberg，1967，p.1265）弗里德里希（Friederich）、安浪德（Harlander）和卡拉加最近对希格斯机制的哲学反思进行系统考察，[2] 特别是关于希格斯机制的性质问题．下面我们先介绍他们的考察．

希格斯机制（简称 HM）是粒子物理标准模型（简称 SM）的关键部分，其主要目的是一致地解释 SM 里的基本粒子非零质量的实验结果．在欧洲核子中心的 LHC 发现，已经被解释为具有所预期的希格斯粒子性质这样粒子的直接探测，这是此图景的漂亮证实．它作为 SM 的一部分，涉及单个的基础标量粒子，被称为"标准模型希格斯机制"（简称 SMHM）．而且，尽管 SMHM 在预测和说明方面都很成功，粒子物理学家和物理学哲学家对它还是很忧虑，并广泛认为它在几个方面存在重要问题，这样的忧虑和担心被概括为 SMHM "特设"（ad hoc）．SM 借用 HM 来解释拉格朗日量里的非零质量粒子，否则就会违背规范不变性从而破坏理论的可重整化性．其基本思想是标量场的存在（即具有自旋为零的场），也就是所谓的希格斯场，具有无穷多简并低能场构形．传统上讲，这个场具有非零真空预期值，这方面它不同于 SM 拉格朗日量的所有其他场，这通常表述为局域规范不变性，虽然没有明显违背，就所谓的局域规范对称的"自

---

[1] See S. Weinberg "A model of leptons", *Physical Review Letters*, 19, 1967, pp.1264 – 1266.

[2] Simon Friederich, Robert Harlander, Koray karaca, *Philosophical Perspectives on ad hoc-Hypotheses and the Higgs Mechanism*. 本节的介绍是根据此文，其中引文以作者加年份方式标出，详情参看弗里德里希等人原文．

发破缺"的形式里，却是在理论基态层面上所缺少的.

事实上，有些物理学家一直想找一种办法，来替代基本希格斯场，主要原因在于一直没有希格斯玻色子的直接证据. 即便发现疑似希格斯粒子后，很多粒子物理学家也会认为，这个作为具有 SM 预测性质的希格斯玻色子的粒子的验证令人失望. 甚至，LHC 发现 SM 希格斯玻色子与否的形势也被很多物理学家叫作梦魇般的场景（Cho，2007）.

弗里德里希安浪德和卡拉加把物理学家对 SMHM 的批评和视为特设性的异议分为定性论证和形式论证. 当然这些反对 SMHM 的论证主要是在发现希格斯粒子之前，不过对于认识希格斯机制还是有所启示的.

一、定性论证

1. 没有独立于 SMHM 根源的足够证据。

最近 LHC 探测事例之前，这个批评很自然：在 SM 的所有不同类型的粒子当中，希格斯粒子是仅有的标量粒子，并且在所有 SM 粒子中具有独一无二的作用. 正好它又是唯一没有直接证据存在的这类粒子. 按照斯莫林（Lee Smolin）的说法，这一点赋以 SMHM "特设性性质"：

虽然自发对称性破缺的想法解释了我们在这个世界中看见的每一个基本粒子为什么具有不同性质［……］是一个漂亮的想法，但是就其如何实现存在某种特设性，时至今日还没有人观察到，并且我们只具有它们实际性质是不明确的想法.（Smolin，1999）

2. 除了希格斯玻色子外在 SM 中再没有基本标量粒子，也没有这种粒子的任何实验证据。

除了希格斯玻色子，所有 SM 粒子（也是所有已知基本粒子），或者自旋为 1/2（夸克和轻子），或者自旋为 1（规范玻色子：W、Z、胶子、光子）. 狭义相对论要求具有洛伦兹不变性，同时也要求希格斯场是标量，即具有零自旋. 而所有已知标量粒子都是由更基本的粒子组成的，比如介子和中介子，都是由夸克和胶子组成的. 涉及在此基础上的 SMHM，被 MIT 物理学家法伊（Farhi）和杰克威（Jackiw）认为，引入希格斯场作为基本标量场是 "特设性的"：

"虽然温伯格—萨拉姆模型［即 SM］被认为是理论上和实验上极大成功，通常认为希格斯机制［……］是理论不能令人满意的特征. 没有基本标量场的实验证据，它以一种特设性的方式引入特设性相互作用，仅仅是为了影响对称性破缺. 还不存在标量场的其他理论原因"① (Farhi and Jackiw，1982，p. 1）.

3. 弥漫着非零希格斯场的真空概念具有概念上的问题。

SMHM 通常说成是涉及基态简并，并且导致希格斯场的非零预期值，这一点有时被批评为概念上可疑. 比如，规范理论教科书规范理论物理学家森安（K. Moriyasu）的入门教科书比较了"希格斯场 [……] 和弥漫在时空中的老式'以太'，以及像极短距离上连续背景介质起一样的作用"② (Moriyasu，1983，p. 120）.

4. 所有其他已知的对称破缺的案例本质上是动力学的，即由于复合场而不是基本场. 相反，在 SMHM 中，缺乏动力学考虑，并且对称破缺是通过希格斯势形成的命令来完成的.

HM 的概念框架不仅适用于粒子物理学，也适用于凝聚态物理. 比如 HM 可以用作解释超导唯象特征的概念工具. 在那个情况下，起到希格斯场作用的场不是基本的，而与电子对（所谓库珀对）相关，通过电磁相互作用的复杂相互作用结合在一起. 在粒子物理里，发现类似的情形是由于所谓"夸克凝结"的 QCD 的手征对称破缺，这是与所谓库珀对一样的复合系统，由于跟复合粒子相关的场发生的对称破缺而被称为是动力学的. 相反，在 SMHM 里，希格斯场是基本的而不是复合的，由于希格斯场的对称破缺是非动力学的. 按照杰克威（Jackiw）的认识，SMHM 的特征是特设性的："自发对称性破缺是从多体的凝聚态物理学来的，在那它被很好地理解为：对称构形的不稳定性的动力学基础能够从第一原理导出，在粒子物理学的应用中，我们没有发现不稳定性的动力学原因. 再者，我们假设附加场的存在，它们去稳定性化，并且完成对称破缺. 但是这个特设性展开引入附加的先天未知的常数，以及还没有发现的粒

---

① See E. Farhi and R. Jackiw, "Dynamical Gauge Symmetry Breaking", *World Scientific*, Singapore, 1982.

② See K. Moriyasu, "An Elementary Primer for Gauge Theory", *World Scientific*, Singapore, 1983.

子，也就是希格斯介子［即希格斯玻色子］"[1]（Jackiw1998，p. 12777）.

5. SMHM 导致大量的 SM 非独立参数，并且没有解释他们的值或者减少他们的数目.

不仅希格斯势的参数而且希格斯粒子与 SM 的其他粒子之间的耦合（直接跟其质量有关）不能从更基本的原理导出，而且他们必须全部作为独立参数引入，在实验数据基础上，而无需进一步解释. 按照弗朗西斯科·格尤戴斯（Gian Francesco Giudice）这位 CERN 理论家的说法，这一点是最不能令人满意的："跟理论的其余部分不一样，希格斯截面很任意，而且它的形式也不是由任何深层基本原理决定的. 因为这个原因它的结构看上去显然是特设性的. ［……］希格斯截面解释了我们观察到的夸克和轻子质量，只是以引入实验测量决定的 13 个可调整的输入参数为代价. 夸克和轻子质量肯定能够被希格斯截面所决定，不幸的是该理论不能预言它们的值. 再者，虽然希格斯截面能够承受电弱对称的自发破缺，但是它提供不了有关最终决定现象的力的深层解释"[2]（Guidice2009，P. 174）.

不过，正如弗里德里希等人指出的，绝大多数 SMHM 的替代者可能自由参数更多，比如 SM 的最小超对称扩展就要 100 多个新参数. 因此许多批评涉及的是所谓"自然性问题".

二、所谓"形式论证"

1. 微调和自然性

希格斯场的基本标量特征的反对论证，被广泛看作是最严重的，是所谓的自然性或者微调问题（FTP）. 它的准确形式限于重整化的形式体系（Susskind，1979）. 弗里德里希等人定性描述了一下：按照量子场论，任何实验测量的粒子质量（所谓物理质量）都能够看作裸质量之和以及由于粒子跟所谓真空震荡相互作用的贡献，后者被称为相互作用质量. 通常，人们假设理论有效仅仅是关于（有限的）能量标度，即"截断"，

---

① See R. Jackiw, "Field theory: Why have some physicists abandoned it?" *Proceedings of the National Academy of Sciences USA*, 95, 1998, p. 12776.

② See Gian F. Giudice, *A Zeptospace Odyssey-A Journey into the Physics of the LHC*, Now York: Oxford University Press, 2010.

超过它的结果，解释就需要用更基本（目前还不知道）的理论来设定．人们能够计算相互作用质量为截断的函数，裸质量取决于物理质量和相互作用质量的差异．

对于自旋 1/2 和自旋 1 粒子，对截断的依赖是对数的，导致相互作用质量几乎跟裸质量是相同的数量级．裸质量和物理质量通常也是同样的数量级．另一方面，对于标量粒子，对截断的相互作用依赖是二次函数的．假设 SM 的有效性达到普朗克标度，则裸质量与真空震荡的结果，不得不在大约 34 个数量级上彼此平衡，以便得到 125GeV 的物理希格斯质量．关于这么大一个抵消的麻烦事是，希格斯的裸质量是一个任意参数；可能微调到几乎精确的相互作用质量的理由在 SMHM 没有解释．结果，SM 在这方面显得"不自然"，这就是这个问题成为"自然性问题"的原因.

弗里德里希等人指出，FTP 源自于希格斯场的标量属性，因此直接跟反对引入标量希格斯场的特设性谴责有关．毫不奇怪大多数避免 FTP 的普通模型至少解决前面描述的问题之一：他们假设要么是非基本的复合希格斯场，并且提供了规范对称破缺的动力学解释，要么试图解释希格斯势的形式（比如超对称，希格斯场的二次项是由其重整化群演变而成为负的）．然而，没有哪一个目前得到了 SM 实验数据方面的支持，并且很多都被排除.

2. 平凡性

这个担心是说，希格斯场的自耦合在大而有限的动量转移时会发散，这意味着 SM 不可能一致性地推断到任意高的能量标度而破缺到低的相应能量．这个所谓"朗道洞"的确定位置有赖于希格斯粒子质量，对于实验上可观察到的质量 $M_H = 125\text{GeV}$ 来说，"朗道洞"似乎超出了普朗克标度，安慰地讲，对 SM 可能没有严格限制．"平凡性"反映了这么个事实，朗道洞只能在希格斯玻色子自耦合假设为零时彻底消失，即平凡的，而这个自耦合又是非零的，因为 HM 要产生非零粒子质量．

第四节 希格斯粒子发现后的希格斯机制

作为疑似希格斯粒子的最初发现的结果，可以说出现了 SMHM 的实验证据：SMHM 说应该存在的粒子的信号．因此，特设性假说的大多数关键特征，按照赖普林（Leplin）的辩护条件的第一条标准形成的，都不再满足．不过，从大多数物理学家的观点看来，这个发现并没有消除他们对于 SMHM 的主要担心．所有其他概念上的批评还适合，特别是自然性问题仍未解决．未来的命运主要依赖于是否存在目前在 LHC 上探测的 TeV 标度上的"新物理"（即迄今为止未知的有质量的粒子）．只要这种粒子的探测被否定，则证实了具有 SM 所预言的属性的希格斯玻色子存在的任何实验结果，而不是证实所提的替代（诸如超对称或者动力学对称破缺），似乎意味着自然性问题在这还得保留．因此，卡拉加认为大多数最近实验数据的结果——证实 SMHM 和排除理论替代——有可能物理学家对于 SMHM 的担心实际上是被加强了．在那种情况下，有点悖论式有利于特设性假设的独立实验证据，在其最后达到之时都不可能得到缓和，事实上就称其为"特设性"的初衷而言是加强了．

不过，跟这种可能性相反，在物理学家中也存在一种倾向，批判性地考虑不自然批评的有效性（或者适应性）．比如冯孝仁（Jonathan Feng）所言："十几年来，弱标度的非自然性已经是激发新物理的主要问题［……］，这个范式正受到大量实验数据的挑战"[①]（Feng，2013）．

用关于自然性问题更加宽松立场的替代办法，可能是重新思考它的概念前提．比如，威特瑞奇（Wetterich，2012）论证说，微调的需要仅仅说明"微扰扩展系列的缺陷"，而把希格斯质量的测量值解释成 SM，会产生在普朗克标度还有效的征兆．按照他的观点，SMHM 比起 SM 的其他部分既没有更多的试探性也不基本．

弗里德里希等人总结说，很可能由于最近的发现使得 SMHM 特设性

[①] See J. L. Feng, *Naturalness and the status of supersymmetry*, 2013, URL = ⟨http://arxiv.org/abs/1302.6587⟩.

特征的缓和（甚或终止），导致具体的自然性问题和一般的 SMHM 的观念
基础在观念上的转变．当然，前面所说的批评在物理学家看来还是严重
的，但是对它们的相关性和力度现在看法不一，因为 SMHM 已经失去其
特设性的最明显的特征．毕竟实验上已经宣布找到．

可见，希格斯机制背后的争论之所以如此复杂，其深层原因在于从
量子场论到标准模型以及希格斯机制这种唯象模型的数学基础跟物理现
象之间的关联不是一个简单问题．包括希格斯机制这样的关节点，要想
从背景理论或者标准模型直接导出可能有难度，中间包含的环节太多．
自然界可能不完全是用数学语言写的，即便我们还没有完全掌握这套语
言．同样，从模型理论到唯象模型这个理论层次也可能不是那么明显，
即便是唯象模型跟实验现象之间也有一大段距离．这也是理论研究与实
验探索相辅相成的重要原因．有必要看看 LHC 物理是如何来处理理论和
实验之间的关系问题的．

第四篇

发现希格斯粒子

第十二章　大型强子对撞机 LHC 物理[①]

作为基础研究中的大科学工程，大型强子对撞机 LHC 可能是人类有史以来最复杂最具野心的科学工程，其主要目的在于检验粒子物理标准模型和发展超出标准模型的新物理，它的运行标志着物理学已经进入 LHC 物理时代. 我们考察了粒子物理标准模型的建立、检验，以及可能发展出新物理这个大科学工程的新特征，具体包括：作为理论物理和实验物理相结合典范的粒子物理标准模型、LHC 物理的基本问题、LHC 物理总体上的新特征及其背后的基本哲学问题.

用时 20 年耗资 54.6 亿美元的大型强子对撞机（Large Hadron Collider，简称 LHC），自 2009 年 11 月 23 日实现首次对撞以来取得了重大进展，特别是 2012 年 7 月 4 日欧洲核子研究中心（CERN）新闻发布会上，来自 ATLAS 和 CMS 合作组的科学家同时公布，在置信度为 5 倍标准偏差质量为 126Gev 附近，发现希格斯玻色子存在的证据（虽然发言人说还需要花点时间去确认这些结果）. 这使当代物理学研究真正进入 LHC 物理的时代. 对其考察也就成了物理哲学和科学哲学问题，乃至工程哲学问题研究的前沿. LHC 物理不仅仅是国际合作的大科学，共有 85 个国家和地区近 10000 名科学家和工程师参加（包括中国科学院物理所和山东大学等几所高校组成的中国联合组的几百名研究人员，从事在 LHC 上所有

---

① 本章内容曾经发表在《自然辩证法研究》上. 参看李继堂、郭贵春《如何考察大型强子对撞机 LHC 物理的研究范式》，《自然辩证法研究》2013 年第 3 期.

四个大型探测器 ATLAS、CMS、ALICE 和 LHCb 的建造及其实验数据的物理分析工作），更重要的在于它是基础研究，因为它的基本目的是探索物质的内在结构、维持这些结构的基本相互作用力，以及更好地理解宇宙演化．LHC 的首要任务就是寻找希格斯玻色子，从而检验和发展粒子物理的标准模型，而粒子物理标准模型的理论基础是量子规范场论，如果找不到希格斯粒子，物理学家会发展标准模型，重点考虑超对称理论，甚至弦论．大科学 LHC 物理时代的科学哲学研究，应该深入理解 LHC 物理，建立在对 LHC 物理研究范式的考察基础之上，最终以 LHC 物理为案例揭示当代基础科学研究的范式．

第一节　作为理论物理和实验物理相结合典范的粒子物理标准模型

作为当代基础科学研究范式的典型代表，LHC 物理根植于当代物理学的量子场论等基础理论．狄拉克结合狭义相对论和量子力学，通过重整化完成量子电动力学，把量子电动力学的成功向核相互作用拓展时，使外尔的规范理论的思想得以复活，在量子场论中引入局域对称性原理，形成了以杨振宁—米尔斯理论为核心的量子规范场论，并在此基础上形成了所谓的粒子物理的标准模型．按照这个模型，物质由包括夸克和轻子在内的 48 种费米子构成，而它们之间的基本相互作用通过 13 种玻色子来传递，而所有粒子的质量都由 1 种希格斯玻色子的希格斯场来产生．这个模型预言的 62 种基本粒子也只有希格斯玻色子还没有找到．于是才有类似加来道雄（Kaku，1993）下面的说法："量子场论作为亚原子力的成功理论今天主要体现在所谓的标准模型中，事实上，目前还没有从标准模型中推导不出的已知实验（引力除外）．"[1] 加来道雄在同一本教科书中还指出："相对于 50 年代，那时物理学家们被淹没在没有一个理论框架来理解它们的实验数据当中，90 年代的情形可能相反，实验数据全部

---

① M. Kaku, *Quantum Field Theory: A Modern Introduction*, Oxford: Oxford University Press, 1993, p. 3, p. 14.

跟标准模型一致，结果是，没有重要线索来自实验，物理学家提出的都是在目前技术水平不能检验的理论．实际上，即便下一代粒子加速器也不足以排除目前研究的理论模型，换言之，50 年代是实验引导理论，而90 年代是理论引导实验．"[1] 也就是说，有了 LHC 后才能真正检验和发展粒子物理的标准模型，其实，自相对论和量子力学使科学进入高速微观领域之后，物理学研究常常是先根据数学推理提出理论再进行检验，从而判定其是否成功，并且通常每个环节都体现出大科学的特征．

事实上，粒子物理标准模型作为描述自然界基本粒子及其相互作用力的基本理论，包括弱电统一理论和量子色动力学两方面，是在量子场论取得一系列进展的基础上发展起来的．正如温伯格（S. Weinberg）在《标准模型简史》[2] 一文中回顾的："我将把大家带回到标准模型之前的20 世纪 50 年代，那是一个充满挫折与困惑的年代．本来 40 年代末量子电动力学的成功曾给基本粒子理论带来了一段蓬勃的发展，但很快整个领域就崩溃了．"[3] 并且一度对量子场论"丧失信心"．温伯格认为，直到五六十年代产生了三个出色的想法后局面才发生改变，第一个是 1964年盖尔曼与茨威格独立提出的夸克模型，第二个是 1954 年杨振宁和米尔斯提出的杨—米尔斯理论中的局域规范对称性，第三个是 1959 年南部阳一朗等人的自发对称性破缺思想．与此同时，在 20 世纪 30 年代搞清楚原子由电子、质子和中子组成（同时期还发现中微子）的基础上，从 40 年代到 60 年代利用宇宙射线和高能加速器，陆续发现自旋为半整数并且带电的 μ 子等轻子，自旋为整数的 π 介子、K 介子、η 介子、ρ 介子、ω 介子等，Λ 超子、Σ 超子、Ξ 超子等，以及自旋为半整数的 Δ 共振粒子和Ω 共振粒子，等等，当时把上百种这些粒子都统称为"基本粒子"．不过，那时候的量子场论还无法统一解释那些新发现的粒子，正如派斯（Pass）后来回顾的："我现在准备给出这个时期的一个一般性特征．观

---

① M. Kaku, *Quantum Field Theory*：*A Modern Introduction*，Oxford：Oxford University Press，1993，p. 3，p. 14.

② 原文是 "The Making of the Standard Model"，这里参看了卢昌海先生的译法叫作"标准模型的简史"．

③ S. Weinberg, "The Making of the Standard Model"，*The European Physical Journal C*，34，2004，pp. 5 – 13.

察到的现象显示出显著增加的复杂性；用新的现象学规则对它们进行描述，变成一致重要的和富于成果的新型活动，但它们的动力学解释却落在后面，并且使人们感到灰心丧气．它一直保持这种状况，直到 60 年代中后期出现了一种对新旧参半的、并以夸克和胶子等术语表述的强相互作用粒子的新描述，才引起了一场戏剧性的变化．"① "终于在 60 年代末温伯格（1967）和萨拉姆（1968）利用希格斯 1964 年提出的希格斯对称性机制"②，提出严格的弱电统一模型（跟格拉肖在 1961 年提出的最初模型结构上一致），并且在 1971 年和 1972 年霍夫特和韦尔特曼还证明了弱电理论是重整化的，而 1973 年格罗斯和波利茨两人与威尔茨克（Frank Wilczek）分别得出量子色动力学的完善数学模型，得到粒子物理标准模型，最终把基本粒子分成发生强、电弱作用的夸克（18 种）和只发生电弱作用的轻子（6 种），再加上它们的反粒子（24 种），以及传递这些相互作用的 13 种规范玻色子和 1 种产生所有粒子质量的希格斯玻色子，总共 62 种基本粒子．更重要的是，这个模型不仅解释了当时所有的实验观察现象，而且所预言的当时还没有发现的粒子，包括传递强作用力的胶子和传递弱作用的 W 和 Z 玻色子，分别于 1979 年和 1983 年被找到．可见，粒子物理标准模型建立在无数次失败和大量实验观察证据基础上，不仅是像量子场论这样理论物理的成功，也是高能实验物理的胜利，大有化学元素周期律昔日之风，甚至有过之而无不及，也像历史上的元素周期律，先有整个周期表再到自然界去按图索骥之势，不同之处在于粒子物理标准模型只有在大科学工程下才能完成．

　　总之，标准模型预言的 62 种基本粒子（包括太弱没观察到的引力子）只有希格斯玻色子还没有找到，回顾标准模型的成就，它真是理论物理跟实验物理相结合的典范，即便有一天它被超越，也对后来的理论

---

① ［美］阿白拉汉·派斯：《基本粒子物理学史》，关洪等译，武汉出版社 2002 年版，第 625 页．

② 事实上，准确点应该称恩格勒（François Englert）—布罗特（Robert Brout）—希格斯（Peter Higgs）机制，因为恩格勒和布罗特合作的论文是早两个星期发表的，甚至也有人称为 Englert-Brout-Higgs-Guralnik-Hagen-Kibble 机制，因为拉尔德·古拉尔尼克（Gerald Guralnik）和迪克·哈根（Dick Hagen）以及英国人汤姆·基伯（Tom Kibble）联合发表的论文晚了几个月，并且也得到同行重视，其细微处参见后文．

具有示范作用．量子规范场论基础上的粒子物理标准模型与之前 LHC 的观察实验已经开始相互证立．不过，LHC 物理最终证明的除了粒子物理标准模型之外，主要还是超出标准模型的新物理，而超出标准模型的新物理已经不仅仅是粒子物理的基础理论，也应该是天体物理和宇宙学等的基础理论．相应的新物理容易超出量子规范场论，LHC 物理也能够把理论研究和实验现象同时推向新的台阶．即便确定找到希格斯粒子，也会在 LHC 实验基础上发展超出标准模型的新物理，由于标准模型的理论基础是量子规范场论，到时人们会进一步重点考虑超对称理论、超引力、弦论，甚至全新的理论．考察大科学 LHC 物理的研究范式，就是要考察 LHC 是如何来甄别这些基础理论的．

第二节　作为基础研究中大科学工程的 LHC 物理的基本问题

在搞清楚粒子物理标准模型是如何建立起来的之后，再来考察 LHC 物理的研究范式，主要是考察 LHC 物理是如何来检验和发展粒子物理标准模型的，特别是用 LHC 来发展超出标准模型的新物理，从而总结出其中的研究范式．

第一，要明确 LHC 物理的基本目的是什么的问题．LHC 物理的目的是探索当代物理学前沿的基本问题，尤其是物质结构、基本作用力的统一以及宇宙的演化问题．当代物理哲学的出发点已经不仅仅是现成的一些哲学命题，也不是物质基本结构到底是哪些理论实体（粒子、场或者弦）的直接回答，而是重点考察关于这些问题的相关物理学理论（包括经典量子场论、量子规范场论、超对称理论、超引力和超弦理论）哪一个更完备、更可能和更有必要在实验上检验．

第二，要明确 LHC 的主要物理目标是什么的问题．考察粒子物理标准模型和超出标准模型的理论研究中，哪些是能够用 LHC 实验来检验的？应该说标准模型是人类有史以来最成功的理论，前 LHC 的实验跟标准模型的预言完全一致．然而，标准模型还有很多没有解决的基本问题，包括产生所有粒子质量的希格斯玻色子——这块标准模型的拱心石还没有最终确定找到，物质和反物质的细微不同、基本相互作用力的统一以及宇宙学中物质的起源问题和暗物质及暗能量的实质问题，这些都是当代物理学的前沿问题．而具体研究表明 LHC 要么能够找到希格斯玻色子，要么能够支持用超出标准模型的超对称等新物理来涵盖它，其他问题也有可能得到答案．

第三，针对物理学前沿问题如何规划和设计大科学装置 LHC．主要是四个大探测器的设计，ATLAS 和 CMS 主要用来发现希格斯粒子以及检验超对称模型和多希格斯模型的预言，ALICE 主要用来研究早期宇宙 QCD 预言的打破"色禁闭"的"夸克—胶子等离子体"之类的相变，LHCb 主要用来研究"味"物理以解释宇宙中正反物质不对称的问题．另外还要考虑到，历史表明往往还会有无法预料的新发现．

第四，考察大科学装置 LHC 是如何具体建成的．作为人类有史以来最庞大、最复杂的大科学装置，没有周密组织、创造性实施和细心监管是不可能的，尤其是如此巨额预算的国际合作项目，必定考虑诸多因素，包括项目启动时核心技术、生产工艺和仪器制造本身，各成员国的国家利益和工业回报，如何在尽量降低成本和完成目标之间寻找平衡，以及紧张的预算和工期要求尽量降低基本部件研制和加工的时间，还要考虑到企业倒闭、超支和争吵之类的情况出现．

第五，考察 LHC 物理是如何来处理和分析实验数据的．LHC 对撞时记录下的海量信息达到每秒 1petabyte（1PB = 10^{15} byte，相当于 20 万张 DVD），即便在线压缩后，每年也会以 15PB 的速度增加，如何管理如此巨大的信息使其最终进入分布在全世界的几千位科学家的手中进行分析呢？对此有人专门提出一门 E-science 新学科，也是 LHC 物理研究范式的一部分．

第六，在上述考察基础上才能总结大科学 LHC 物理中的科学研究范式，特别是上述考察的每一步是如何影响 LHC 新物理的．总体而言，LHC 物理的研究范式跟之前的研究模式比，不是简单地从实验归纳出理论也不是通常说的理论决定我们能观察到什么，而是理论物理和实验物理在大科学工程中交错重叠的反复过程．

第三节　作为基础研究中大科学工程的 LHC 物理的新特征

在 LHC 物理出现之前人们就认识到，大科学时代科学研究的科学技术一体化、数学化、高度综合化与分化、全球化和国际化以及大科学跟实验和社会经济文化密不可分的特征．考察大科学 LHC 物理的研究范式，一定要反映出当代基础科学研究范式的特征，除此之外，还要注意到作为基础研究的大科学工程的 LHC 物理新的特征．

首先，LHC 物理对粒子物理标准模型的检验，不仅仅是一般意义上的科学技术一体化，而且在各个环节都体现出大科学工程的工程化特征，可谓科学的工程化或者基础科学研究的工程化，并且不单是大科学装置建造工程的狭义工程化，每个环节都具有大工程的意义．由于粒子物理的标准模型涉及整个当代物理基础理论中把相对论和量子力学结合起来的各种量子场论（经典量子场论、量子规范场论、超对称理论、量子引力理论，甚至弦论）、原子物理和核物理以及相关的各种数学理论，使其在这些理论探索的层面上都牵涉到全世界的科学家，而体现出理论物理的工程化研究．在 LHC 大装置的规划、设计和建设方面的大工程特征更不必多言，包括对其实验数据的获取、储存、分类、分析和处理都具有大工程特征．此外，为了得到社会资助，其宣传普及在基础研究中也是空前的．

其次，作为基础研究中的大科学工程，在处理小科学与大科学关系问题方面也独具特色．LHC 物理这样的大科学工程，固然与传统的科学家个人单枪匹马的沉思和独自在私人实验室的情形形成鲜明对比，但是两者并不是的．由于大科学装置成为科学研究不可替代的必需品，其科学方法也发生了相应的改变，但是，两者在科学研究的目标、价值和动机方面是一样的，科学家的求知欲和科学信念没有变，都是为了扩展人类知识和探索真理．特别是，既有主要目标是探索微观世界的基本粒子及其相互作用力的 ATLAS 和 CMS，又有主要用来研究整个宇宙产生和演变规律的 ALICE 和 LHCb．所以，LHC 物理在研究的思维方法上，不存在所谓认识论上的"深度研究"与"泛泛研究"、"还原"与"建构"以及"基础主义"与"多元主义"之间的冲突. 这与小科学背景下的不同科学家沿不同思路探索的效果接近. 同时,LHC 物理还可以避免个人研究往往会犯的低水平重复等毛病. 甚至,由于 LHC 物理作为基础研究无密可保,任何个人都可以关注和加入包括其实验数据的分析处理在内的研究活动中来. 总之,在 LHC 物理中大科学工程和小科学的关系应该是一种互补关系,或者像生态系统中不同物种间的生态平衡关系.

最后,LHC 物理作为有史以来最复杂、最具野心的基础研究工程,由于是基础研究,其全球化和国际化更加明显. LHC 大科学工程与社会经济的关系也有新的特征,特别是容易做到真正的国际合作,能够避免单靠一个国家(哪怕是超级大国)财政支持的缺陷. 比如,1993 年 12 月被美国国会取消而下马的超导超级对撞机(Superconducting Super Collider,简称 SSC)项目,取消的原因主要是费用增加和预算赤字以及国际合作等问题. 相比之下,LHC 物理的真正国际合作得到包括美国在内更多的支持.

总之,当代物理学根据物理学基本原理和庞大的数学体系,提出了一系列引人入胜的理论物理学理论,还必须通过实验物理的检验才能成立,特别是 LHC 物理把理论物理中比较坚实的理论体系、大科学装置技术和经费的可行性结合起来实现其科学目标,体现出当代基础科学研究范式的特征,具有重要的科学方法论意义. 因此,LHC 物理虽是大科学工程更是基础研究,我们不但要从科学社会学、科学知识社会学以及科技管理层面,更重要的要从科学本体论、科学认识论和科学方法论层面,特别是科学研究的方法论角度考察. 为此,考察 LHC 物理的研究范式,一定要先考察 LHC 物理在理论上的充分准备,包括从哲学思考到理论体系的完善、从理论体系到理论预测;然后才是大科学装置 LHC 的规划、设计和建造;最后是实验数据的获取、处理和分析,并最终回到理论本身. 考察 LHC 物理的研究范式就在于,始终抓住 LHC 物理的目标在于检验标准模型和发展新物理,通过考察理论实体—数学结构—物理内容—前沿问题—大科学装置—实验运行—经验数据—数据分析等一系列环节,并重视理论模型和实验模型的作用,揭示当代基础科学的研究范式是追求更加统一的理论体系跟更加广泛的实验现象相互证立的过程,最终搞清楚当代基础科学前沿的研究范式.

第四节　大型强子对撞机 LHC 物理背后的基本哲学问题

当代基础科学研究的范式问题，完全可以通过粒子物理标准模型的 LHC 检验来考察，而粒子物理标准模型的 LHC 检验最终是想回答基本粒子到底是什么的问题. 如果基本粒子是些理论实体（entity），那么到底是粒子、场还是弦？如果是些数学结构（结构实在论等结构主义的观点），那么是些什么样的表象（representations）？它们与经验证据有什么样的关系？借助 LHC 物理，在回答这些问题的基础上评判量子场论的发展方向. 这些问题包括：

1. 理论实体的问题，是一个典型的物理学中的哲学问题，甚至是一个让物理学家也无可适从的问题. 要看清粒子、场和弦（膜）哪个更基本，就要理清各种量子场理论中相对论、量子力学、经典量子场论、规范场论、超对称物理、量子引力和超弦理论之间的关系，尤其是要看各种量子场论中哪一个把相对论和量子力学结合得更好（理论上和实验上），更能和 LHC 相吻合. 比如，如果认为场比粒子更基本，就是认为规范场论已把相对论和量子力学结合得够好，随后就要为量子规范场论中的重整化问题辩护，因为如果重整化只是计算上的约定，与规范场论内部没有逻辑必然性的话，就不能认为场是更基本的，等等. 可见，这个问题可能在搞清楚各种量子场论的理论结构后得到更好讨论.

2. 数学结构的问题，既是一个数学问题，也是一个哲学问题. 当代量子规范理论有一个统一的数学框架是纤维丛理论. 按照纤维丛理论，标准模型中的基本粒子是作为一些数学对象来表示的，物质场可以用时空流形上矢量丛的切面表示，规范力场可以用主丛上的联络表示，物质场和规范场之间的相互作用可以通过相互作用丛和相应的相互作用粒子丛进行研究. 在粒子物理的标准模型中，一个基本粒子只能表示成如此这般的数学结构. 比如，著名的标准模型中的规范群 $SU(3) \times SU(2) \times U(1)$，能把强作用跟统一在一起的电磁作用和弱作用结合起来，其有限维不可约表示决定了基本粒子的多重态. 问题在于这些数学结构和物理内容的对应关系如何？也就是说存在一个数学结构是否超出物理内容的问题，以及粒子物理的标准模型的数学结构与 LHC 物理的相关性问题．

3. 经验证据的问题，首先是一个关系到我们支持实在论还是经验主义的问题．在理论实体—数学结构—物理内容—经验数据的关系链中，如果强调理论实体和数学结构的连续性，就容易支持实在论；如果强调物理内容和经验证据的优先地位，就容易支持经验主义．其实，标准模型与经验之间的关系有两方面，一方面是标准模型中有 20 个参数，是无法从规范原理这种一般性原理直接推导出来的，而只能通过实验来确定；另一方面，使标准模型所预言的 62 种基本粒子产生质量的希格斯玻色子，这正是 LHC 的首要目标．所以经验证据的问题将把人们的注意力集中到 LHC 物理上．

4. 大型强子对撞机 LHC 的科学研究范式问题．2006 年斯坦福（P. Kyle Stanford）在《超出我们的理解力：科学、历史和没想到的替代问题》一书中，根据生物遗传学史的案例分析，发展了"不充分决定论据"和"悲观的元归纳证据"，提出了一个"没想到的替代问题"，认为科学家们总是无法对当时的理论做出有把握的选择。即使当时这些选择已经有确定证据，并且这些理论已经进入下一步的科学研究之中．通过把理论实体、数学结构、物理内容和经验证据结合起来的方式发展结构实在论，以回击反实在论"没想到的替代问题"这种新的"组合拳"．一方面，从科学史来看，粒子物理的标准模型不仅不是从经验事实归纳总结出来的，而且许多基本粒子及其性质都是由同一个标准模型预测的，甚至每种基本粒子的经验性质都由同样的数学结构来描述。也就是说，不仅不是同一个经验事实对应着多个理论模型，而且是多个经验事实对应着同一个理论模型，这就可能反击了不充分决定论据．另一方面，如前所述，就粒子物理的标准模型这一具体理论而言，物理学家们花费巨资建造大型强子对撞机 LHC，这一事实本身说明，科学家们在很大程度上是选择了粒子物理的标准模型，而且是在无数次实验中实际选择了标准模型．另外，科学实在论和反实在论之争还跟科学进步问题紧密结合在一起，因为反科学实在论认为"不充分决定论据""悲观的元归纳证据"和"没想到的替代问题"不仅反驳了科学实在论，而且论证了人类无法判断科学是否进步的问题；相反，科学实在论却是支持科学进步的．当然，科学实在论的问题一直和基本粒子的存在直接相关.

总之，LHC 在每次碰撞中一个质子就能达到 7Tev 的高能，碰撞频率每秒达到上百万次，无论是其实验的设计和管理，还是实验数据的处理和分析都是空前的. 由于 LHC 项目是国际化基础研究，不仅无密可保而且还积极宣传，使得我们可以直接对 LHC 物理的理论体系、大科学装置、实验数据（包括再回到理论体系）等各个环节进行研究，得出 LHC 物理的研究范式. 特别是，要把当今最基础、最复杂、最国际化、最前沿、最主流的 LHC 物理的研究范式搞清楚，就要先通过分析各种理论的数学结构和物理预言，然后再来考察理论模型与实验数据之间的关系问题. 当然，数据的积累和分析有个过程，而且 LHC 物理会持续研究十几年，所以需要跟踪研究.

第十三章　大型强子对撞机的探测器 ATLAS

　　大型强子对撞机 LHC 物理理所当然包括大科学装置. 本章介绍大型强子对撞机的 ATLAS 探测器，特别是 ATLAS 探测器的各个部分，以及其中的数据传输、储存和分析，包括电子、缪子等微观粒子的重建和本底，乃至寻找希格斯粒子的不同衰变道分支比.

第一节　探测器 ATLAS 的总体设计

　　大型强子对撞机 LHC 设备[①]，是一座位于瑞士日内瓦近郊欧洲核子研究组织 CERN 的粒子加速器与对撞机[②]，作为国际高能物理学研究之用. LHC 建造完成后，北京时间 2008 年 9 月 10 日下午 15：30 正式开始运作，成为世界上最大的粒子加速器设施. 但在 2008 年 9 月 19 日，在 LHC 第三与第四段

---

　　① 关于 LHC 设备介绍可以参看官方网站 http：//lhcathome. web. cern. ch/. 值得强调的是作为人类基础研究的 LHC 开放度很大，基本上是一般学术性机构都可以查阅到相对多的研究资料. 这里为了体现我国科学家参与 LHC 的情况，我们参考百度百科的介绍. 另外，山东大学直接参与 ATLAS 的建造，为了行文结构和内容的完整性，下面许多地方直接引用该校博士论文里的一个介绍性的内容，在此一并致谢.

　　② 缩略词 "CERN" 在法语里原本代表欧洲核子研究理事会（ConseilEuropéenPour laRechercheNucléaire），是一个 1952 年由 11 个欧洲政府建立的，临时为实验室设定的理事会. 临时理事会被解散后，新的实验室在 1954 年被改名为 "欧洲核子研究组织"（OrganisationEuropéenne Pour LaRechercheNucléaire），这个缩略词仍然被保留着.

之间，用来冷却超导磁铁的液态氦，却发生了严重的泄漏，导致对撞机暂停运转．LHC 是一个国际合作的计划，由 34 国超过两千位物理学家所属的大学与实验室，所共同出资合作兴建的．LHC 包含了一个圆周为 27 公里的圆形隧道，因当地地形的缘故位于地下 50 米至 150 米之间．这是先前大型电子正电子加速器（LEP）所使用隧道的再利用．隧道本身直径 3 米，位于同一平面上，并贯穿瑞士与法国边境，主要的部分大半位于法国．虽然隧道本身位于地底下，尚有许多地面设施如冷却压缩机，通风设备，控制电机设备，还有冷冻槽等建构于其上．加速器通道中，主要是放置两个质子加速束管．加速管被超导磁铁所包覆，以液态氦来冷却．管中的质子是以相反的方向，环绕着整个环型加速器运行．除此之外，在四个实验碰撞点附近，另有安装其他的偏向磁铁及聚焦磁铁．

两个对撞加速管中的质子，各具有的能量可以达到 7 TeV（兆兆电子伏特），总撞击能量达 14 TeV 之高．每个质子环绕整个储存环的时间为 89 微秒（microsecond）．因为同步加速器的特性，加速管中的粒子是粒子团（bunch）的形式，而非连续的粒子流．整个储存环将会有 2800 个粒子团，最短碰撞周期为 25 纳秒（nanosecond）．在加速器开始运作的初期，将会以轨道中放入较少的粒子团的方式运作，碰撞周期为 75 纳秒，再逐步提升到设计目标．在粒子入射到主加速环之前，会先经过一系列加速设施，逐级提升能量．其中，由两个直线加速器构成的质子同步加速器（PS）将产生 50 MeV 的能量，接着质子同步推进器（PSB）提升能量到 1.4GeV．而质子同步加速环可达到 26 GeV 的能量．低能量入射环（LEIR）为一离子储存与冷却的装置．反物质减速器（AD）可以将 3.57 GeV 的反质子，减速到 2 GeV．最后超级质子同步加速器（SPS）可提升质子的能量到 450 GeV．60 余名中国科学家（其中近 40 人为台湾科学家）参与强子对撞机实验．4 个主要实验均有中国科研单位和高校参与，分别为：中科院高能物理研究所、中国科技大学、山东大学、南京大学参与 ATLAS 实验；中科院高能物理研究所、北京大学参与 CMS 实验；华中师范大学参与 ALICE 实验；清华大学参与 LHCb 实验．在 LHC 加速环的 4 个碰撞点，分别设有 5 个探测器在碰撞点的地穴中．其中超环面仪器（ATLAS）与紧凑渺子线圈（CMS）是通用型的粒子探测器．其他 3 个——LHC 底夸克探测器（LHCb）、大型离子对撞器（ALICE）以及全截面弹性散射探测器（TOTEM），则是较小型的特殊目标探测器．LHC 也可以用来加速对撞重离子，例如铅（Pb）离子可加速到 1150 TeV．其中 ATLAS（A Toroidal LHC Apparatus）和 CMS（Compact Muon Solenoid）是两个通用探测器，旨在探讨广泛的物理研究，包括寻找希格斯玻色子、超对称子、暗物质和额外维度．它们都由同心的 4 个子系统组成，分别是：内部探测器、电磁量能器、强子量能器和 μ 子谱仪．

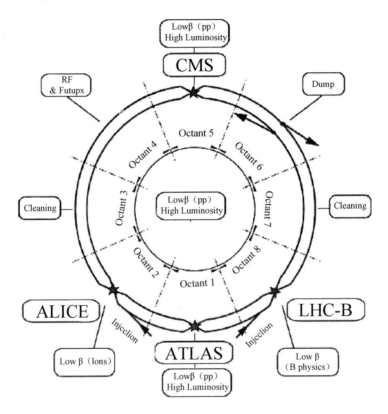

图 13—1　各个大型探测器的区域图．源自 SPS 的质子束注入区域 2 和区域 8，分别是 ALICE 和 LHC 实验装置所在之处．几千块超导磁化钢圈控制两束反向的质子束在约 27 公里的 LHC 隧道里面

注：图片源自 CERN．

ATLAS 是"A Toroidal LHC Apparatus"的缩写，本意是超导环场探测器，一个 LHC 上的多用途探测器谱仪（而在希腊神话中 ATLAS 是巨人族

的一员，科学家希望 ATLAS 探测器重任在肩）．ATLAS 主要用于完成
LHC 探测希格斯机制的目标，是 1992 年就提出的设计方案，总重量约
7000 吨，总投资 4.7 亿瑞士法郎．ATLAS 由多种子探测器组成，包括用
于重建带电粒子的轨迹，并且测量它们的动量的内层探测器、测量沉积
其中的粒子能量的量能器以及探测并测量 μ 子动量的 μ 子谱仪．ATLAS 实
验内容包括寻找希格斯玻色子、超对称模型、基本费米子的复合模型以
及超维，等等，这里重点考察希格斯机制能否在 ATLAS 上得到实验数据
的判据．

希格斯机制是粒子物理标准模型的一部分，标准模型中群 U（1） ×
SU（2） × SU（3）对应的粒子物理系统的拉格朗日量为[①]：

$$L_{SM} = \int -\frac{1}{4} B_{\mu\nu} B^{\mu\nu} - \frac{1}{4} W_{\mu\nu} W^{\mu\nu} - \frac{1}{4} G_{\mu\nu} G^{\mu\nu}$$

其中，L_{SM} 表示标准模型的拉格朗日量，$B_{\mu\nu}$、$B^{\mu\nu}$ 是规范场 U（1）的元素，
$W_{\mu\nu}$、$W^{\mu\nu}$ 是规范场 SU（2）的元素，$G_{\mu\nu}$、$G^{\mu\nu}$ 是规范场 SU（3）的元素．
而 SU（2）部分对应弱相互作用，希格斯对称群 SU（2）和电荷 -1 的 U
（1）对应的场是个复旋量：$\varphi = \frac{1}{\sqrt{2}}\begin{pmatrix} \varphi^+ \\ \varphi^0 \end{pmatrix}$，其中 φ 代表希格斯场，φ^+、φ^0
分别代表场的正电和不带电部分．

希格斯场的拉格朗日量又可以表示为[②]：

$$L_H = \left| \partial_\mu + \frac{i}{2}(g' Y_W B_\mu + g\tau \overline{W}_\mu) \right|^2 - \frac{\lambda^2}{4}(\varphi^* \varphi - v^2)^2$$

其中，L_H 是希格斯场的拉格朗日量，g' 是电磁耦合常数，g 是弱耦合常
数，λ 是希格斯玻色子的耦合强度，ν 是真空预期值．正是真空预期值不
为零并且可以通过置 $\varphi^+ = 0$ 和 φ^0 为实数而赋予玻色子质量．可见，希格
斯机制融入了标准模型之中．当然，理论物理学家也可以对标准模型进
行扩充或者提出不带希格斯玻色子的理论，比如流行的扩充模型是最小
超对称模型．

具体来说，在 LHC 上的 ATLAS 和 CMS 寻找希格斯玻色子是把产生

---

① 孟召霞：《利用 ATLAS 探测器测量质心能量 $\sqrt{S} = 7\mathrm{Tev}$ 下 $W \to \tau\nu$ 的反应截面》，博士学
位论文，山东大学，2011 年，第 8 页．

② 同上．

和衰变结合起来，特别是测量希格斯粒子质量时，有两种可能的过程．第一种是胶子和胶子熔合产生希格斯粒子，然后衰变到两个光子．第二种是弱玻色子和弱玻色子熔合产生希格斯粒子，然后产生一个实的中性玻色子（Z）和一个虚的中性玻色子（Z^*），再衰变成两对带电轻子（$\bar{L}_1\bar{L}_1$）．这些都是要靠实验探测器运行和对实验数据的分析来判断．

ATLAS 实验探测器又是如何探测新粒子的呢?[①] ATLAS 探测器又由不同目的的子探测器组成，包括由内而外的内层探测器（ID）、螺旋管磁铁（Solenoid）、电磁量能器、强子量能器和 μ 子谱仪[②].ID 为了实现目标，又分成三种子探测器，由内而外分别为：像素探测器（pixel），半导体轨迹探测器（SCT）和穿越辐射轨迹探测器（TRT）．各个子探测器又有自己的组成部分．量能器安装在内层探测器之外，包括电磁量能器和强子量能器，用来测量由 p-p 对撞产生的粒子的沉积能量．而内层探测器主要用于重建 p-p 对撞所产生的带电粒子并且测量其动量．这样，包括上述测量希格斯粒子质量的两个过程中产生的粒子能量和动量都能探测．为了减少 ATLAS 探测器的数据读出频率（从 40MHz 减到 200Hz），在 AT-LAS 上的触发分成三个级别：第一个是基于硬件的 LVL1，第二和第三个是基于软件的 LVL2 和 EF．通过触发的数据形式是原始数据 RDO，RDO经过重建写到 ESD（Event Summary Data）中，ESD 再进行重建写到 AOD（Analysis Object Data），它们都由 ATLAS 数据读取和重建的框架结构（第 16 版的 Athena 软件支撑）规定．总而言之，根据 ATLAS 探测器记录的数据就能够分析计算出希格斯粒子是否存在．

第二节　ATLAS 探测器的内部结构

LHC 的高能量和高亮度可以用来检验粒子物理标准模型，而 ATLAS探测器的目的就是要验证标准模型的电弱理论，特别是寻找希格斯玻色

---

① 孟召霞：《利用 ATLAS 探测器测量质心能量$\sqrt{S}=7\text{Tev}$ 下 W→的反应截面》，博士学位论文，山东大学，2011 年，第 13—26 页．

② 注释：山东大学 LHC 合作组为 ATLAS 研制安装 400 台 μ 子谱仪．

子．希格斯玻色子衰变有不同的末态，比如双光子（γγ）、双 W 玻色子、双 Z 玻色子、双轻子（ττ），等等，为了探测到所有这些末态，ATLAS 探测器必须能够对电子、缪子和光子都有很高的分辨率；对底喷注的标记必须具有很好的二级 e 顶点的重建效率；必须有很好的 τ 轻子的重建效率；对丢失能量和喷注必须有很高的分辨率．而且，由于对撞机的粒子团的时间间隔只有 25 纳秒，这对于探测器的触发系统提出了很高要求．由于每个粒子团包含的质子数目太大，故每次碰撞都有可能是不止一个质子的贡献，这种现象叫作堆积效应（pile-up effects），比如对撞机设计条件下平均每个粒子团之间的交叉对撞就有 23 个质子对发生相互作用．

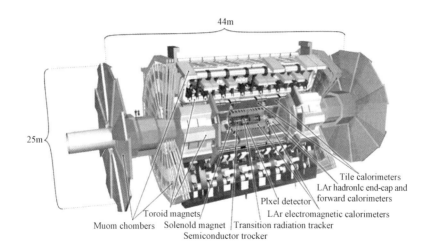

图 13—2　ATLAS 的示意图（其高度是 25 米，
长度 44 米，总重量达到 7000 吨）

注：源自于 CERN.

影响 ATLAS 探测器的精确性的内部结构主要在于以下三个方面．[①]

一、内部探测器

大型强子对撞机设计的瞬时亮度是 $10^{34}\,\mathrm{cm^{-1}s^{-1}}$．在赝快度绝对值小

---

① 李海峰：《利用 ATLAS 探测器在 7TeV 质子对撞数据中寻找 H→WW＊→LνLν 衰变道的标准模型希格斯粒子》，博士学位论文，山东大学，2012 年．

于 2.5 的探测器区域，每 25 秒就会有大约 1000 条径迹从对撞点发出．为了达到快速测量的效果，由内而外有三部分探测器①：像素探测器（Pixel），硅径迹探测器（Silicons T racker，简称 SCT），最外面的穿越辐射径迹探测器（Transition Radiation Tracker，简称 TRT）．如图 13—3 所示．

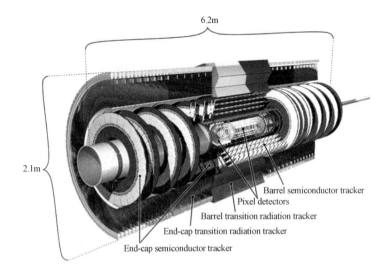

图 13—3　ATLAS 的内部探测器剖面图

注：源自于 CERN.

像素探测器高度模块化，含有约 1500 个桶部模块和 700 个磁盘模块，这使它具有非常良好的位置的识别能力．像素探测器桶部共有三层，两个端盖各有三个磁盘．所有层总计含有 1.4 亿个探测器元．每个元的大小是 $\Delta_{R-\Phi} \times \Delta_z = 50\mu m \times 400\mu m$. 在 R－Φ 平面的分辨率达到 $10\mu m$，而在 z 方向分辨率为 $115\mu m$.

硅微条探测器（SCT）有快速的电子反应和良好的模式识别能力．在内部探测器中间的半径范围内，它提供额外径迹的动量测量和位置测量．

————————

　　① 下面介绍内容主要参考 Moritz Backs, *Measurement of Inclusive Electron Cross-Section from Heavy-Flavour Decays And Search for Compresses Supersymmetric Scenarios with the ATLAS Experiment*, Springer, 2014, pp. 55 - 70；王锦《ATLAS 实验 7TeV 对撞能量下单顶夸克 T 道产生截面测量》，博士学位论文，山东大学，2012 年．

SCT 是由四个桶部层和两个端盖组成，每个都有九个轮子．SCT 共有 4088 个模块，每个大小为 $\Delta_{R-\Phi} \times \Delta_z = 6.36\mu m \times 6.40\mu m$．SCT 涵盖的赝快度范围为 $|\eta| < 2.5$，在 $R-\Phi$ 平面的分辨率达到 $16\mu m$，而在 z 方向分辨率为 $580\mu m$．

穿越辐射探测器（TRT）系统是基于大量直径为 4 毫米的稻草状漂移管．TRT 具有非常快的响应速度，并且能够提供精确的位置能量测量，它在 $R-\Phi$ 平面的分辨率优于 $50\mu m$．TRT 桶部有 73 层交错的稻草状漂移管，端盖部分是由 160 个稻草状漂移管形成的平面．动量 $PT > 0.5GeV$，$|\eta| < 2.0$ 的径迹将穿过 36 个稻草状漂移管，在 $0.8 < |\eta| < 1.0$ 内最少数量因为端盖部过渡会减少到 22 个．TRT 可以测量穿越辐射的大小，用于将电子与其他粒子区分开来．

二、量能器

量能器主要用来探测和识别电子、光子、喷注，并且测量他们的能量[①]．ATLAS 探测器有两种液氩（LAr）量能器，电磁量能器（ECal）和强子量能器（HCal）．电磁量能器紧靠着内部径迹探测器，包括桶部电磁量能器（EMB）（$|\eta| < 1.475$）和端盖电磁量能器（EMEC）（$1.375 < |\eta| < 3.2$）．强子量能器在电磁量能器的外部，由瓦片量能器（scintillating tile calorimeters）（$|\eta| < 1.7$），端盖强子量能器（HEC）（$1.5 < |\eta| < 3.2$）和向前量能器（FCal）（$3.1 < |\eta| < 4.9$）组成．如下图所示：

1. 电磁量能器．电磁量能器的桶部量能器在纵向方向上分为三层，这三层的探测单元粒度各不相同．下面图 13—4 显示了电磁量能器的桶部模型及其三层的粒度．第一层是沿 η 方向进行最精细分割，而中间层和后层单元逐渐变大．大多数电子和光子的能量将沉积在中间层，后层将收集电磁簇射的尾部．在最前面还有一个预取样层（$|\eta| < 1.8$），用来纠正粒子到达电磁量能器前的能量损失．

---

① 王锦：《ATLAS 实验 7TeV 对撞能量下单顶夸克 T 道产生截面测量》，博士学位论文，山东大学，2012 年，第 28—30 页．

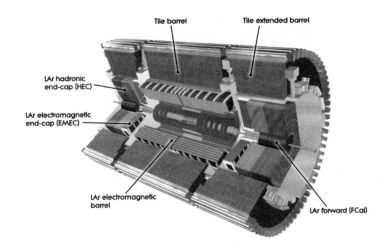

图 13—4 ATLAS 探测器量能器系统的整体示意图

注：源自于 CERN.

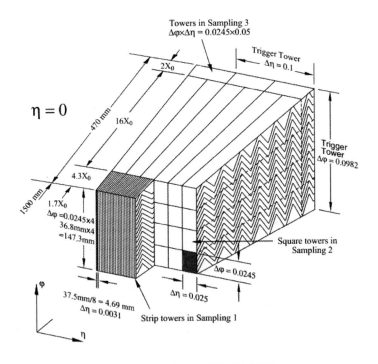

图 13—5 电磁量能器的桶部模型

注：源自于 CERN.

2. 强子量能器. 强子量能器的目标是能良好地测量强子的能量. 它比较厚, 要容纳整个强子簇射以及介绍强子在到达 μ 子谱仪之前的泄漏. 桶部量能器使用铁为吸收物质和用塑料闪烁体为探测介质. 强子量能器的端盖液氩探测器在对称量能器的端盖后边 ($1.5 < |\eta| < 3.2$), 使用液态氩作为活性材料. 前端量能器可以覆盖 $3.1 < |\eta| < 4.9$ 区域. 前端量能器的分段密集, 可以用来重建前方喷注.

三、缪子探测器

缪子探测器通过测量缪子径迹的曲率来测量缪子的动量和能量, 其分辨率要求较高, 探测效率大, 并且能够很强地排除假的缪子径迹, 其探测径迹和能量可以达到 $|\eta| < 2.7$ 和 1Tev—3Tev. 此外, 还用来作为缪子的触发系统, 选择缪子数据.[1]

缪子谱仪被放置在 ATLAS 探测器的最外层, 如图 13—6 所示. 缪子探测器由四部分组成: 监控漂移管 (MDTs)、阻性板室 (RPCs)、薄间隙室 (TGCs) 和阴极条室 (CSCs). 监控漂移管 (MDT) 提供精确的缪子动量的测量, 覆盖区域 $|\eta| < 2.7$. 达到的平均分辨率为每管 $80\mu m$. 阴极条室 (CSC) 以阴极条为读出单位的多丝正比室, 具有更高的粒度, 能够提供更好的数据分辨率. 因此, 在其前内部层 $2 < |\eta| < 2.7$, 每室的分辨率可以达到 $40\mu m$, 而在横向平面内, 分辨率约为 5 毫米. 阻性板室 (RPC) 和薄气隙室 (TGC 增益) 作为触发室, 是缪子系统的另一个重要组成部分. RPC 覆盖桶部区域地区 $|\eta| < 1.05$. 它们的空间—时间分辨率为 $1cm \times 1ns$, TGC 的覆盖 $1.05 < |\eta| < 2.4$.

四、触发系统和数据采集[2]

由于 LHC 设计的亮度高达 $10^{34} cm^{-2} s^{-1}$, LHC 运行时每秒有 4000 万束交叉, 每次束交叉产生 23 次对撞. 这样每秒产生的事例数是非常巨大的 (事例率高达 40MHz). 全部记录所有事例是不可实现的, 触发系统

---

① 王锦:《ATLAS 实验 7TeV 对撞能量下单顶夸克 T 道产生截面测量》, 博士学位论文, 山东大学, 2012 年, 第 31—35 页.

② 同上.

用来减少需要记录的事例率，选择物理上感兴趣的事例. ATLAS 探测器中
有三级触发系统，即一级触发 L1 （LEVEL1 RIGGER）、二级触发 L2
（EVEL2 TRIGGER）和事例筛选触发 EF （EVENT FILTER），后两个也称
为高级触发 （HLT）. 触发系统如图 13—7 所示.

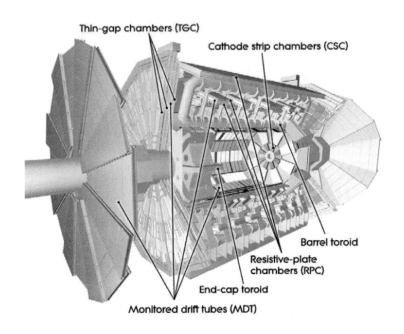

图 13—6 ATLAS 缪子探测器系统的剖面图

注：源自于 CERN.

L1 触发器是一种基于硬件的系统. 它有一个横向动量选择阈值，选
择的对象包括缪子、电子、光子、陶子、喷注，缺少横向能量和总的横
向能量. L1 触发由三部分组成：量能器触发 （L1 Calo），缪子的触发器
（L1 MuON），和中央的触发信号处理器 （CTP）. L1 触发定义感兴趣区
域，将事例率从 40MHz 降低到 75kHz. 在 1 级触发选择的延迟时间内，完
整的事例数据被保持在探测器前端电子学的在管记忆体内. 只有被 L1 触
发器选择的数据会转移到读出驱动器 （RODs），并且暂时存储在读出缓
冲器 （ROBs）.

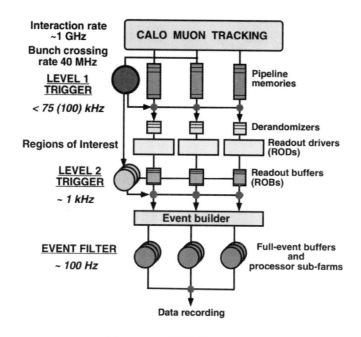

图 13—7　为触发器的示意图

注：源自于 CERN.

L2 触发是基于软件的触发系统，它使用 ROBs 中所有的 RoIs 相关数据．它将利用全部的探测器信息改进候选粒子的选择．经过 L2 触发后，事例率减少到 3.5kHz. L2 触发选择的事例被转移到事例重建系统，并且最终被 EF 触发选择．EF 触发使用离线的算法和工具，在几秒内完成事例选择和分类，将事例率减少到约 200Hz.

第三节　ATLAS 上的数据传输、储存和分析

一开始，ATLAS 降低事例率的方案就建立在三级触发（事例选择）的基础上，如图 13—8 所示[1]：

---

[1]　Livio Mapelli and Giuseppe Mornacchi，"The Why and How of the ATLAS Data Acquisition System"，*At the Leading Edge-The ATLAS and CMS Experiments*，Dan Grreen（ed.），World Scientific，2010，p. 401.

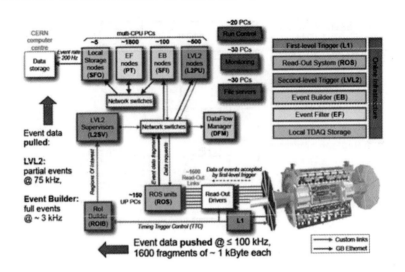

图 13—8 ATLAS 触发器和数据获得的结构

注：源自于 CERN.

更具体的 ATLAS 数据存储格式和流程，如图 13—9 所示[①].

各种数据分类：

RAW 数据：RAW 数据是事例过滤器（最后一级触发）输出的准备用来重建的原始数据，每个事例占用大概 1.6MB，输出频率为 200Hz，其数据格式为直接从探测器来的字节流（byte-stream）.

ESD 数据：ESD（event Summary Data）数据是指重建后的事例数据.它记录了刻度和重新重建信息外大多数物理分析感兴趣的信息.ESD 存储的格式为面向对象表示的 POOL ROOT 文件.每个事例大约为 500KB.

AOD 数据：AOD（Analysis Object Data）是一种从 ESD 来的缩小了的事例表示格式，适合用来做分析.它记录了物理对象和其他物理分析感兴趣的信息.格式为面向对象表示的 POOL ROOT 文件，每个事例约为 100KB.

TAG 数据：TAG 数据是事例级别的原数据（metadata），存储了事例的模拟、重建等关系和很少的能够对感兴趣事例做出高效鉴别和选择的

---

① 战志超：《在 ATLAS 实验数据中寻找超对称粒子和电子的判选》，博士学位论文，山东大学，2011 年，第 40—44 页.

信息．TAG 数据存储在关系数据库中，平均大小约为 1KB.

DPD 数据：DPD（derived Physics Data）是一种基于 ntuple 模式的事例表示格式，用来给终端用户分析和作图，现在主要的物理分析样本都是用 DPD.

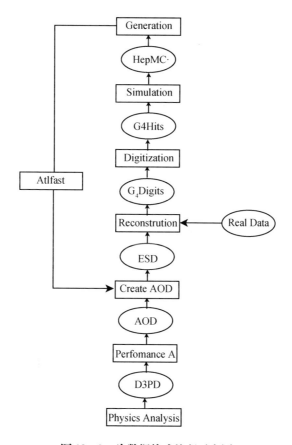

图 13—9 为数据格式流程示意图

注：源自于 CERN.

SIM 数据：SIM（Simulated Event Data）指那些从产生子开始到模拟探测器的作用和反应的一系列数据类型．同时也包括一些堆积（pile-up）、空穴（cavern）本底．这些事例可以在上述的任意阶段存储成 POOL ROOT 文件．数字化之后的事例也可以存成子节流的格式，从而可以进行触发的研究．这些通过探测模拟后的事例由于有"真"信息，通常比真实数据的 RAW 数据大，约为 2M/事例.

ATLAS 的数据储存和处理主要由网络技术实现，其分布式计算系统分为以下部分：

Tier-0：Tier-0 设备在 CERN 中，用来存储和发送最早从事例触发器来的 RAW 数据. 它提供刻度流（calibration stream）和快速流（express stream）的重建，然后进行第一轮的主数据流的重建，并且把 ESD、AOD 以及 TAG 等数据分发到 Tier-1. 稍后，Tier-0 将自动进行更进一步的刻度任务.

TiER-1：在时间范围内大约有十多个 Tier-1 为 ATLAS 服务. 它们负责保留一部分 RAW 数据，同时它们也辅助重新运行 RAW 数据，并在 ATLAS 范围内提供 ESD、AOD、YAG 和 DPD 数据访问.

Tier-2：Tier-2 是主要服务站点，在 ATLAS 范围内提供刻度常数，进行模拟和进行物理分析. 它们一般保留大多数的 AOD 样本和全部的 TAG 样本，也保留一些物理组的 DPD 样本. 同时，他们还进行所有的 ATLAS 的官方样本模拟任务，并把模拟好的数据传回到 Tier-1. Tier-2 也保留适量的 RAW 和 ESD 以及 AOD 数据，用来作开发程序. 官方样本基本在 Tier-2 至少有一个备份.

Tier-3：Tier-3 是世界各地用来储存个人用户元组（ntuple）和其他独立网格的任务. 这些 Tier-3 仅仅是些桌面机器或者计算机集群，能够访问网格（Grid），提交网格作业和获取作业结果.

ATLAS 数据和计算节点分布在世界各地的 ATLAS 服务器上，通过物理优先的顺序和公平共享的原则确定用户的优先级别，并执行. 原则上，只要用户遵循一定的安全守则和优先性要求，就可以利用 ATLAS 任何站点上的计算单元和存储资源. 由于用户所在的工作节点的资源的限制，需要利用分布式运行平台进行作业调度，也就是利用分布式分析的工具，把所有作业提交到资源的站点，进行运行. 主要的网格作业交互平台有 Panda 和 Ganga. 如图 13—10 所示显示了从 ATLAS 产生数据到用户分析的示意图：

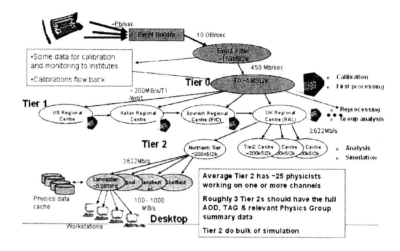

图 13—10　ATLAS 从对撞到物理分析的数据流程示意图

注：源自于 CERN.

第四节　电子、缪子、喷注等的重建和本底

在 ATLAS 实验中，电子是通过内部径迹探测器和电磁量能器联合鉴别出来的，缪子是通过其在探测器中的飞行轨迹重建出来，喷注是由强子量能器中沉积的能量重建得到的，最后丢失横动量 E_T 是通过联合所有的粒子鉴别信息得到的.

在 ATLAS 实验数据的处理中，如何区分真实事例和噪声本底也是个大问题.[①] 如图 13—11 所示的 ATLAS 测量的标准模型的几种过程中质心能量为 7TeV 的截面，显然几乎所有的 $H \rightarrow WW^{(*)} \rightarrow l\nu l\nu$ 分析都在图中，而且截面很大. 而质量为 125GeV 的希格斯粒子在胶子融合产生道上的截面只有 0.35pb. 假如在信号区的 W + jets 的贡献太大，那么希格斯粒子信号就会被掩盖.

---

① 李海峰：《利用 ATLAS 探测器在 7TeV 质子对撞数据中寻找 $H \rightarrow WW * \rightarrow L \nu L \nu$ 衰变道的标准模型希格斯粒子》，博士学位论文，山东大学，2012 年，第 58—59 页.

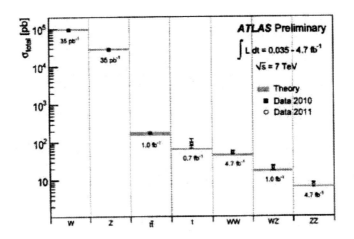

图 13—11   几种标准模型过程产生的截面的测量值和理论值

注：源自于 CERN.

标准模型到双 W 的产生是 H→WW 分析的主要本底（不可能减少的本底）．其他还有顶夸克，反顶夸克本底（t′）和单顶夸克过程．Drell-Yan（γ^*，γ，Z）本底，WZ/ZZ/wγ/Wγ^*本底，W 伴随喷注（W + jets）本底．

第五节   希格斯玻色子衰变的末态分支比

寻找希格斯玻色子是为了证实标准模型的预言，或者说希格斯玻色子存在与否成为检验标准模型中希格斯机制的一个重要途径．在数据分析中，在研究强子对撞机上希格斯玻色子的产生和衰变过程时，物理分析经常以分析过程的物理末态来划分，如下图 13—12 所示希格斯玻色子衰变的末态分支比[①]：

---

① LHC Higgs Cross Section Working Group, S. Dittmaier, C. Mariotti, G. Passarino, and R. Tanaka（eds.），*Handbook of LHC Higgs Cross Sections*：1. Inclusivae Observables，CERN – 2011 – 002（CERN, Geneva, 2011），arXiv：1101. 0593［hep-ph］.

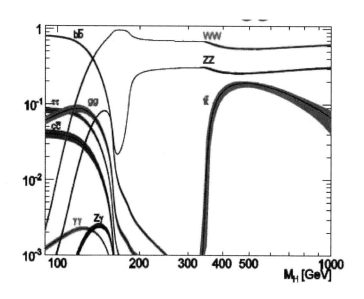

图 13—12　为标准模型希格斯的分支比

注：源自于 CERN.

如图 13—12 所示，相比之下，希格斯到双 W 玻色子的衰变分支比在很大的质量范围内都大．其中 H→WW$^{(*)}$→lvlv 道在希格斯质量范围 120GeV$<m_H<$240GeV 有很高敏感度，有利于寻找希格斯粒子．

第十四章　寻找希格斯玻色子

我们首先介绍欧洲核子物理中心宣布发现新粒子，然后介绍弗朗克林对 CMS 发现希格斯粒子的考察，最后是我们对 ATLAS 小组发现希格斯粒子的考察.

第一节　发现希格斯玻色子

我们先按照物理学界的报道介绍希格斯玻色子的发现.[①]

一、CERN 关于希格斯粒子的报道

2012 年 7 月 4 日，满怀期待的全世界物理学家和大众得悉，在 LHC 的 ATLAS 和 CMS 实验小组公布了他们关于寻找希格斯粒子的最新初步研究成果，两个实验小组都宣布观察到新玻色子的质量范围在 125GeV—126GeV，新粒子跟长期寻找的希格斯玻色子一致，虽然在最终确认发现希格斯玻色子之前还有大量的研究工作要做. 按照小组代言人的话："我们通过数据在 5 个置信度质量为 126GeV 附近清楚观察到新粒子的信号. LHC 和 ATLAS 的出色表现和很多人的巨大努力把我们带到这个激动人心

---

① XinChou Lou, "ATLAS and CMS experiments at the large Hadron Collider Discover a Higgs-like new boson", *Front Phys*, 2012, 7 (5): 491–493.

的阶段."ATLAS 实验小组的代言人法比奥拉·吉亚诺蒂（Fabiola Gi-anotti）说道："但是这些结果的发表还需要一点时间.""结果是初步的，但是在 5 个置信度我们看到的 125GeV 附近的信号是引人注目的，这确实是一个新粒子，我们知道它一定是一个玻色子，并且它是迄今发现的最重玻色子."CMS 实验小组的代言人因坎德拉（Joe Incandela）说道："意义非常重大，毫无疑问我们一定会加紧研究和反复核对."

发布会同时在网上发布并且收效很大，在墨尔本物理学家聚集在一起举办了本年度高能物理国际会议；在北京工作的 LHC 实验的高能物理所的中国物理学家跟中国新闻记者分享了这一发现带来的快乐，而北京大学的师生庆祝了这一事件；在合肥和山东，中国科技大学和山东大学的物理学家观看了 CERN 直播，以及举办讨论会向公众解释了什么是希格斯粒子及其这一发现的意义. 其中 ATLAS 小组的论文发表在《物理学快报 B》上［Physics letters B 716（2012）1 – 29］.

二、回顾标准模型希格斯粒子及其之前的寻找

在基本粒子的标准模型中，希格斯场是 SU（2）二极子，一个拥有四个实在部分的复合旋量. 希格斯场四个自由度中的三个 W^+、W^- 和 Z 玻色子已经在实验上观察到；而剩下的这个自由度就是希格斯玻色子，而且它是一个标量粒子.

希格斯玻色子是几十年来实验探测一直没有找到的 SM 的重要部分，而且是很多高能物理探测器的主要物理目的所在，包括斯坦福直线加速器（SLC），CERN 的大型正负电子对撞机（LEP），费米实验室的核电子加速器以及 CERN 的 LHC. 之前已经取得阶段性成就，比如在 95% 置信水平间接限制了希格斯玻色子质量小于 158GeV，而在 LEP 的直接探测排出了希格斯粒子在 95% 置信水平质量不低于 114.4GeV. 事实上，ATLAS 和 CMS 小组也曾经在 2010 年和 2011 年分别报道过在 LHC 质心能量 $\sqrt{s}$ = 7TeV 的质子碰撞数据库的事例，相应 SM 希格斯玻色子产生和湮灭的质量范围是 124GeV—126GeV，它们的置信度分别达到 2.9 和 3.1 个标准置信度.

三、LHC 上 ATLAS 和 CMS 的观察

虽然先于 2012 年 7 月 4 日 CERN 发布会的 SM 希格斯粒子的探测，共同表明在 124GeV—126GeV 附近的新粒子证据，但是统计显著性都低于 5 个置信度，而这是高能物理实验的观察得以承认所采用的通常阈值.

在 2012 年 7 月 31 日来自 ATLAS 和 CMS 的结果得以完成，并且提交给《物理学快报 B》发表. 提交论文报告的观察是基于进行在希格斯粒子最终态为 $\gamma\gamma$、ZZ、W^+W^-、$\tau^+\tau^-$，以及 b 夸克对的探测基础上，AT-LAS 观察置信度由此增加到 W^+W^- 道的 5.9 置信度. 注意所选择的杂志是欧洲杂志，主要原因在于这个实验是以欧洲为基础的.

ATLAS 的结果如下图 14—1 所示，是基于 2011 年在 $\sqrt{s}=7\text{TeV}$ 上收集的 4.8fb^{-1} 信息量和 2012 年在 $\sqrt{s}=8\text{TeV}$ 上收集的 5.8fb^{-1} 信息量得到的，获得了所测质量为 126.0 ± 0.4（stat.） ±0.4（sys.）GeV 的中性玻色子的明确证据. "这个观察 5.9 标准置信度，相当于 1.7×10^{-9} 的背景波动概率，跟标准模型玻色子的产生和湮灭是兼容的". ATLAS 论文如是报道.

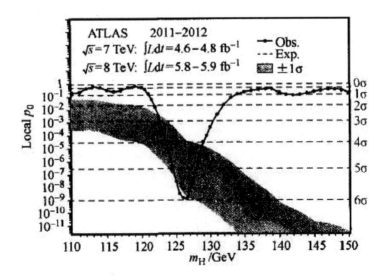

图 14—1   ATLAS 希格斯粒子分析

注：源自于 CERN.

如图 14—1 所示，观察到的定域 P_0 作为在低质量范围希格斯粒子质量函数，虚曲线表示的是，所预期的在具有其 $\pm 1\sigma$ 范围内 SM 希格斯玻色子信号假设之下的定域 P_0，而水平虚线指的是对应于 1σ 到 6σ 置信度的 p – 值. 也就是说，2012 年 7 月 4 日 LHC 的 CMS 和 ATLAS 两个小组联合宣布发现一个新粒子，类似希格斯粒子，可以认为这是粒子物理标准模型最后剩下尚未发现的一块. 两个小组宣布观察到相对于背景五个标准偏差（5 个 σ "sigma 西格玛"）的结果，5 个西格玛已经是高能物理发现的黄金标准.

第二节 弗朗克林对发现希格斯粒子的考察

弗朗克林在论文《最后一块拼图：希格斯玻色子的发现》[①]，讨论了 CMS 小组如何进行实验及其如何分析数据的，同时还展示了 CMS 实验结果.

弗朗克林引用实验小组的评论讲，这也是物理学界的共识，即标准模型解释高能物理的实验已经非常成功. 对于基本粒子如何获得质量的问题，是希格斯（Peter Higgs）、恩格勒（Francois Englert）等人在 50 年代就提出来的，这个工作预言有质量玻色子（现在以希格斯玻色子为人所知），然而标准模型希格斯玻色子的质量 m_H 没有被理论预言. 在此之前已经存在有关玻色子和玻色子质量大小的范围，ATLAS 以 95% 的置信水平排除 111.4GeV—116.6GeV，119.4GeV—122.1GeV，以及 129.2GeV— 541GeV 的范围. 在此基础上，CMS 已经排除的质量范围为 127GeV—600GeV. 其他实验把底线降到 114.4GeV. 实验物理学家强调 "SM 希格斯玻色子质量范围的发现是 LHC 最初的科学目标".

实验小组首先报告了从在 7TeV 能量标度获得的数据，以及在 8TeV 获得的新证据，寻找是在五个模式 γγ（两个 γ 射线）、ZZ（两个中性 Z 玻色子）、W^+W^-（两个带电玻色子）、$\tau^+\tau^-$（两个 τ 轻子）以及 bb[bar]

① Allan Franklin, *The Missing Piece of the Puzzle：the Discovery of the Higgs Boson*, Synthese, DOI：10.1007/s11229 – 014 – 0550 – y.

（一个顶夸克和一个反顶夸克）进行．为了避免实验者的偏见他们采用了盲分析，"这里讲的新分析，……修正事例的选择标准为标志，是以一种'盲的'方式进行的：运算和选择过程是被形式上证明过，并且源自信号区域数据的结果被检验之前就被固定了的．跟之前出版过的分析类似但是形式过程不同"[1]．

　　两个小组都报告了肯定结果，具有 5 个标准偏差，或者说5σ，甚或比目前宣布更大的分析标准．"在 SM 希格斯玻色子寻找的语境中，我们报告了上述所希望背景的足够多事例的观察，符合质量在125GeV 附近新粒子的结果，观察到的局部有效性是 5.0 标准偏差（σ），相比于所预期的5.8σ 的有效性．证据的力度在于具有最好分支比的两个末态，即具有 4.1σ 有效性的 H→γγ 和具有 3.2σ 有效性的 H→ZZ（伴随 Z 玻色子衰变成电子或者缪子）．两个光子的衰变意味着新粒子是具有自旋不同的玻色子"[2]（Chatrchyan et al.，2012，p. 31）．ATLAS 报告了类似的结果，"提供了所测质量 126 ± 0.4（stat） ± 0.4（sys）GeV 的中性玻色子结果的明显证据．这样的观察，即具有 5.9 标准偏差有效性的观察，对应于1.7×10^{-9}的背景波动几率，跟 SM 希格斯玻色子的结果和衰变是兼容的"（Aad et al.，2012，p. 1）．两个小组都没有宣布观察到的粒子事实上就是 SM 希格斯玻色子，这需要衰变分支比以及耦合常数方面的额外工作，来证明新发现的粒子的属性与所预期 SM 希格斯玻色子是一致的．弗朗克林从 CMS 开始介绍．

一、CMS 实验

　　寻找 SM 希格斯粒子在 CMS 探测器的设计中起到关键作用．由于希格斯粒子的质量不是由理论预言的，包括产生的截面和宽度横跨所允许的质量区域，因此探测器不得不十分灵便．探测器要能够探测多种衰变模式的事实，也不得不在设计之中，"CMS（Compact Muon Solenoid 紧凑

---

[1]　Allan Franklin, *The Missing Piece of the Puzzle：the Discovery of the Higgs Boson*, Synthese, DOI 10：1007/s11229 - 014 - 0550 - y.

[2]　See S. Chatrchyan, V. Khachatryan, et al. （CMS Collaboration）, "Observation of a new boson at a mass of 125 GeV with the CMS experiment at the LHC", *Physics Letters B*, 716, 2012, pp. 30 - 61.

型缪子探测器）装置的主要特色是内径 6 米的超导螺线管，提供了 3.8
特拉斯的磁场，在磁场内部是硅像素和微条触发器，钨酸硅晶体电磁量
能器（ECAL），以及铜/闪烁体强子量能器（HCAL）. 缪子是由嵌入轭
铁里的气体—电离探测器来测量的. 超出上述量能器范围的靠桶部和端
盖来覆盖"（Chatrchyan et al.，2012，p. 31）.

探测器的关键部分是触发器以及数据采集系统. "CMS 触发器和数据
采集系统确保潜在有价值事例被高效地记录"（Chatrchyan et al.，2012，
p. 31）. 在 LHC 数据存储的问题极端严峻，LHC 上每隔 25ns 就有一次束
团碰撞，每次束团碰撞产生大约 20 次质子与质子相互作用，那意味着事
例是以 800MHz 的频率产生的. 这当然有赖于粒子束的亮度，LHC 亮度设
计目标为 $10^{34}\,\mathrm{cm}^{-2}\mathrm{s}^{-1}$，数据采集系统拥有每秒大约能够处理一百个事例
的事例率. 因此，记录率必须从产生的事例率减少下来，通过一个超过
百万分之一比例的办法. 跟 ATLAS 触发器类似，"CMS 的一级触发，
Level - 1 是采用硬件，使用定制的触发程序里的具体低级别分析来降低数
据比例. 进一步是些软件过滤器，它们通过系列程序执行在（部分）事
例数据上. 这是高级别的实时数据选择，并且属于高—级别—触发器
（HLT），只有 HLT 应许的数据才能记录下来，然后进行在线物理分
析"[1]. HLT 的软件相对来说容易改变，并且存在各种恰到好处的监控系
统，以确保这样的变化不会实质性地改变实验操作.

产生的大多数数据从来没有被记录下来，只有被视为物理学感兴趣
的那些事例被存储起来，至少在原则上，对已知的希格斯玻色子产生这
种物理过程是容易做到的，虽然如前所述对其所知有限. 然而，LHC 及
其实验的目标之一，是寻找超出目前或者超出标准模型的物理学. 这个
设想是基于新物理将具有类似于已有物理学的某些特征.

分析的第一步是分辨粒子，并且重建它们的轨迹，然后测量它们的动
量、能量以及角度. "CMS '粒子流' 事例描述运算，是用来重建，以及
把每一个单独的粒子等同于各个探测器信息的完美结合. 在此过程里，粒

---

① See S. Chatrchyan, V. Khachatryan, et al. (CMS Collaboration), "Observation of a new bos-
on at a mass of 125 GeV with the CMS experiment at the LHC", *Physics Letters B*, 716, 2012, pp. 30 -
61.

子（光子、电子、缪子、带电强子、中性强子）的分辨在决定粒子动量方面起重要作用"，也存在于重要的广泛的 CMS 实验的测量过程．在过去几年 CMS 实验就重做了很多 20 世纪粒子物理历史上的实验，比如，小组观测了中性 K 介子和其他粒子的强信号．弗朗克林还绘制了图 14—2，联合小组连同用 CMS 复制过的实验时间表一起，建立了一个 20 世纪粒子物理学发现的时间表．① 这些观察证明了装置的能量以及产生正确结果的分析过程，并且提供了对实验小组获得的其他结果的信心的支持．

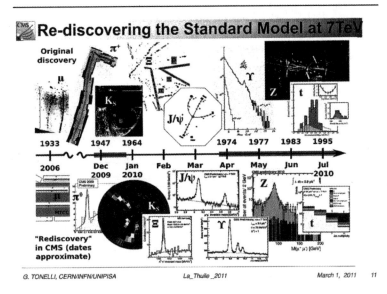

图 14—2　20 世纪粒子物理发现和 CMS 重新发现的时间表

　　弗朗克林接下来要描述 SM 希格斯玻色子的寻找．实验小组注意到具体衰变模式强烈依赖于玻色子质量，他们强调其所报告的结果是基于上述五种最敏感的衰变模式，进一步指出包括不太敏感的衰变模式，以其 0.1σ 的结果提高了其局部有效性．"对于一定的 m_{H} 值，寻找的敏感性有赖于产生的截面、形成所选定末态的衰变分支、信号选择的有效性，质量解以及源自完全相同或者类似的末态结构的背景的水平"（Chatrchyan

　　① Allan Franklin，*The Missing Piece of the Puzzle：the Discovery of the Higgs Boson*，Synthese，DOI：10. 1007/s11229 – 014 – 0550 – y.

et al.，2012，p. 33）．实验者用一种标准程序 GEANT4 产生信号和背景事例的蒙特卡罗事例的样本，他们强调所用的统计方法，已经通过 CMS 和 ATLAS 两个小组之间的联合得到发展．"寻找［不同衰变模式］的联合，要求通过全部单个分析选择出来的数据的同时分析，考虑到全部统计的和系统的不确定性及其关联"（Chatrchyan et al.，2012，p. 33）．他们把局域的 P－值定义为这样的概率，其背景波动可能至少跟超过观察质量的最大观察值那么大．整体 P－值是敏感度的概率，一个大的具体质量区域的宽阔之处的概率．"这个概率能够通过下面方法得到估计，即产生模拟数据集合，把两个处理不同希格斯玻色子质量的分析之间的全部关联结合起来"（Chatrchyan et al.，2012，p. 33）．整体 P－值比局域 P－值大，一个归结为多重比较问题（look-elsewhere effect）的事实，并且 P－值可能表述为大量使用"只看光鲜亮丽惯例"（one-sided Gaussian tail convention）的标准偏差．最敏感的衰变模式是 ZZ、γγ 以及 WW 衰变道．"因此在这些衰变道里的识别标记是背景上的有限反响，跟探测器分解结果广泛一致"（Chatrchyan et al.，2012，p. 33）．该论文的作者们也定义了信号强度，可能希格斯玻色子信号的量，通过产生截面乘以作为比较 SM 预期值的相关分支比（比率 σ/σ_{SM}）来刻画．

二、实验结果

弗朗克林接着介绍 CMS 实验结果．CMS 小组接下来考虑从希格斯玻色子的各个衰变模式获得的结果．他们从高分解衰变模式开始讨论，第一个检验的是从 H→γγ 模式得到的结果，他们讨论适用于单个事例的选择标准．事例不得不包含同时满足横动量阈值和"改善"光子鉴别标准的两个光子，喷注也符合横动量阈值和不变性质量标准．双光子（两个光子）和双喷注（两个喷注）系统肯定是被联系在一起的，分析的关键是光子能量的决定．"多变量回归算法被用来提取光子能量以及在那个测量中不确定度的光子—到—光子估计，光子能量标度的测量采用了 Z 玻色子质量为参考；源自于 Z→ee 事例里电子的 ECAL 簇射被集聚起来，并且按照跟光子簇射完全一样的方式重建"（Chatrchyan et al.，2012，p. 34）．预期电子跟光子在此探测器里以非常类似的方式出现，Z 玻色子具有已知质量，并且能够用作一个刻度．源自衰变的两个电子重建出来的质量被要求符合那个质量，从而建立起能量标度．

"光子挑选的有效性、能量分支比以及相关系统的不确定性都靠数据估计，采用 Z→ee 事例导出数据/模拟矫正因子．喷注重建有效性、正确确定顶点位置的有效性以及触发有效性，跟相应系统的不确定性一起，也是从数据得到估计的．（Chatrchyan et al.，2012，p. 34）"

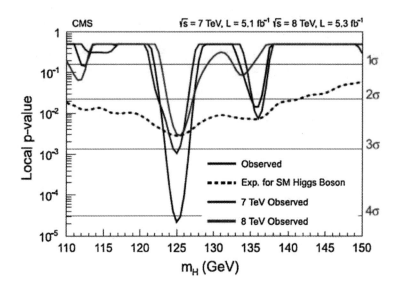

图 14—3　7TeV 和 8TeV 数据及其联合的信号的局域 P – 值

注：源自 Chatrchyan et al. 2012.

实验者需要把信号跟背景分开．"背景从数据得到估计，不是用蒙特卡罗模拟，而是符合双光子质量分配在（$100 < m_{\gamma\gamma} < 180\text{GeV}$）范围里的每一个类别，找到光子地方稍微上下扩展一下"（Chatrchyan et al.，2012，p. 34）．实验小组也用了辅助性的独立分析，"采用不同方法进行背景模拟"．实验小组强调"观察范围揭示出，无论是 7TeV 还是 8TeV 数据里 $m_\text{H} = 125\text{GeV}$ 敏感度信号的存在"（Chatrchyan et al.，2012，pp. 34 – 35）．7TeV 和 8TeV 数据及其联合的如图 14—3 所示的信号的局域 P – 值，实验小组讲道，预期的（观察）值就评价背景的两种方法而言是 2.8（4.1）σ 和 4.6（3.7）σ．实验小组对事例进行了权重，因为"为了阐明 $m_{\gamma\gamma}$ 分配中统计方法所给的意义，有必要考虑所预期的（原文

中）表2给定事例类别的信号—跟—背景比例的巨大差异"（Chatrchyan et al.，2012，p. 35）. 权重因子是 S/（S + B），其中 S 是信号而 B 是背景，它们都是符合数据的同时发生的信号 + 背景. 图14—4 表明 γγ 事例的权重不变质量谱，以及借助内插显示非权重的谱. "125GeV 敏感度是权重和非权重分配的证据"（Chatrchyan et al.，2012，p. 34）. ATLAS 在相同衰变道获得的质量分配如图14—5 所示，结果非常类似.

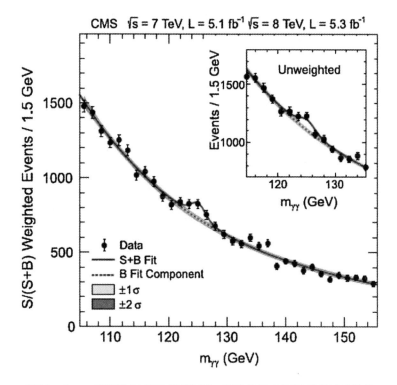

图14—4　γγ 事例的权重不变质量谱，以及借助内插显示非权重的谱

注：源自 Chatrchyan et al. 2012.

第二个讨论的高分支比的衰变模式是 H→ZZ$^{(*)}$→4l，其中 Z 是 Z 玻色子而 4l（4 轻子）是 4 个轻子或者 4 缪子或者 2 个电子和 2 个缪子. 这三个衰变道是分开分析的，因为它们的背景和质量分支比是不同的.

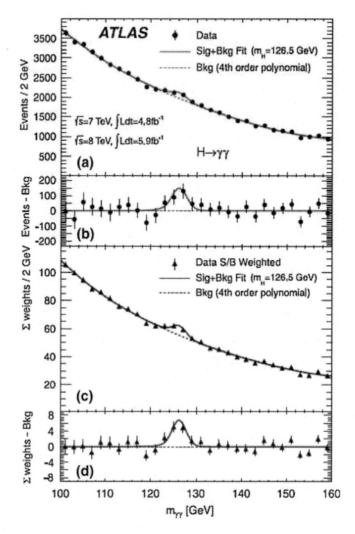

图14—5　ATLS 发现的权重和非权重双光子质量分配

注：源自 Aad et al. 2012.

　　对 4 个电子衰变道来说，电子要求具有大于 7GeV 的横动量，电子和缪子都要求被隔离．"联合重建和挑选有效性，是用 Z 玻色子衰变里的电子和缪子来测量的；对具有 $P_T < 15$GeV 的缪子重建和鉴别有效性，是用 J/ψ 衰变来测量的"（Chatrchyan et al.，2012，p.35）．另外，电子和缪子对要求来自相同的顶点．"事例挑选要求相同味［电子或者缪子］不同电荷的轻子，具有非常接近 Z 玻色子质量的不变质量对，要求具有在

范围 40—120GeV 质量［Z 玻色子质量是 91GeV］，而其他对要求具有范围在 2—120GeV 的质量"（Chatrchyan et al.，2012，pp. 35 – 36）.

　　ZZ 背景源自于蒙特卡罗模拟的计算．"两种不同的方法被用来估计数据的可还原性和仪器背景．它们两个都使用背景区域的事例，跟信号区域很好分离的区域．在不确定范围之内，算作在信号区域的比较背景是同时靠两种方法来估计的"（Chatrchyan et al.，2012，p. 36）.

　　"m_{4l} 分配如图 14—6 所示，在 Z 质量处存在一个清晰的最高点，那里衰变 Z→4l 被重建，这个特征被背景估计很好地复制出来．这个图也显示出上面所预期的 125GeV 附近的背景上的敏感度"（Chatrchyan et al.，2012，p. 36）.这个衰变模式的 7Tev 和 8TeV 数据的局部 P – 值和联合数据集合如图 14—7 所示．一个清晰的信号，以 3.2σ（预期的 3.8σ）有效性在 125GeV 被看到．被 ATLAS 小组发现的质量分配如图 14—8 所示，他们也观察到一个有效信号.

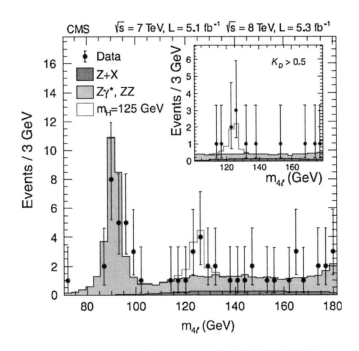

图 14—6　CMS 分析的 Z→4l 四轻子质量不变的分配

注：源自 Chatrchyan et al. 2012.

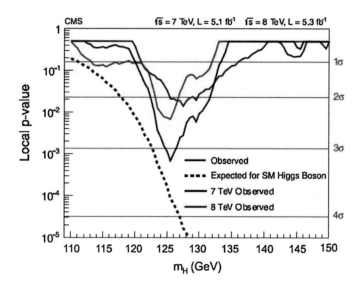

图 14—7　7Tev 和 8TeV 数据的局部 P – 值和联合数据集合

注：源自 Chatrchyan et al. 2012.

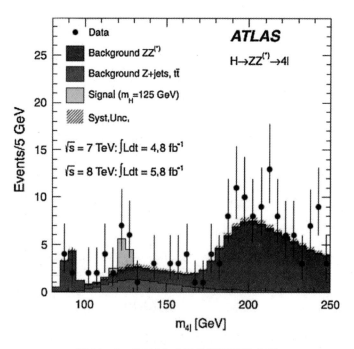

图 14—8　ATLAS 小组发现的质量分配

注：源自 Aad et al. 2012.

　　三个低分支比衰变模式并不有效地归结于结果的全部意义．然而，低质量分支比衰变模式 H→WW，对质量范围接近 WW160GeV 阈值的质量附近的 SM 希格斯玻色子敏感．ATLAS 小组描述了所观察到的跟那个衰变模式兼容的事例的质量分配图形．不过，他们注意到"$m_H = 125\text{GeV}$ 的预期信号可以忽略，因此不明显"（Aad et al.，2012，p. 10）．相比之下，CMS 是观察到这个衰变的微弱信号"跟 SM 希格斯玻色子一致"，如图 14—9 所示（Chatrchyan et al.，2012，p. 38）．观察值的有效性是 1.6σ，远远低于衰变道 H→γγ 和 H→ZZ 的观察值．

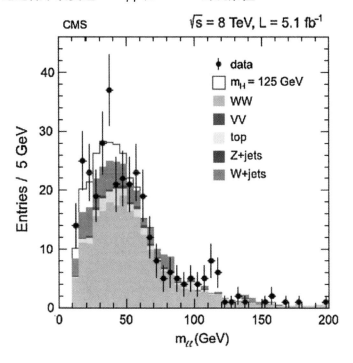

图 14—9　CMS 发现的质量分配

注：源自 Chatrchyan et al. 2012.

　　然后 CMS 小组联合全部 5 个衰变模式研究的结果跟 7TeV 和 8TeV 上运行的结果．图 14—10 表明两个实验及其联合的局部 P - 值的观察值．一个清晰的信号，具有 5.0σ 有效性，是在 125GeV 看到的．图 14—11 所示为每一个衰变道的 P - 值．正如 CMS 实验小组强调的，跟我们看到的一样，最大的贡献来自于 γγ 模式和 ZZ 模式．γγ 模式和 ZZ 模式及其联合的 P – 值的观察值跟预期值如原文中表 1 所示，ATLAS 获得了类似的结果，如图 14—12 和图 14—13 所示.

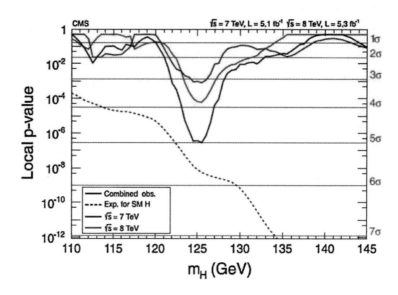

图 14—10　两个实验及其联合的局部 P – 值

注：源自 Chatrchyan et al. 2012.

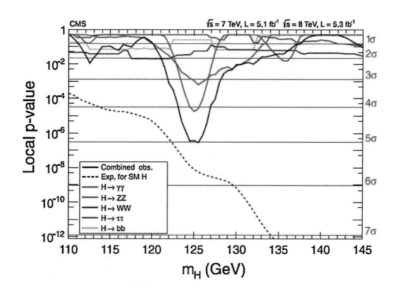

图 14—11　每个衰变道的 P – 值

注：源自 Chatrchyan et al. 2012.

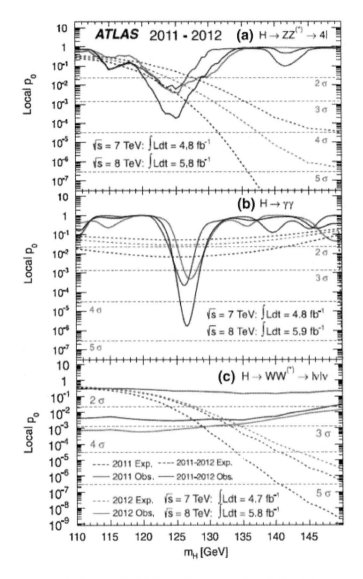

图 14—12 ATLAS 观察到的不同衰变道的 P_0 - 值

注：源自 Aad et al. 2012.

除了统计不确定性外，也存在系统不确定性．包括相互关联的系统不确定性，适合于一个以上的衰变道，以及具体到每一个衰变道的非关联性的不确定性．ATLAS 小组提供衰变道 H→ZZ[(*)]→4l、H→γγ 以及H→WW[(*)]→lνlν 的结果时，他们包括非关联性的不确定性的描述，这些不确定性包括背景的正规化、蒙特卡罗（Monte Carlo）统计不确定性以及影响背景过程的理论不确定性．他们列举的关联系统不确定性的主要根源有，（1）综合亮度，（2）电子和光子触发器鉴别，（3）电子和光子能量标度，（4）缪子重建，（5）喷注能量标度，（6）理论不确定性．ATLAS实验者也强调"敏感度的有效性［信号］是中等程度地敏感于对能量分支比里的不确定性以及光子和电子的能量标度的系统不确定性；缪子能量标度系统不确定性的影响忽略不计．这些不确定性的存在……降低局部置信度到 5.9σ"（Aad et al.，2012，pp. 13 – 14）．

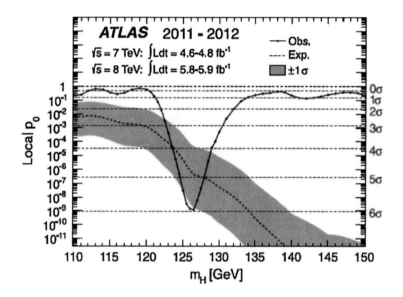

图 14—13　ATLAS 观察到的 m_H 函数的不同衰变道的 P_0 - 值

注：源自 Aad et al. 2012.

γγ 和 ZZ 模式的信号强度分别是 $\sigma/\sigma_{SM} = 1.6 \pm 0.4$ 和 $0.7^{+0.4}_{-0.3}$．图 14—14 表明不同衰变模式的信号强度的值以及联合数据集合，联合值是 0.87 ± 0.23，表明结果跟标准模型吻合得非常好．ATLAS 结果如图 14—15 所示，它们的 σ/σ_{SM} 联合值是 1.4 ± 0.3，再次跟 SM 预言很好吻合．

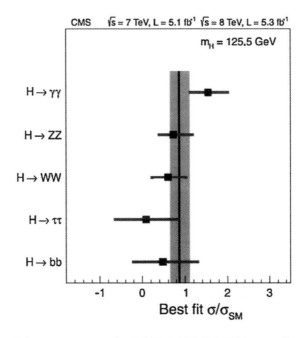

图14—14　CMS 不同衰变模式以及联合数据 σ/σ_{SM} 值

注：源自 Chatrchyan et al. 2012.

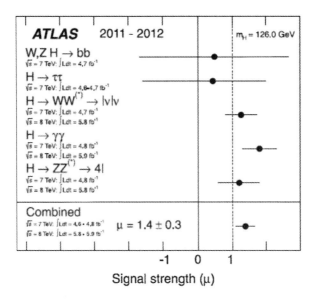

图14—15　ATLAS 对 m_H 不同衰变模式以及联合数据信号强度测量值

注：源自 Aad et al. 2012.

CMS 观察到的粒子质量是 125.3 ± 0.4 (stat) ± 0.3 (syst) GeV. 实验小组提供一个结论，重述了他们先前的一些结论，"在上面预期背景观察到事例敏感度在 125GeV 质量附近，具有 0.5σ 的局部有效性，标志着新粒子的产生…….在具有最好的分支比的 γγ 和 ZZ 衰变模式里的敏感度最有意义，以及与这些信号符合的粒子质量为 125.3 ± 0.4 （ stat） ± 0.3（ syst） GeV，到两个光子的衰变意味着新粒子是具有自旋不一样的玻色子.此报告的结果在误差范围内跟 SM 希格斯玻色子预期的一致" (Chatrchyan et al. ，2012，p. 43）.ATLAS 小组总结到，"这些结果为发现质量为 126.0 ± 0.4 (stat) ± 0.4 (sys) GeV 的新粒子提供了决定性的证据.信号强度参数 μ $[\sigma/\sigma_{SM}]$ 在符合质量具有 1.4 ± 0.3 的值，这跟 SM 希格斯玻色子预期一致的耦合强度为 $\mu = 1$" (Aad et al. ，2012，p. 15）.两个小组都允诺对其结论作更严格的检验并将进一步探索超出 SM 的物理学.无论是论文的结论还是标题都断言发现了新玻色子，但是都没有明确说是希格斯玻色子，这可能只是个逻辑问题.不过，大多数物理学家得出后一个结论，并且把 2013 年诺贝尔物理学奖授予了皮特·希格斯和弗朗西斯科·恩格勒两位预言该粒子的理论家，这也支持了此观点.

第三节 ATLAS 小组寻找希格斯玻色子的数据分析

我们来看看 ATLAS 小组是如何进行寻找希格斯玻色子的数据分析，并得出找到希格斯玻色子的结论的，为此我们具体看看 ATLAS 小组发表在［Physics letters B 716 （2012） 1 – 29 ］的论文.[①] 论文题目为《用 LHC 上 ATLAS 探测器寻找标准模型希格斯玻色子新粒子的观察》（Observation of a new particle in the search for the Standard Model Higgs boson with the ATLAS detector at the LHC），作者为 ATLAS 合作小组 （ATLAS Collaboration），包括来自 178 个机构的近 3000 人.

---

① G. Aad, et al. （ATLAS Collaboration ）, "Observation of a new particle in the search for the Standard Model Higgs boson with the ATLAS detector at the LHC", *Physics letters B* 716, 2012, pp. 1 – 29.

导言介绍了粒子物理标准模型希格斯玻色子的寻找情况；第 2 小节简单描述了 ATLAS 探测器；第 3 节讲模拟样本和信号预测；第 4—6 节描述对 H→ZZ$^{(*)}$→4l、H→γγ、H→WW$^{(*)}$→e ν μ ν 不同衰变道的分析；第 7 节概述了用来分析结果的统计过程；第 8 节描述数据集跟探索衰变道之间的系统误差性；第 9 节才报告所有衰变道联合起来的结果；而第 10 节给出结论. [1] 我们来看第 9 节.

第 9 节首先明确增加各个衰变道的 8TeV 数据，对敏感于低能区域意义更加重大.

一、排除质量区域

有关 SM 希格斯玻色子产生的联合 95% CL 排除限制，按照信号强度参数 μ 来表示，作为 m_H 的函数表示显示在下图 14—16（a）中. 所预期的 95% CL 排除区域覆盖 m_H 从 110GeV 到 582GeV，观察到的 95% CL 排除区域是 111GeV—122GeV 和 131GeV—559GeV，三个质量区域以 99% CL 排除的质量区域有 113GeV—114GeV、117GeV—121GeV 和 132GeV—527GeV，而以 99% CL 预期排除范围是 113GeV—532GeV.

图 14—16 所示为 ATLAS 联合探测结果：图 14—16（a）观察到的（实线）95% CL 限制作为 m_H 的函数的信号强度，以及仅仅是假设背景下的预期值（虚线）. 暗淡的阴影带表示在只是背景预期值上的 ±1σ 和 ±2σ 的不确定性. 图 14—16（b）作为 m_H 的函数观察到的（实线）定域 P_0 和在给定质量 SM 希格斯玻色子信号假设（μ =1）的预期值（虚线）. 图 14—16（c）作为 m_H 的函数的最温和信号强度 $\hat{\mu}$，这条带揭示出大约 68% CL 期间在符合值周围.

二、大量事例的观察

大量的事例在 m_H = 126GeV 附近 H→zz$^{(*)}$→4l 和 H→γγ 衰变道被观察到，两个都全面提供了局域不变质量高阶的重建候选者，如图 14—17（a）和图 14—17（b）所示. 这些大量事例被高敏感而低解 H→WW$^{(*)}$

---

[1] 我们在第二章也大致概述过，这里进行仔细分析.

→lvl ν衰变道所证实，如图 14—17（c）所示.

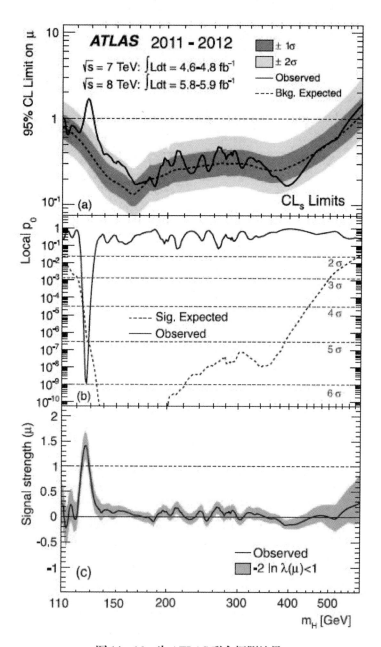

图 14—16　为 ATLAS 联合探测结果

注：源自 Aad et al. 2012.

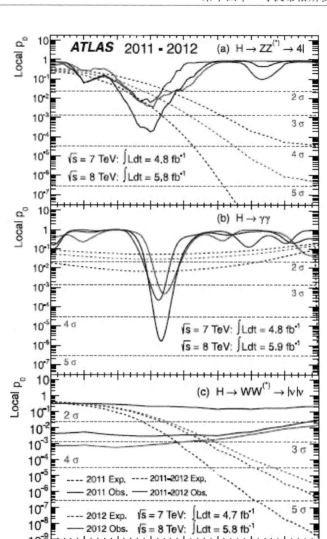

图 14—17 作为对于（a）H→ZZ（∗）→4l、（b）H→γγ、（c）H→WW[(∗)]→L νL ν
不同衰变道而言，假设希格斯玻色子质量的函数观察到的（确定）定域 P_0，虚曲线
表示的是，在那个质量的 SM 希格斯玻色子假设下预期的局部 P_0，结果分开
显示为√s =7TeV 数据（原网图中为暗蓝），√s =8TeV 数据
（原网图中为淡红），及其联合（原图为黑色）

注：源自 Aad et al. 2012.

　　源于联合衰变道的观察到定域 P_0，使用渐进逼近，显示为全部质量范围的图 14—16（b）所示的 m_H 的函数，以及图 14—18 低质量范围的 m_H 的函数.

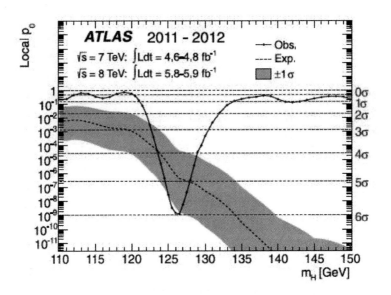

图14—18　作为对于低质量范围的 m_H 的函数观察到的（确定）

定域 P_0，虚曲线表示的是在那个具有其 $\pm 1\sigma$ 质量带的 SM

希格斯玻色子假设下期望的定域 P_0，水平虚线揭示的

是对应于 1 到 6σ 置信度的 P – 值

注：源自 Aad et al. 2012.

　　联合 7GeV 和 8GeV 数据的最大定域置信度，设定质量 $m_H = 126.5$GeVSM 希格斯玻色子被找到，其中它（置信度）达到 6.0σ，具有一个在 4.9σ 质量的 SM 希格斯玻色子信号存在时的期望值（也参看表14—1）. 对于单独看 2012 年的数据的情况，联合 H→ZZ$^{(*)}$→4l、H→γγ、H→WW$^{(*)}$→eµeν 不同衰变道的最大定域置信度是 4.9σ，并且发生在 $m_H = 126.5$GeV（期望 3.8σ）.

　　大量事例的置信度对能量解释中等敏感，并且对光子和电子能量标度系统误差中等敏感；缪子能量标度系统误差的结果可以忽略. 这些误差归结于 5.9σ 的置信度. 在质量范围 110GeV—600GeV 任何地方定域 5.9σ 大量事例的整体置信度被估计为大概 5.1σ，在质量 110GeV—150GeV 范围增加到 5.3GeV，这是一个大致的质量范围，并不排除通过

LHC 联合 SM 希格斯玻色子探索到达 99% CL，以及源自整体符合明确的弱电测量的间接约束.

三、描述大量事例

观察到的新粒子的质量是采用具有最高质量解的两个衰变道 H→$ZZ^{(*)}$→4l 和 H→$\gamma\gamma$ 的或然率 λ（m_H）来评价的. 信号强度可以独立地随两个衰变道来变化，虽然限制在 SM 假设 $\mu=1$ 条件下结果实质上并未改变，引起系统误差的根源来自电子和光子能量标度和解. 观察粒子的质量的最终估计是 126.0 ± 0.4（stat.）± 0.4（sys.）GeV.

最适当的信号强度 $\hat{\mu}$ 作为 m_H 的函数表示在图 14—16（c），观察到的大量事例对应于 $m_H = 126\text{GeV}$ 的 $\hat{\mu} = 1.4 \pm 0.3$，这跟 SM 希格斯玻色子假设 $\mu=1$ 是一致的. 126GeV 的 SM 希格斯玻色子质量信号强度参数单个和联合最适当值的总体情况表示在图 14—19 中，而关于三个主要衰变道的更多信息由表 14—1 提供.

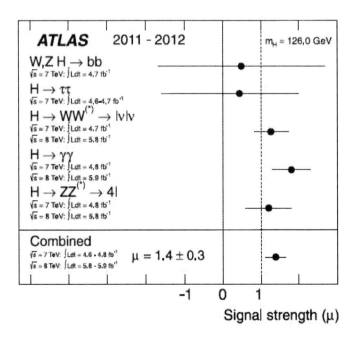

图 14—19　关于单个衰变道及其联合的 $m_H = 126\text{GeV}$ 的信号强度参数 μ 的测量

注：源自 Aad et al. 2012.

表 14—1 　　　　　　　　　三个主要衰变道的信息

Search channel	Dataset	$m_{max}/$ GeV	Z_1 [σ]	$E(Z_1)$ [σ]	$\hat{\mu}$ ($m_H=$ 126GeV)	Expected exclusion/ GeV	Observed exclusion/ GeV
H→ZZ$^{(*)}$→4ℓ	7 TeV	125.0	2.6	1.6	1.4±1.1		
	8 TeV	125.5	2.6	2.1	1.1±0.8		
	7&8 TeV	125.0	3.6	2.7	1.2±0.6	124-164,176-500	131-162,170-460
H→γγ	7 TeV	126.0	3.4	1.6	2.2±0.7		
	8 TeV	127.0	3.2	1.9	1.5±0.6		
	7&8 TeV	126.0	4.5	2.5	1.8±0.5	110-140	112-123,132-143
H→WW$^{(*)}$ →$\ell\nu\ell\nu$	7 TeV	135.0	1.1	3.4	0.5±0.6		
	8 TeV	120.0	3.3	1.0	1.9±0.7		
	7&8 TeV	125.0	2.8	2.3	1.3±0.5	124-233	137-261
Combined	7 TeV	126.5	3.6	3.2	1.2±0.4		
	8 TeV	126.5	4.9	3.8	1.5±0.4		
	7&8 TeV	126.5	6.0	4.9	1.4±0.3	110-582 113-532(*)	111-122,131-559 113-114,117-121, 132-527(*)

注：源自 Aad et al. 2012.

为了检验信号假设的强度和质量中哪一个值是跟数据符合的，或然率 λ (μ, m_H) 被用上. 在出现强信号时，有可能产生微扰最适合点的闭合形状 ($\hat{\mu}$, $\hat{m}_H$)，而在没有信号特征时形状会是在对 m_H 所有值的上限 μ 上.

逐渐地，检验统计 $-2\ln\lambda$ (μ, m_H) 被分配为具有两个自由度分配的 χ^2. 对于 H→γγ 和 H→WW$^{(*)}$→lνlν 衰变道的结果为 68% 和 95% CL 形状显示在图 14—20 中，其中逐渐逼近就准实验系综仍然有效. 对于 H→ZZ$^{(*)}$→4l 类似的形状也在图 14—20 中，虽然它们由于在此衰变道数目只有近似的信任区域. 在 (μ, m_H) 平面里的这些形状考虑进能量标度和解里的误差.

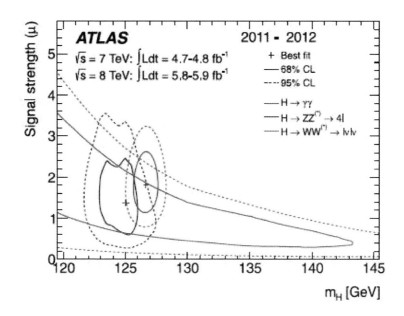

图14—20　对于 $H \to ZZ^{(*)} \to 4l$、$H \to \gamma\gamma$ 和 $H \to WW^{(*)} \to lvl\,v$ 衰变道的 $(\mu,\ m_H)$ 平面里的信任区域，包括所有的系统误差．标记者揭示出 在相应衰变道里的最大可能评价 $(\hat{\mu},\ \hat{m_H})$ ［$H \to ZZ^{(*)} \to 4l$ 和 $H \to WW^{(*)} \to lvl\,v$ 衰变道的最大可能评价一致］

注：源自 Aad et al. 2012.

单个希格斯类玻色子粒子在 $H \to ZZ^{(*)} \to 4l$ 和 $H \to \gamma\gamma$ 产生震荡质量峰 的概率是 8%，更多地是由观察质量之间的差异分开的，允许信号强度独立变化．研究从 $H \to \gamma\gamma$ 里的不同产生模式来的分配，是为了评价数据跟 SM 里预言的截面产生率之间的张力．一个新的强度参数 μ_i 引入每一个产生模式，定义为 $\mu_i = \sigma_i / \sigma_{i,SM}$. 为了决定 (μ_i, μ_j) 跟数据同时一致的值，靠把测量张力处理为同样的参数使或然比率 $\lambda\ (\mu_i, \mu_j)$ 得到使用．

由于存在四个希格斯玻色子产生模式在 LHC，二维形状要求要么某些 μ_i 被固定，要么多倍 μ_i 以同样方式联系起来．这里，μ_{ggF} 和 $\mu_{t\bar{t}H}$ 在其靠跟 $\bar{t}H$ 在 SM 里耦合一起来标度成为一个组，并且用共同的参数 $\mu_{ggF+t\bar{t}H}$ 来表示．同样，μ_{VBF} 和 μ_{VH} 也靠它们在耦合在 SM 的 *WWH/ZZH* 标度来形成一个组，并且用同样的参数 μ_{VBF+VH} 来表示．由于信号事例在 $H \to \gamma\gamma$ 探索的 10

个种类中间信号事例对这些因素都敏感，在 $\mu_{ggF+t\bar{t}H} \times B/B_{SM}$ 和 $\mu_{VBF+VH} \times B/B_{SM}$ 的平面里的约束，其中 B 为 H→γγ 的分支比率，都能够得到（如图14—21），理论误差包括在内使得跟 SM 期望值的一致性能够得到量化．数据时在 1.5σ 水平跟 SM 期望值兼容．

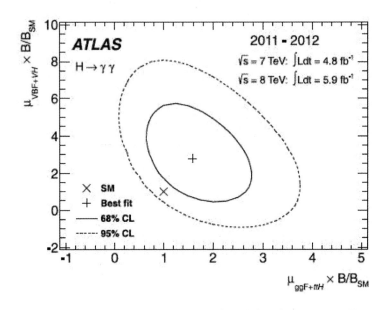

图14—21 在（$\mu_{ggF+t\bar{t}H}$，μ_{VBF+VH}）平面里包括分支比率因子 B/B_{SM} 的 H→γγ

衰变道的可能形状．量 $\mu_{ggF+t\bar{t}H}$（μ_{VBF+VH}）是 **ggF** 和 $\bar{t}tH$（**VBF** 和 **VH**）

产生截面的共同标度因子，对数据（＋）和 **68％**（实）和 **95％**（虚）

CL 最佳吻合形状也被揭示，包括 SM 期望值（×）

注：源自 Aad et al. 2012.

四、结论

寻找标准模型希格斯玻色子的实验靠 LHC 的 ATLAS 已经在 H→ZZ$^{(*)}$→4l、H→γγ 和 H→WW$^{(*)}$→e ν μ ν 衰变道上，在 2012 年 4 月到 6 月的时间里 8TeV 质心能量 PP 碰撞记录的 5.8—5.9fb^{-1} 数据完成．这些结果跟先前结果结合，它们是建立在 2011 年 7TeV 质心能量碰撞记录的 $4.6-4.8$fb^{-1} 整体亮度基础上的，除了 H→ZZ$^{(*)}$→4l 和 H→γγ 衰变道之外，它们借助这里呈述的改进数据得到修正．

标准模型希格斯玻色子在 95% CL 排除在质量范围 111GeV—559GeV 之外，除了 122GeV—131GeV 的狭窄范围．在此区域，具有 5.9σ 置信度（对应于 $p_0 = 1.7 \times 10^{-9}$）的大量事例被观察到．大量事例是由两个具有最高质量解 $H \rightarrow ZZ^{(*)} \rightarrow 4l$ 和 $H \rightarrow \gamma\gamma$ 衰变道，以及同样敏感但是低解 $H \rightarrow WW^{(*)} \rightarrow lvl\,v$ 衰变道造成的．考虑到研究的整个质量范围 110GeV—600GeV，大量事例的整体置信度是 5.1σ 置信度，这对应于 $p_0 = 1.7 \times 10^{-7}$．

这些结果提供了发现质量为 126.0 ± 0.4（stat.）± 0.4（sys.）GeV 新粒子的最终证据．信号强度参数 μ 在适当质量具有值 1.4 ± 0.3，这跟 SM 希格斯玻色子假设 $\mu = 1$ 一致．净电荷为零的事例玻色子对的衰减说明新粒子是中性玻色子．双光子衰变道的观察不利于自旋 -1 假设．虽然这些结果跟新粒子是标准模型希格斯玻色子的假说是一致的，但是需要更多的数据来详细评价其性质．事实上，后来的数据是加强了同样的结论，所以一般认为是找到了标准模型中的希格斯玻色子，虽然在超出标准模型更新的理论框架下还有争议，以及认为希格斯玻色子有多种的说法．特别是，随着 2013 年度诺贝尔物理学奖颁发给希格斯和恩格勒，找到希格斯粒子成为定论．

第五篇

当代基础科学的研究范式

第十五章　当代基础科学的大科学、大数据和大工程研究范式

作为当代基础科学典范的粒子物理学，已经进入大型强子对撞机 LHC 物理时代，寻找希格斯粒子算得上是对粒子物理标准模型的关键考验，同时也体现出当代基础科学研究范式中的大科学、大数据和大工程特征．

第一节　大科学

当代基础科学中的粒子物理学研究的是，物质最基本组元的性质及其相互作用规律的科学．由于许多基本粒子在目前的大自然一般条件下无法观察，甚至不存在，只有用粒子加速器在高能碰撞的条件下才能产生和研究它们，所以粒子物理学也被称为高能物理学．事实上，人类文明对物质始基的思考由来已久，古希腊自然哲学家泰勒斯开始的元素说、德谟克利特的原子论，以及中国古代也有差不多的"金木水火土"五行说、庄子的"一尺之锤，日取其半，万世不竭"的思想．近代科学革命后，1802 年道尔顿（John Dalton）的原子论、1869 年门捷列夫（Mendeleyev）的元素周期表取得长足进展．当然，严格意义的粒子物理学要等到 20 世纪，1911 年 3 月 7 日，卢瑟福（Ernest Rutherford）在曼彻斯特文学和哲学学会的会议上宣布发现了原子核，美国物理学学会决定将这一

天作为基本粒子物理的开始之日．1897 年汤姆逊（Thomson）发现电子后，1932 年英国物理学家查德威克（Chadwick）发现中子，人们认识到原子由质子和中子组成的原子核以及电子构成．于是把电子、光子、质子和中子看成构成整个物质世界的最"基本"粒子．但是当 1932 年安德森（Anderson）等人宣告发现正电子后，在宇宙射线的研究中陆陆续续发现一系列介子和超子，却无法用前述"基本"粒子解释．进入 50 年代后世界各地建成许多高能加速器，加上各种粒子探测器的发展，不仅发现各种反粒子，而且发现很多寿命极短的共振态．在理论上除了量子电动力学的发展外，包括李政道和杨振宁发现的宇称不守恒定律等对称性问题取得长足进展，杨振宁和米尔斯甚至提出杨—米尔斯理论（只是没有发现其重要性）．而在 60 年代粒子物理学的主要进展，一个是强子结构理论的确立，包括深度非弹性散射实验的分析，盖尔曼（Gell – Mann）和茨威格（Zweig）提出的夸克模型，以及强子八重态分类模型的实验验证．另一个是将强度不同、力程不同、实验行为不同的电磁相互作用和弱相互作用统一为弱电相互作用．然后在弱电理论的启发下，70 年代初提出了描述强相互作用的非阿贝尔规范理论的量子色动力学．在弱电理论和量子色动力学基础上，建立起描述物质基本组元及其相互作用的"标准模型（SM）"．这个过程可以参看下面的粒子物理学大事年表：

1897　汤姆逊（J. J. Thomson）的阴极射线管实验发现电子．

1905　爱因斯坦发表光电效应论文，证实光的粒子性——光子的存在，并发表相对论，阐述了对时空新的理解．

1909　卢瑟福（Rutherford）提出原子模型：带正电的原子核和外层旋转的电子．

1914　玻尔（Bohr）引进了轨道量子化的概念，推导出原子结构量子模型．

1923　康普顿（Compton）完成康普顿散射实验，发现当光线被粒子散射时，其波长会改变（康普顿效应）．

1927　狄拉克（Dirac）由狄拉克方程式提出反粒子的观念．

1931　安德森（Anderson）由宇宙射线中发现期盼已久的电子反物质——正电子．

1932　查德威克（Chadwick）经阿尔法粒子撞击铍金属实验，发现与质子质量相近的中性粒子——中子.

1934 费米（Fermi）宣布弱相互作用力的存在.

1934 汤川树秀（Yukawa）提出强作用的概念，用来解释质子与中子为何会结合成原子核，而媒介强相互作用力的粒子称为介子.

1937 缪子被发现，它的性质与电子相似但比电子重 200 倍.

1948 费曼（Feyman）、施温格（Schwinger）和朝永振一郎（Tomonaga）共同发展了量子电动力学.

1955 在伯克利大学（Berkeley）的 Beavtron 质子加速器中发现反质子.

1956 第一次由实验证实中微子的存在

1961 盖尔曼（Gell-Mann）与纽尔曼（Ne'eman）提出 SU（3）群和八重态.

1964 盖尔曼（Gell-Mann）与茨威格（Zweig）提出夸克（quark）模型，并命名了上、下和奇异夸克.

1965 提出夸克具有新类型的荷：颜色（红、绿、蓝）.

1967 温伯格（Weinberg）、格拉肖（Glashow）和萨拉姆（Salam）提出了弱电统一理论.

1970 70 年代，理论物理学家发展了量子色动力学（QCD），来描述强相互作用.

1974 J/ψ 粒子的发现证明了第四种夸克（粲夸克）的存在.

1975 三代轻子——τ 子被发现.

1977 三代夸克——底夸克在费米实验室被发现.

1983 规范玻色子（W、Z）在 CERN 的 LEP 上被发现.

1995 费米实验室发现顶夸克.

1998 超级神冈合作组发现中微子质量不为零的证据.

2000 费米实验室报告了关于 τ 中微子的第一次直接观测.

从这个粒子物理学大事年表明显可以看出来，粒子物理标准模型建立之前，量子电动力学、弱电统一理论和量子色动力学都是逐渐形成的；标准模型建立之后，主要的进展是找到标准模型预言的新粒子.标准模型按照自旋不同把粒子分成费米子和玻色子，费米子带有半整数自旋，组成质子、中子以及中微子等；玻色子带有整数自旋，负责传递基本相

互作用力. 费米子遵守泡利不相容原理；玻色子不要求遵守泡利不相容
原理. 费米子又分成轻子和强子. 这些基本粒子之间的相互作用只有四
种：电磁相互作用、弱相互作用、强相互作用以及引力相互作用，如下
表 15—1 所示[①]：

表 15—1   **四种基本相互作用**

	电磁相互作用	弱相互作用	强相互作用	引力相互作用
源	电荷	弱荷	色荷	质量
作用强度	$\dfrac{e^2}{h_c}=\dfrac{1}{137}$	$\left(\dfrac{m_pc}{h}\right)^2\dfrac{G}{h_c}\sim10^{-5}$	$\dfrac{g^2}{h_c}\simeq10$	$\dfrac{Gm_\gamma^2}{h_c}\sim10^{-3\%}$
力程(m)	长 ∞	短 $\sim10^{-18}$	短 $\sim10^{-15}$	长 ∞
传递粒子	光子 γ	中间玻色 W $^\pm$ Z^0	胶子 g	引力 G(理论)
自旋宇称	Γ	1$^?$	1$^-$	2$^+$
质量	$M_\gamma=0$	$M_{W\pm}(80.4)$ $M_{Z0}(91.2)$	$M_g=0$	$M_G=0$
理论		电弱统一 （EW）	量子色动力学 （QCD）	几何动力学 （广义相对论）

最重要的是，描述这四种基本相互作用力的量子电动力学、弱电统
一理论、量子色动力学，甚至广义相对论都可以看作规范场论. 其中弱
电统一理论和量子色动力学构成粒子物理标准模型的两个主要部分. 弱
电统一理论的基本思想是：根据弱相互作用力和电磁力的共同点，把超
荷空间中的局域 U（1）对称性和同位旋空间中的 SU（2）对称性结合起
来，让电磁作用和弱作用统一通过具有 SU（2）$\times U$（1）局域规范对称
非阿贝尔规范场来传递. 而量子色动力学则是一种严格满足色 SU（3）
局域规范对称性的非阿贝尔规范理论. 粒子物理学标准模型在研究基本
粒子及其相互作用方面取得很大成功，与宇宙学标准模型并列为当代物
理学两大标准模型，虽然其还有许多问题亟待解决.

事实上，物理学的发展一直在追求一种统一，越是统一越是具有普

---

① 汪先友：《在 CMS/LHC 上通过 Bc→J/ψπ 测量 Bc 介子的微分截面》，博士学位论文，重庆大学，2012 年，第 17 页.

遍必然性．从牛顿把开普勒天上的行星运动定律跟伽利略地面物体的运动定律统一为牛顿力学开始，麦克斯韦电磁理论把电、磁、光现象统一起来，狭义相对论对电、磁的统一更本质些，量子力学统一描述微观世界，而量子场论试图统一量子力学和相对论．粒子物理学标准模型，特别是统一描述四种基本相互作用的规范理论，是一个目前最好的统一框架，虽然没有达到"万有理论"那样的彻底统一．既然是一次大的统一描述，就包含了之前科学家的努力．之前众多科学家的成果汇总成一个统一的理论框架，这自然而然就是大科学．何况，作为当代物理学的基础理论的量子规范场论，早已成为当代物理学范式的核心部分，同时也就集中了众多的物理学家的努力，以及大量的研究经费，成为名副其实的大科学．

第二节　大数据

作为大科学的粒子物理学，在标准模型的基础上，最重要的是对标准模型和超出标准模型的新物理进行实验验证和探索，其中最关键的环节就是实验数据的获得和分析．而在当代粒子物理学中数据分析最核心的概念是实验标准，即用标准偏差（sigmas［σ］）来度量高能物理结果的有效性或者可信度．2012 年 7 月 4 日，LHC 上的 CMS 小组和 ATLAS 小组宣布发现希格斯玻色子，粒子物理标准模型最后一个没有发现的粒子，使得科学发现的统计标准问题在科学宣告和大众中间都占据重要位置．两个小组都发布 5 个 σ 的结果，丹尼斯·奥弗比（Dennis Overbye）在《纽约时报》讲的是"物理学发现的金标准"，BBC 新闻网站说的是"两个希格斯玻色子寻找实验见到了被称为'发现'的数据里的确定置信度"，并进一步评论说"粒子物理具有一个公认的发现标准，'5 个 σ'或者 5 个标准偏差（置信度）"．他们还注意到这相当于抛硬币连续出现 20 个头向上的可能性．小道消息说 CERN 的总指挥罗尔夫·豪雅（Rolf Heuer）告诉两个小组，除非他们每一个都具有 5 个 σ 的结果否则他们不宣布发现，虽然被 BBC 引述为"从外行角度可以说我们找到它了"（BBC 新闻网站）．更不用说关于希格斯玻色子的科学文献里出现 5 个 σ 标准，

CMS 小组和 ATLAS 小组的发现论文分别为《用 LHC 上 CMS 探测器在 125GeV 质量上新玻色子的观察》《用 LHC 上 ATLAS 探测器寻找标准模型希格斯玻色子新粒子的观察》，两个小组报告的结果分别是 5σ 和 5.9σ，两个小组都没有说发现希格斯玻色子，都说是新玻色子，是不是希格斯玻色子还需要进一步实验．现在人人都知道 5 个 σ 的规则．本节通过介绍弗朗克林对高能物理有效性（标准偏差）的发展史，特别是《转变标准：二十世纪粒子物理学的实验》一书的相关内容[①]，来揭示粒子物理学研究的大数据特征．

标准偏差为什么重要呢？首先当代物理学数据分析发生了很大变化，在 1894 年肯内利（Kennelly）和费森登（Fessenden）给出，在其铜电阻随温度变化系数的测量中实验不确定性的估计，靠的是所获得的最大值和最小值，测量很直接，把铜线加热并测量温度和电阻．到 2009 年 D0 和 CDF 小组报告其对产生单个顶夸克的观察，讲道："我们期望单个顶夸克事例只占所选择事例信号的一小部分，由于背景不确定性比期望的信号更大，一个计数实验要证明其存在就不够敏感．"[②]（Abazov et al.，2007，181802 - 5）也就是说，观察全部数据集合，很难看出任何顶夸克信号．为了探测这样的信号，就要用相当复杂的分析过程．D0 小组强调"我们所做的不是计算有几个变值的分辨，要能够把信号从背景分开由此观察到顶夸克的概率，我们用决定树产生这种分辨"（Abazov et al.，2007，181802 - 6）．CDF 小组用过类似分析过程，包括可能函数分辨、矩阵元分辨以及神经式网络分辨．这些分辨结合成相关超级分辨来分析数据，更不要说这些涉及蒙特卡罗模拟和大量数据的分析的过程，反过来又要求相当大的计算能力．这些分析过程，允许实验小组声称具有 5 个标准置信度的有效性水平观察到产生单个顶夸克．可见，事情发生了显著变化，数据分析不再是直接测量，而是涉及大量数据计算和分析过程．

标准偏差之所以重要，还涉及实验的不确定性、统计性、有效性．

[①] A. Franklin, Shifting Standards: Experiments in Particle Physics in the Twentieth Century, University of Pittsburgh Press, 2013. *本章后面几节内容的主要依据是弗朗克林的《转换标准》的内容．其中转引文献以作者加年份方式标出，详情参看《转换标准》一书．

[②] See V. M. Abazov, M. Abbot et al. "Evidence for Production of Single Top Quarks and the First Direct Mearsurement of $|V_{tb}|$", *Physical Review Letters* 98, no. 18, 2007, 18180 - 1 - 7.

除了在复杂性和分析过程的能力两方面有相当大的变化之外，当代实验还引用了结果的不确定性及其在"标准偏差"上的有效性，后者是卡尔·皮尔逊（Karl Pearson）1893 年引入的术语，正如其名字所意味着的，"标准偏差"提供了比较结果的统一方法，即使其计算不需要运算过程．正如我们看到的，弗朗克林讨论的每一个实验都引用了结果的实验不确定性，虽然用以计算那个不确定性的方法并没有每次都很详细．然而，正是这个实验不确定性，使得那些结论能够从实验结果得出，比如，由此获得的实验跟理论预言之间的差异为 1 个 σ，通常也就被认为是跟理论预言一致的，而有时 5 个 σ 的差异都不行，会被视为反驳．就像弗朗克林在《转换标准》这本书前言部分所讨论的，这有赖于实验是在什么样的时代完成的．因此才有巴尔泰等人（Baltay et al.，1966）所说的，一个证明共轭电荷不变性被破坏的重要结果是在 $2.57 - \sigma$ 效果的基础上．康普顿和西蒙也说过，在所期望的角度观察到大量的 γ 射线是比背景大 7.9 ± 0.7 个事例，并且具有作为统计波动的 1/250 的概率（Compton and Simpson，1925），按照现代术语这相当于 2.9 个 σ 的效果．邓宁顿（Dunnington）虽然使用了计算其结果标准偏差的常用程序，得到系统不确定性的重要因子，包括磁场恒定的未知错误以及影响电流最小值位置的因素，"要注意的是，最后的可能错误几乎完全依赖于这两个因子，所有其他错误相比之下要小得多"[1]（Dunninton，1933，p. 414）．这个例子说明提供实验不确定性，更加涉及标准—偏差公式的运算规则的应用．弗朗克林认为，知识和判断是根本的，事实上，实验不确定性的估计仍然是个问题，正如粒子数据小组所强调的："我们总结出实验数据跟我们平均过程相结合的可靠性常常是好的，但重要的是要知道所例错误之外的波动能够并且确实发生了．"[2]（Amsler et al.，2008，p. 18）

　　为了说明标准偏差的重要性，弗朗克林举过一个例子来说明[3]，这个

---

　　[1]　See F. G. Dunnington，"Polarisation of a e/m for an Electron by a new Deflection MEthod"，*Physical Rewview* 43，1911，pp. 404 – 416.

　　[2]　See C. Amsler，M. Doser et al. "Review of particle Physics"，*Physics Letter B* 667，2008，nos. 1 – 5：pp. 1 – 1340.

　　[3]　Allan Franklin，*Shifting Standards：Experiments in Particle Physics in the Twentieth Century*，University of Pittsburgh Press，2013，p. IX.

例子说的是，在 1994 年至 1995 年之间费米实验室（CDF）小组有三篇论文宣布发现顶夸克，前两篇有一篇是发表在通讯杂志《物理学评论快报》（Abe et al.，1994b），另一篇发表在档案性的杂志《物理学评论 D》（Abe et al.，1994b）．两篇都冠以"在 $\sqrt{s}=1.8\text{TeV}$ 的 $\bar{P}P$ 碰撞里顶夸克产生的证据"．第三篇论文也是发表在《物理学评论快报》（Abe et al.，1995）上，冠以的题目是"在费米实验室对撞机探测器的 $\bar{P}P$ 对撞里观察到顶夸克产生"．三篇论文最大的差异在于，在前两篇论文写作期间里，第三篇的写作加上了 CDF 小组所获得的更多数据和取得的令人满意的更有效结果．"证据性"论文报告了具有 2.8 标准偏差的统计有效性，而"观察性"论文是 5—标准—偏差结果．这慢慢已经成为高能物理论文的普遍方针，并成为《物理学评论快报》《物理学评论》这类杂志编辑对冠以"观察性"论文的最低要求，否则只能是"证据性"论文．高能物理的几个委员会的这个未成文的方针，已经被研究小组自己在提交论文时严格遵守和强化，自然也被杂志审稿人强化．因此，这在高能物理学界成为发现的金标准（gold standard）．

　　这个金标准是如何形成的呢？按照弗郎克林的考察，使用标准偏差作为衡量高能物理结果的有效性（或者可信度）始于 20 世纪 60 年代初．比如，1963 年康纳利（Connolly）等人在《介子的存在和性质》一文中报告了比较低的 1.5 标准偏差的结果，论文提到："满足这些标准的事例，其 3π 有效质量谱……被 φ 质量的尖峰所验证．在 M（3π）= 1020MeV 存在一个相对于背景大约 1.5 标准偏差的偏差．"[1] 但是没有明确把标准偏差作为有效性标准．而在 1966 年巴尔泰（Baltay）及其同事得出："在我们结果的基础上，我们总结出 C［电荷共轭或者粒子—反粒子］不变性在 η - 介子衰变成三个 π 介子时被破坏．"（Baltay et al.，1966，p. 1224）[2] 其结论有赖于那些正 π 介子能量多的 η 衰变，跟那些负

① See　P. L. Connolly，E. L. Hart，K. W. Lai，G. London，G. C. Moneti，R. R. Rau，N. P. Samios，et al. "Existence and Properties of the Meson"，*Physical Review Letters* 10，1963，no. 8，pp. 371 – 376.

② See　C. Baltay，P. Franzini，J. kim，L. Kirsch，D. Zanello，J. Lee-Franzini，R. Loveless，J. McFadyen，and H. Yarger，"Experimental Evidence Concerning Charge-Conjugation Noninvariance in the Decay of the Meson"，*Phyysical Review Letters* 16，1966，no. 26，pp. 1224 – 1228.

π介子能量多的 η 衰变之间的不对称．他们发现非对称 A，由（$N^+ -$
N^-）／（$N^+ + N^-$）决定的，其中 N^+ 是正 π 介子能量多的衰变数，N^- 是
负 π 介子能量多的衰变数，最后等于 0.072 ±0028，一个2.57 $- \sigma$ 的结果．
他们写道："因为实验数据的波动，获得结果｜A｜$\geqslant$0.072 的概率，在
没有 C $-$ 不变性的条件下，是 1.08×10^{-2}．"（Baltay et al.，1966，1226）
这个小组还添加了另外两个意义不大的结果，给出不对称的 A = 0.058 ±
0.034 和 A = 0.087 ± 0.053，两个都不小于 2 $- \sigma$ 效果，对其结果来说更
弱的证据．甚至，早在 1662 年博坦扎（Bertanza）及其同事在报告 $\Xi\pi$ 和
$\overline{KK}$ 系统可能存在共振态时就强调，"相位—空间的预言的偏差是 3 个标准
偏差，而 $\overline{KK}$ 有效—质量—平方分配是 2.5 个标准偏差，这个误差估计，
是建立在包括 $\Xi\pi$ 和 $\overline{KK}$ 达里兹图的峰值方图里的事例总数的平方根基础
上的"[1]（Bertanza et al.，1962，p.180），虽然其估计标准偏差的方法跟
目前稍有不同．

按照弗朗克林的考察，20 世纪 70 年代早期继续使用标准偏差作为测
量有效性的趋势．1971 年《物理评论快报》里一篇综述性论文揭示出，
实验者那时倾向于仅仅例举具有 4 个标准偏差以上的结果，虽然不是完
全如此．这个变化的根源归功于罗森菲尔德（Arthur Rosenfeld）———一位
粒子数据小组的成员，该小组负责《物理评论快报》粒子属性的标准参
考指南．按照这个在高能物理学界广为流传的说法，罗森菲尔德指出，
就实验者每一年所画的无数图表，人们都期望看到大量的 3 个标准偏差
效果，即便数据是随机分布的，并且没有粒子或者共振态出现．他在
1975 年撰文讨论过这个问题，讲的是κ(725)，一个已经报告过 5 次的 $K\pi$
共振态，但是后来消失了，罗森菲尔德讲到："我们用计算机编绘了 60，
000 个新 $K\pi$ 事例，没有发现实质性的进一步证据，并且进一步询问如此
重要的统计波动在 $K\pi$ 系统某些质量上有望以多大频率出现．（在那时每
年有 200 万个云雾实验事例需要测量，并且大约有一千个物理学家忙于从
10，000 到 20，0000 个质量图里，寻找重要特征，有真实的也有想象的

---

[1]　See L. Bertanza，V. Brisson et al. "Possible Resonances in the $\Xi\pi$ and $\overline{KK}$ Systems"，*Physical
Review Letters* 9，1962，no.4，pp.180 – 183.

.）我们总结出 5 个关于κ的说法只不过是我们应该期望的．"[1]（Rosen-feld，1975，pp. 564 – 65）当然，在一个方图里的 3 – σ 效果的概率是 0.27%，而在 1，000 个方图里，观察到 3 个标准偏差效果的概率，在数据是随机的情况下就是 93%．那么标准提高到 4 个 σ，单个方图的概率就是 0.0064%，而在 1，000 个方图里是 6% 的概率，可见在什么样的样本空间计算概率非常重要．比如，卡莫尼（Carmony）及其同事 1971 年就在《在 $K\pi$ 和 $K\pi\pi$ 系统里了观察到 K_N（1760）》一文中讲过："湮灭成 K^+（890）π 和具有相同质量和宽度的 $K\rho$ 在 4 标准偏差有效性下观察到．"[2]（Carmony，1971，p. 1160）虽然其中存在一些问题．而有时对标准偏差估计作为有效性测量的可能过度信赖，这在马格里希（Maglich）及其同事 1971 年的论文清晰可见，论文断言一种新的质量为953$_{-2.5}^{+1}$中性玻色子已经通过"20 – 标准偏差峰值"所发现（Maglich，1971），该小组还明确反对之前发现的 η'（958）对其实验结果的说明．显然，4 个标准偏差的有效性效果的标准在 1970 年代中叶被很好地建立起来，在 1976 年"用能量高达 11.8GeV 的光子寻找其所产生的重窄共振态"论文里，希欧多斯偶（Theodosiou）等人讲到："所引用的限制……是基于人们具有背景峰值达到 4 个标准偏差信号的大量事例之上．"[3]（Theodosiouetal，1976，p. 128）为了说明他们实验装置和分析过程有可能探测到这种效果，他们还画了两幅图，包括 e^+e^- 质量平方谱，和加在其上的具有 4 个标准偏差包的谱，这是靠添加从质量为 2.15GeV² 宽度为 0.29GeV² 共振态衰变得到的 160 个事例来完成的．

弗朗克林认为，4 个标准偏差的统治持续到 1980 年代，即便说在 2000 年代结果统计有效性的假设不够严谨．虽然 4 个标准偏差得到承认，但是统计有效性低的论文还是被发表，在有些情况下，虽然存在大量事例和统计不确定性，但是大量的标准偏差没有得到计算和提供．另外，

---

[1]　See A. H. Rosenfeld, "The Particle Data Group: Growth and Operations-Eighteen Years of Particle Physics", *Annals Review of Nuclear Science* 25, 1975, pp. 55 – 98.

[2]　See D. D. Carmony, H. W. Cords et al. "Observation of a new in the and", *Physical Review Letters* 27, no. 21, 1971, pp. 1933 – 1936.

[3]　See G. B. Theodosiou, K. M. Gittelman et al. "Search for Heavy Narrow Resonances by Photons with Energies up to 11.8 Gev", *Physical Review Letter* 37, no. 3, 1976, pp. 126 – 129.

在结果的统计有效性、结果的标准偏差与论文的题目之间也没有关联起来，导致我们有些标题为"证据"性跟"观察"性的论文，在报告其结果时具有同样的统计有效性．比如有篇题目为《在 2020MeV 和 2200MeV 两个窄 $\overline{PP}$ 共振态的证据》的论文（Benkheiri et al.，1977），实际上应该是篇存在性论文．而"在 1940GeV 窄 $\overline{PP}$ 增强的观察"最多是篇证据性论文．总之，弗朗克林明确认为："我们看到在 20 世纪 80 年代早期 4 个标准偏差的标准似乎还是起作用，虽然这一点没有被明确提起．这一直持续了整个 20 世纪 80 年代．"① 而且 4 个标准偏差的松散规则持续到 20 世纪 90 年代，统计有效性仍然得到重要考虑．同时，转向有效性的五个标准偏差标准似乎也始于 20 世纪 90 年代，虽然在那时还不作为一种要求．这可以从 CDF 小组发表的有关发现顶夸克的论文看得出来．如前所述，1994 年 CDF 发表了两篇相同题目的论文，即《在 $\sqrt{s} = 1.8\text{TeV}$ 的 $\overline{PP}$ 碰撞里顶夸克产生的证据》（Abe et al.，1994a；Abe et al.，1994b）．在费米实验室一万亿电子加速器可以达到的能量上，实验者期望顶夸克在夸克—反夸克对里产生，夸克就会在随后的衰变 $t\bar{t} \rightarrow Wb\overline{Wb}$ 里观察到，其中 b 和 t 是底夸克和顶夸克，而 $\bar{t}$ 和 $\bar{b}$ 是反夸克，而 W 是中间矢量玻色子．在有关 CDF 小组是否要发表上述结果以及要说什么都有相当大分歧，有些成员感到证据太弱不足以发表，而另外些人相信肯定存在顶夸克信号，还有很多中间派．史里华（Krys Sliwa）就属于赞同派之一，"史里华在云雾室物理的早期就觉察到，'任何低于 5σ 有效性的东西就会被视为可能是波动而被忽略，显然从那时标准就明显下降'"② （Staley，2004，p. 141）．虽然那个标准只是可能被史里华所在的小组所采纳，我们还是看到这在那时被普遍接受．后来又重新回来，在 1995 年 4 月，在增加的数据集基础上，CDF 公布了新发现——"在费米实验室碰撞探测器上 $\overline{PP}$ 碰撞里观察到产生顶夸克"（Abe et al.，1995），并出现了 5σ 标准偏差．与此同时，费米实验室的 D0 小组也在使用不同探测器寻找顶夸克，不过

① Allan Franklin, *Shifting Standards*: *Experiments in Particle Physics in the Twentieth Century*, University of Pittsburgh Press, 2013, p. XXIV.

② See K. Staley, *The Evidence for the Top Quark*, Cambridge: Cambridge Universiity Press, 2004.

研究的是同样的可能衰变模式, 在其第一篇论文里最后的事例样品包括跟其背景估计一致的三个候选事例, 他们评论说 "在目前的四个模式里没有顶夸克的证据"(2042). 该小组在 1995 年的第二篇 "寻找" 论文里, 汇报了其对高质量顶夸克的寻找, 计算了背景向上波动引起的概率是百分之 2.7, 因此 "虽然跟 CDF 结果一致并且比较灵敏, 但是测量并不能够证明顶夸克的存在"(2426). 原因在于 1.9σ 结果是不够的, 即便是对之前结果的证实. 但是在一周之后, 他们在 "顶夸克的观察" 里声称他们现在可以 "报告从 D0 实验得到的新结果肯定建立起顶夸克的存在"(Abachi et al., 1995b). 这时他们报告了总共 17 个事例, 具有 3.8 ±0.6 事例的期望背景, 以及 "对 17 个以上事例的向上背景波动的概率是 2.0×10^{-6}, 相当于高斯分布的 4.6 个标准偏差"(2635), 这几乎达到但是还没有达到 $5-\sigma$ 的效果. 可见, 5 个 σ 标准偏差的标准已经出现, 不过还没有被固定下来.

按照弗朗克林的考察, 21 世纪 5 个 σ 标准偏差的标准逐渐被固定下来. 在 2001 年《物理学评论快报》(86 卷) 总共包括 2 篇 "证据性" 论文和不少于 7 篇 "观察性" 论文, 只有一篇明确采用标准偏差作为其结果有效性的测度, 其余论文都使用 χ^2 和似然性, 加上其结果图. 虽然 χ^2 和似然都可以转换成标准偏差, 但是他们都没有这样做, 甚至有时转换成概率也没有转换成标准偏差. 有两个地方具有统计不确定的大量事例, 但还是没有给出标准偏差也没有给出概率. 在 2001 年《物理学评论快报》(87 卷) 里, BaBar 小组发表了他们的论文——《在 B^0 系统里 CP 破坏的观察》(Aubert et al., 2001), 具有 4.1 个标准偏差有效性: "这里报告的 $\sin2\beta = 0.59 \pm 0.14$(stat) ± 0.05(syst) 测量说明 CP 在 B^0 介子系统以 4.1σ 置信度被破坏……获得没有 CP 破坏的这个值或者更高值的概率不小于 3×10^{-5}."[1](091807) 在《物理学评论快报》88 卷(2002 年) 里, 5 个 σ 标准还未强迫执行. 到 2003 年 "观察性" 论文的 5 个标准偏差标准似乎有影响. 在《物理学评论快报》(90 卷) 里包括了 4 篇 "观察性" 论文和 2 篇 "证据性" 论文, 4 篇 "观察性" 论文有 3 篇作者

---

[1] See B. Aubert, D. Boutigny et al. "Observation of CP Violation in the Boson system", *Physical Review Letters* 87, no. 9, 2001, 091801 – 1 – 8.

注意到其结果的统计有效性大于 5 个标准偏差，第 4 篇的结果也大于 5 个标准偏差使其作者不为此担心．

弗朗克林甚至把 2003 年至 2010 年在《物理学评论快报》上所有的"观察性"和"证据性"论文统计成两个表①．前者共 105 篇，后者 51 篇，从中显然可见 5 个 σ 所起的作用．其中 90 篇"观察性"论文明确说其观察效果具有等于后者大于 5 个标准偏差的统计有效性，其余论文没有明说但也大多超过 5 个标准偏差，只有两篇 2003 年、2004 年的论文低于 5 个标准偏差，这样的论文后来就没有出现过，2005 年也有两篇没有提及标准偏差的论文，可见"观察性"论文 5 个 σ 的规则是明确实行的．在这个时段共有 44 篇明确是"证据性"的论文发表，其中 40 篇的有效性小于 5 个 σ，有 3 篇具有大于 5 个 σ 有效性的效果，最后一篇是在 2006 年．

弗朗克林通过历史性地考察标准偏差标准的变化，最后认定 5 个标准偏差规则的确定．他回到费米实验 D0 和 CDF 小组的系列实验，它们是对单个顶夸克产生的观察至关重要，顶夸克的最初发现涉及强相互作用的反应，其中顶夸克对（tt̄）被产生．理论也预言单个顶夸克可能由弱电相互作用产生，单个的顶夸克期望是产生包含顶夸克和底夸克（tb）的末态产生，也可能在包含顶夸克、底夸克以及第三个轻夸克（tqb）的态里，这正是 D0 和 CDF 小组要考察的．关键在于，他们"期望的单个顶夸克事例只构成所选择事例样品一小部分，加上背景不确定性比期望的信号强，［以便发现顶夸克的］记数实验就不会对其存在足够敏感"②（Abazov et al.，2007，181802 – 5）．为了探测那个信号，必须进行复杂的分析过程．因为期望的信号比背景过程里的不确定性还要小，这有可能掩盖顶夸克的产生，人们需要具有好的理由相信对这些背景的计算．另外，不像前面的实验那样图像能够清楚表明 5 个 σ 的信号的存在，在这里单个顶夸克很难在全部数据集合里看到，只是在选择过程用到复杂

①　Allan Franklin, *Shifting Standards*：*Experiments in Particle Physics in the Twentieth Century*, University of Pittsburgh Press，2013，pp. XL – XLI.

②　See V. M. Abazov, M. Abbot et al. "Evidence for Production of Single Top Quarks and the First Direct Mearsurement of ｜V_{tb}｜", *Physical Review Letters* 98，no. 18，2007，18180 – 1 – 7.

分析输出之后才清晰可见．重要的是，对不同分析方法获得的结果的认同，成为这些分析方法及其结果正确性的检验．D0 和 CDF 小组都报告了，具有 5 个标准偏差有效性结果的单个顶夸克产生的观察．弗朗克林讲道："显然，如果你想断言，至少在高能物理学界，你观察到一个现象，你的结果一定至少有相对于背景的 5 个标准偏差．简言之，现在的 5 个 σ 规则．"① 弗朗克林最后认为，对 σ 作为高能物理学界为科学发现的客观的和更严格的标准所希望的结果产生的历史进行解释，这是很诱人的，实际上也是正确的，但是不是事情的全部．虽然人们使用熟知的形式计算了标准偏差，但是标准偏差的使用主要涉及的既是知识也是判断，它不是一个单纯运算法则．σ 标准的历史揭示出，评价实验结果的有效性比统计算法的形式化应用内涵更丰富，统计不能代替思想．②

可见，通过对 σ 作为高能物理学界为科学发现的客观的和更严格的标准所希望的结果产生的历史考察，高能物理学对海量数据分析的有效性要求充分反映出其大数据的特征．

第三节　大科学实验

弗朗克林在《转变标准：二十世纪粒子物理实验》一书的导言中写道："序言里粒子物理科学发现改变了标准的历史，建议考察该领域的其他实验及其实验结果的报告是否随时间变化，这是一个有趣的事情．如果我们考察统计学使用的历史，我们就会发现相当大的额外变化，正如布赫瓦尔德（Jed Buchwald，2006）在讨论有差异的实验结果时所强调的，'进入 18 世纪实验者选择性地公布单个黄金数字，他们认为那就是其劳动产生的最具价值的那个'（566）．这个关于结果的说法，在随后几个世纪变成了数据更加正规的处理．起初，其他方法用来处理有差异的结果，比如，有些科学家相信，在其测量过程中，后来的结果比之前

---

① Allan Franklin，*Shifting Standards*：*Experiments in Particle Physics in the Twentieth Century*，University of Pittsburgh Press，2013，p. L.

② Ibid.，p. LV.

的结果更好更可靠，后来的测量用了之前的两个测量的平均，然后进行前面两次平均跟第三次及其之后值的平均．这个过程具有后一次更好的权重，视为更好的测量．"① 弗朗克林认为，统计学的使用只是在实验结果的表述时所涉及的重要问题之一，有必要检验其他问题看看它们是否随时间变化而变化．于是，弗朗克林考察了 20 世纪粒子物理的大量实验中所涉及的问题，包括下面的系列问题．②

1. 数据的排除和数据的选择．两者不是同一个过程，排除通常是在装置工作不当时，针对"不好"的数据进行．而选择针对的是"好"的数据，是在装置运行良好时，按照一定的选择标准排除可能模糊化的考察现象．数据的排除在早期论文往往只会提一提，后来的实验虽说涉及，但是论文不讲，不过会讲数据选择．实际上没有哪个实验使用了全部所得的数据，这是一个实验科学有生命的事实．数据的排除通常与"差"数据联系在一起，可能被视为差的设计实验、好的设计实验的误用，有偏见的数据获取，甚或谬误数据，诸如此类的结果．比如弗朗克林在《转换标准》一书第一章里考察肯内利和费森登所讨论的数据排除情况，最先四个实验的运行被排除掉，因为实验结果获得是在铜样本被加热的时候，这与样本在冷却时的结果不同．对实验者而言这意味着装置不能真正起作用，他们希望在实验条件改变时两套实验结果之间没有差异．类似地，密立根从其最初的 68 滴油滴中排除数据，因为其实验装置中的传输电流不稳定，只有稳定下来密立根才承认数据是可靠的．密立根后来排除了数据，包括其选择性的计算，这个问题更大，因为他已经知道在其做出那样的排除之前从数据获得的电荷 e 值．这就产生一种可能性，即密立根排除数据是因为结果与其期望的不一致．康普顿（Compton）和西蒙（Simon）排除他们最初实验运行的数据，是因为它包括很多信号被遮蔽时的背景．

虽然在最近的实验里也排除数据，但是在发表的论文里很少提及．人们可能说，这是因为假定这样的排除是发生了，并且是正当的．对于

---

① Allan Franklin, *Shifting Standards*：*Experiments in Particle Physics in the Twentieth Century*, University of Pittsburgh Press, 2013, p. 1.

② Ibid., pp. 3 – 10.

早期讨论的论文当中，自然想到 CDF 关于 B^+ 介子相互作用的论文．实验人员说"靠所知道的硬件运行的问题被消除"．（Acosta et al.，2002，052005 - 4）[①] 类似地，苏联—美国镓实验小组（SAGE）小组强调"1990年1月、2月、3月、4月以及7月得到的测量结果在此得到报告，早期在 1989 年得到的数据，由于氡和锗残留污染的缘故这里没有提供，1990年3月的运行不稳定，原因是所用的电子不稳定，1990 年6月的数据被丢失，原因是真空事故"[②]（Abazov et al.，1991，p. 3333）．在知道装置没有真正工作的时候，没有人会论证说人们应该接受数据．弗朗克林强调，总体上讲，数据的排除并非实验结果有效的问题，因为对最终结果排除的效果，在结果进行排除时通常是不知道的．相反，选择性用选择标准隔离所考察的对象，在现代高能物理论文中是本质性的和几乎唯一的．K_{e2}^+ 分之比实验本质上是选择性的操作，就像我们看到的，甚至是选择性的触发，非常少的 K_{e2}^+ 事例被最初由于 K_{e2}^+ 衰变产生的大量背景事例所淹没．只有通过对范围、进行匹配以及衰变时间使用截止，信号才可能被看到．

2. 可能的实验偏见．选择标准的使用产生这样的可能性，实验者可以在知道这些削减结果的效果的情况下，削减产生有望产生的结果，使得那样的结果与已知理论、实验者预期的结果或者之前的结果相符合．

3. 实验装置的细节．实验论文也会描述实验装置和分析数据的过程，在早期论文里装置的描述很细，现在的论文由于实验规模迅速增大，所能提供的描述和文章篇幅很有限，通常只是对测量起关键作用的部分讲一讲．完整的实验装置描述在其他地方有，分析过程的细节也如此．有些论文没有实验装置的描述，只有大量参考文献．

4. 实验装置的大小数据集合的大小以及作者人数．这些方面的详细说明与目前实验大小和复杂性都发生变化是联系在一起的．在我们观察

[①] See D. Acosta, H. Affolder et al. "Measurement of the B^+ Total Cross Section and B^+ Differential Cross Section $d\sigma/d\,p_t$ in Collusions at $\sqrt{s} = 1.8TeV$", *Physical Review D* 65, no. 5, 2002, 052005 - 1 - 10.

[②] See A. I. Abazov, L. Anosov et al. "Search for Neutrinos from the Sun Using the Reaction $71_{gA(\nu_{Ee},e)}$", *Physical Review Letters* 67, no. 24, 1991, pp. 3332 - 3335.

实验装置的大小时，发生的变化很明显，密立根油滴实验装置适合放在桌子上，见方大约是 $1m^3$，但是 CMS 装置装置体积约有 $4000m^3$。密立根是其论文的唯一作者，CMS 论文具有 2000 多个作者。因此，每位实验者占的体积大致保持一个常数 $1m^3$/实验者。实验复杂性的增加也增加了论文作者的人数，直到 20 世纪 50 年代早期我们看到的都是每篇论文一、两个作者，在高能物理学里作者人数逐渐增加，到 LHC 上 CMS 联合小组几乎达到 3000 人。这已经改变了一篇实验论文的一个作者所意味着的东西，为了说明这一点，弗朗克林讲了他自己的一段往事，在其大学阶段的 1958 年，他作为助手参加尤金·柯明斯（Eugene Commins）关于测量 He^6 自旋的实验，他帮助建立装置、获取数据，并且进行了要得到最后结果所必需的绝大多数数字计算。吉恩（Gene）慷慨地让弗朗克林成为论文的合作者，但是几天后，波利卡普·库施（Polykarp Kusch）这位论文的第一作者，把弗朗克林叫到他的办公室，他告诉弗朗克林说，虽然弗朗克林对实验做了大量实质性的有价值的工作，但是弗朗克林不能成为论文的作者，他的理由是弗朗克林没有足够的知识谈论实验。虽然弗朗克林有些失望，但是并没有反对。对他来说无论是过去还是现在作者都有一个合理的标准，在庞大的当代实验小组里这样一个标准可能太过严格，有可能排除掉大量对实验有实质性贡献的人。比如，实验获得的大量数据集的分析是小组里相对少的部分人来进行的，通常是 5 到 20 个物理学家。因此合作小组的大多数成员也不知道足以谈论结果的分析细节，然而他们可能对实验装置的建构、分析过程或者实验的运行做出过重大贡献。现代也存在作为作者的规则，CMS 机构说"CMS 物理学家论文的作者是物理学家、工程师以及研究生，只要是为 CMS 成员国服务的，以及为 CMS 工作的主要时间是从跟 CMS 秘书处签约之后在一年以上"[1]。我的 CMS 成员的同事告诉我，工作必须是为联合小组服务，并且可以是包括建造装置或者为了一般分析的计算机程序，这并不包括为了产生特定实验结果进行数据分析的工作。也存在一些要求，比如联合小组内部每一年必须有多少实验转移，目前要一个中心以及一个适当大小的单位

---

① Allan Franklin, *Shifting Standards: Experiments in Particle Physics in the Twentieth Century*, University of Pittsburgh Press, 2013, p. 6.

来做高能物理实验.

实验不仅在大小上增加, 而且所收集的样品数据多少也在增加. 比如密立根油滴实验取了 175 滴油的数据, 其中公布了 58 滴的数据, 其中又只有 23 滴的数据用于确定电荷 e 的值. 奥尔福德 (Alford) 和莱顿 (Leighton) 从 23000 张样品照片中找到 $134V^0$ 事例, 其中 74 个用于测量 V^0 的寿命. 1967 年公布的 K_{e2}^+ 分支比实验具有 19965 个事例, 只有 6 个事例具有最后信号. 而在费米实验室的 E791 实验具有 200 亿个触发, 而 Babar 实验产生了 467 兆个 B 介子对. 为了能够产生如此巨大的数据, 在数据获取和数据分析两方面必须做巨大改进. 这跟 20 世纪 60 年代有很大不同, 用光学闪烁暗室的实验, 数据是记录在胶卷上, 数据的获得受限于照片胶卷, 不得不在可能获得另外的事例前面移动, 一个依序持续一秒的过程, 我们得到大约 12000 个事例, 然后闪烁暗室图像定影在相纸上. 闪光的位置被测量后, 要大约一分钟来测量闪烁位置并用手记录下数据, 数据随后印在卡片上再由计算机来分析, 按照那样的效率需要大约 40000 年来分析 E791 获得的全部触发, 即便事例像 ρ^0 实验 (情况当然不一样) 那样简单. 显然数据获得和数据分析的进展已经发生了, 现在高能物理实验都是数字式记录, 记录数据的效率达到每秒几百个事例, 而 CMS 实验的事例产生频率是 800MHz.

5. 这些数据的获取及其分析的效率得以可能的前提, 是电子化及其计算机. 比如密立根用的是其计算的运算表, 都是手工完成的. 到 20 世纪 50 年代, 计算机从今天标准看来虽然原始, 却经常使用. 其使用从那时起得到相当大增加, 并且其计算力通过大量指令得以增强. 不知道有什么恰当的方法来估计计算机能力的增加, 但是有人评论说, 如果汽车的代价按每比特代价那样来降低的话, 那么梅赛德斯—奔驰 (Mercedes-Benz) 只值 0.25 美元. 弗朗克林说, 他仍然怀疑这实际上还是低估了计算机能力的增加.

6. 理想实验与实际实验之间的差异. 这在实验描述和提供的实验装置设计里都是重要的, 就像我们知道的, 实验装置的设计比真实的越来越抽象. 密立根装置的设计图比起用来寻找粒子的装置的设计图真实的多.

7. 之前实验的历史. 在 20 世纪初的论文里, 作者会讲同一个量之前的测量的历史，有时很宽泛，而现在的论文历史叙述非常短，除非是综述性论文或者争论性主题的论文．至少在高能物理学之前的历史通常是很短的．因此，在单个顶夸克产生的故事里，历史跨度仅仅从 2000 年到 2009 年，并且只有 9 篇论文，这个数目还包括 CDF 和 D0 合作小组对其产生设定限制的 5 篇论文．如果人们只要仅仅包括那些报告产生证据的论文，那么时间是从 2007 年至 2009 年，并且只包括 4 篇论文，这些实验在那时只由两个实验小组来做，没有多少历史要报告．

8. 个人评论和风格．在早期，论文作者要判断之前工作的质量，至少有一种关于之前实验者的特点．因此，霍尔（Edwin Hall）才会评论道："再者，胡克（Hooke），一位勤奋的天才，不过有点不精确的特点，他自己坦然承认实验可能暴露些许偏差，这样一位有名望的人具有这种偏见不能被忽略；并且更难相信他故意对皇家学会的同事撒谎．"①（Hall，1903a，p. 182）我相信这样一个评论在现代论文里是无法想象的，即便在激烈争论的论文里，作者也可以争辩说其他结果不正确，但是，至少在公开发表的文章里，在这样做时都是非常有礼貌的，在私人讨论或者非正式场合，讨论有时会很尖锐．另外，早期论文都很有个人特色，而后来的论文非常一般化，往往用虚拟语气，缺乏个人风格和评论，写得就像是完成成果的一部分似的，实验报告也非常理想化，就像前面说的没有细节和过程，只有结果．

当然，弗朗克林认为有两个问题前后没有发生变化．一是实验在科学里的众多作用，其中一个作用是检验理论、为科学知识提供基础．它也可以预示新理论，通过揭示已经接受的理论不对，或者展现新的需要说明的现象．实验能够提供跟理论的结构或者数学形式相联系的线索，以及提供我们理论里涉及的实体的证据．也存在解释性的实验，主要是为了阐释理论．当然实验也能够测量那些在理论看来重要的量，或者在实践中重要的量．最后，它还有自身独立于理论的生命．科学家可能考察一个现象仅仅是它看上去有趣，那也为未来理论解释提供证据，我们也会看到所讨论的实验，不止一次发挥这些作用．如果实验在科学中起到

---

① See E. H. Hall，"Do Falling Bodies Move South（Part I，Historical）"，*Physical Review* 17，no. 3，1903，pp. 179 – 190.

这些作用，我们就更有理由相信实验结果．这就牵涉到弗朗克林所说的实验的认识论，这个话题从哈肯（Haken）1981 年首次提出已经三十多年了，他在《我们是通过显微镜观察吗?》论文里，实际上是想搞清楚我们是如何相信复杂的实验装置获得实验结果的，我们是如何区分有效结果跟实验装置创造的人为结果的? 1983 年的《表象与介入》的第二部分回答了这些问题，他认为用显微镜观察时实验者介入了．他们操作了被观察对象，并且预言如果操作得当他们会观察到什么，观察所预言的结果强化了适当操作显微镜和观察中的信念，哈肯也讨论过通过独立证实，使观察时一个人的信念得到的强化．弗朗克林认为哈肯的回答在当时是对的，不过不够完备，如果人们只用一种实验装置，不管是显微镜还是望远镜，甚至干预不可能完成或者极端困难时，会发生什么情况? 为了完成观察还需要其他办法．这包括下面的方法:[1]

（1）实验的检查和测量，使其实验装置产生已知现象．如果检查成功，它提供好的理由相信装置正常工作就好，就会产生结果，如果检查失败，我们有理由相信装置获得的结果有问题．

（2）重新产生之前存在的已知东西，主要是在实验检验形式的意义上讲的．

（3）排除错误的可能根源以及结果的各种可能解释．

（4）使用结果本身为其有效性论证．在此情况下人们论证不存在合理的装置制造或者背景效应，那就有可能解释观察．

（5）使用关于这个现象的独立的、更加坚定的理论来解释结果．这个理论的支持会被传递成为对这个结果的支持．

（6）使用一个更加坚定的理论基础上的装置．在此情况下对理论的支持传导到在此理论基础上的装置．

（7）使用统计论证．人们论证说，如果它是背景的统计性波动，那么结果很不一样．

（8）使用"盲"分析，一种避免可能实验偏见的策略，通过独立于最终结果的选择标准．

---

① Allan Franklin, *Shifting Standards*: *Experiments in Particle Physics in the Twentieth Century*, University of Pittsburgh Press, 2013, pp. 9 - 10.

这些策略加上哈肯的介入和独立证实，为其提供了一个实验的认识论．弗朗克林强调这些策略既非唯一的也不是全部用上，没有一个策略或者它们的某种组合对建立一个实验结果的正确性是必要和充分的；它依赖于特定的实验，科学家用这些大多适合在特定实验基础的策略建立其结果的正确性．

第四节　大科学工程

弗朗克林认为，从20世纪60年代起实验装置的大小发生了很大变化．如上所说，从密立根油滴实验装置的1m³，发展到LHC上CMS装置装置体积约有4000m³，还不包括加速器在内．最初，粒子实验的实验者使用X射线或者辐射源，很容易放在实验桌上，或者等待宇宙射线引起的事例．20世纪30年代出现粒子加速器，使得不仅可以控制粒子束，而且可得到更高的能量，同时把粒子束加强．在1931年劳伦斯（E. O. Lawrence）的第一台粒子加速器，直径只有11.5厘米，而LHC的周长达到27千米（大约8.6千米），大小约增加了75,000倍．能量增加更大，劳伦斯的第一台加速器只有80KeV，虽然劳伦斯加速器、克罗夫特—奥尔顿（Cockcroft-Walton）加速器以及范德格拉夫（Van de Graaff）加速器，不久就达到1MeV的能量．而LHC目前用两束粒子运行，每束能量为3.5TeV，总能量达到7TeV，能量增加7兆倍．

实验中的事例也增加得特别明显，密立根取了175滴油的数据，公布了58滴的数据，其中又只有23滴的数据用于确定电荷e的值．2009年，Babar实验小组进行的实验，产生了467兆个B介子对．CMS联合小组报告了6.5兆B_S^0介子．看看CP破坏的证据，1964年克罗宁（James Cronin）、菲奇（Val Fitch）及其同事总共报告了相对于背景的45±9个事例，证明了K_L^0衰变成两个带电π介子，这是CP守恒所不允许的，成为使克罗宁（Cronin）和菲奇（Fitch）后来获得诺贝尔奖的一个发现．而1999年KTeV实验（Alavi-Harati et al., 1999）发现完完全全的2607274个K_L^0衰变成π介子的事例．

数据分析方面也发生了重大改变．我们知道数据分析对于实验结果的产生是本质性的，实验结果并不是从数据直接读出来的，密立根手工完成其全部计时测量、观察油滴的上升和下降，并把数值记在实验日志上．他所用到的最先进计算工具就是对数表．弗朗克林回忆他在 1965 年做博士论文时，把光闪烁室里图片定影在相纸上，写下数据并且记录在打孔卡片上，然后在计算机上运算．而在 1967 年 K_{e2}^+ 实验，闪烁位置是用人工扫描来记录的，使用的是机器化数字机，随后在磁带上记录下数字，可以被读入计算机进行分析．显然在面对千万甚至数十亿的事例时，这样的技术就不能使用．丝室、漂移室、硅微条探测器以及类似的设备，全部都可以被数字化快速读取，使得当代实验成为可能．这些改进也要求计算极大提高。1965 年康奈尔大学所有的计算机，包括弗朗克林曾经用来分析其博士论文数据的那台计算机，只有 32Kb 的内存。现在人们随便买台电脑也是 4 个 G 的内存，同样的进步也发生在计算机速度和存储空间方面．而 CMS 的高阶触发使用的计算机群体具有上千台这样的计算机．

在高能物理实验里使用的装置的另一个重要变化，是触发器处理器的发明．早期闪烁室实验用了相当简单的电子触发器，比如，在 K_{e2}^+ 实验光学闪烁室和照相机是用闪烁计数器和切伦科夫计数器联合使用进行触发，它们根据衰变电子信号提供了一个停下的 K^+ 介子信号．在反中子—质子散射实验里，事例触发包括"一个反中子飞行信号，在 100 纳秒内跟随着量热器—闪烁信号的三重、四重或者五重符合"[1]（Gunderson et al.，1981，509）．这种类型的具体触发，允许具体的有时少有的相互作用的考察．相比之下，云雾室实验具有粒子的入射束，可以使粒子类型、电荷以及能量具体化，通过跟云雾室里物质（通常是液态质子）相互作用，全部事例都被照相，这使得寻找罕见事例很难，但是每张照片比通常闪烁室或者计数器实验获得更多的信息．数字图像结合了闪烁室计数器实验和云雾室实验的优点，随着更加复杂的探测器和触发处理器的发展，人们可以触发和记录很多不同类型的事例，并选择那些最终最有趣的．当然，这要求大型快速计算机或者小型计算机网的及时发展．

---

[1]　B. Gunderson, J. Learned et al. "Measurement of the Antineutron-Proton Cross Section at Low Energy", *Physical Review D* 23, no. 3, 1981, pp. 587 – 594.

同时还会产生另一个问题，新加速器提供的碰撞不断攀升的剧烈强度，意味着数据收集系统不可能处理所获得的全部数据．最初人们能拥有的是相对松散的触发器，不会排除很多有用的事例．在 LHC 这个问题变得极端严重，LHC 存在每 25 纳秒的束脉冲碰撞，并且每次碰撞产生 20个质子—质子相互作用，那意味着事例是以 800MHz 的频率产生的，数据获得系统要能够处理大约每秒一百转的事例率．因此，记录比率降低一定要超过百万分之一："CMS 触发被设计来完成从 32MHz 降到 O（100）Hz 的数据缩减，靠的是通过不同的系列触发器．CMS 的第一级触发是硬件设施用来降低数据率，使用定做的触发处理器实现低端分析．更高水平的触发全部是软件过滤器，用来处理处理器族里的（部分）事例数据，这是实施数据选择的更高层次，从而称为高级触发（HLT），只有通过HLT 接受的数据才被离线物理分析所记录．"[1]　（Adam et al.，2006，608）HLT 软件改变相对容易，各种适当的监督系统以确保这些变化实际上没有改变实验操作．然而产生的绝大多数数据没有被记录，只有那些被认为是物理上有意义的事例被储存．原则上，这对已知的物理过程来说是容易做到的，但是 LHC 的目标之一是寻找熟知的标准模型证据或者超出标准模型的新物理证据，这里设置了个假定，就是认为新物理类似于已知的物理学．所以，对新物理的探索还需要获得更多数据．

弗朗克林之前还讨论过选择性问题，选择标准的实施就获得数据，因此被考察的现象能够被隔离．弗朗克林强调一种论证结果正确的重要方法，而非选择标准产生的人为产品，是要改变这些截断，并且看看是否结果在选择标准合理变化后还是稳定的．如果是的话，那么这个是结果正确性的鲁棒性论证．正如卡拉加指出的，这个策略选择标准用在数据获得阶段时不适用．不过，他注意到用在这儿的还是存在鲁棒性的形式．卡拉加揭示说，在设置第一级 L1 触发时 ATLAS 小组检验了超出标准模型的各种理论和模型，包括超对称理论、额外维模型以及具有重—规范玻色子的模型．这些模型被共同的、鲁棒性属性所检验，这就是通过重粒子的产品来检验，在那个属性的基础上，能够被经验性检验的假说

① See W. Adam，T. Bergauer et al. "The CMS High Level Trigger" *European Physics Journal C* 46，no. 3，2006，pp. 605 – 667.

被建构起来．这样一个假设就是产生重粒子，这些重粒子衰变成具有高横向动量的粒子或者喷井．卡拉加还注意到这个假设能够使用已知粒子来经验性地检验，一个证明实验装置能力和探测这些粒子分析过程的过程．最后，各种触发选项都是相对于那个唯象论假设的①．然后人们再检查实验结果是否经过各种检验选项后还是稳定的．这对于已知粒子在经验上是能够做到的，或者对所提出的理论模型进行蒙特卡罗模拟，提供了人们所谓的理论—经验证据的强强联合．虽然如此，存在一个基本假设，任何新物理都会跟已知物理学类似，如果不是这样的话，那么新物理学就很可能被错过．这个危险得到降低，靠的是这样的事实，即理论家总是不断产生新物理的模型，并且物理学史已经表明看似可能（甚至不可能）的模型都得到考察．

正如人们可以预期的，论文的作者数也有重大的增长．20 世纪的早期论文有一两个作者，到 21 世纪 BaBar（B 介子工厂的探测器）小组拥有差不多 700 个作者，而 CMS 目前有 2897 个作者．弗朗克林还把考察过的论文作者人数列成表．②已经达到这样一个关节点，描述实验的论文页数与作者署名页数都差不多了．像《物理学评论快报》那样的通讯期刊，对正文长度有 4 页的严格限制，这样一来作者所占文章页数就超过了正文的页数，一篇近来的 CMS 论文的发表在《高能物理学杂志》上，正文有 20 页，而作者所占页数为 17 页（Khachatryan et al.，2010）．该小组提交给《物理学评论快报》的论文，正文只有 4 页，但是作者所占页数是 11 页．的确，只是署名为 CMS 小组看上去更有效率，但是弗朗克林怀疑这对科学家来说不能接受，因为衡量科学家贡献及其在科学中的成就的方法之一就是作者著述这个身份，署小组的名对于认同其贡献可能是不够的．

―――――――――

①　Allan Franklin，*Shifting Standards*：*Experiments in Particle Physics in the Twentieth Century*，University of Pittsburgh Press，2013，p. 225.

②　Ibid.，p. 226.

第五节　当代基础科学的研究范式

由于量子规范场论和粒子物理学的基础地位及其前沿性和代表性，我们通过它考察当代基础科学的研究范式．当代基础科学的大科学特征在量子规范场论和粒子物理标准模型里体现的很明显，粒子物理标准模型"大有化学元素周期律昔日之风，甚至有过之而无不及，也像历史上的元素周期律，先有整个周期表再到自然界去按图索骥之势，不同之处在于粒子物理标准模型只有在大科学工程下才能完成"①．当代基础科学的大科学特征，特别是学科内部的统一性和学科之间的一致性，本身就是科学理论长期选择的结果，同时说明当代基础科学非一时之功，各种大科学要素都得具备，这在粒子物理标准模型里体现得很明显．LHC物理的大科学装置和大科学工程方面也很容易理解，无论实验装置尺寸、获得的事例数量、数据处理的方法乃至作者人数都很明显是大科学工程．

相比之下，LHC物理的大数据特征要不容易理解些．实验涉及的海量数据不仅仅是理论使然，也是实验设计、建造、运行，甚至数据的选择、排除、获得、下线处理，直到所谓大数据分析，都更好体现出当代大科学的研究范式．事实上，诸如当代天文学和信息生物学等基础学科，都是以海量数据的分析为其新特征．其中，LHC物理是幸运的，其集中的人力、物力、智慧，包括其中的国际协作都是无与伦比的，也正因为如此，我们在其基础上总结出大科学理论—大数据分析—大科学工程的研究范式．

特别是，我们没有把数据分析简单等同于与理论物理和实验物理鼎立的计算物理．其实质就在于数据分析是内置于背景理论（量子规范场论）、理论模型（标准模型）和唯象模型（希格斯机制）不同层次的理论，并且探测器设计、模拟样本和信号预测、分析统计、误差分析、结果报告、分析结果、得出结论等，每一个环节都围绕"便于

---

① 李继堂、郭贵春：《如何考察大型强子对撞机LHC物理的研究范式》，《自然辩证法研究》2013年第3期．

数据分析"在展开．在理论与实验的关系这个科学哲学"老大难"问题上，LHC 物理使我们认为数据分析成为两者的中介，相当于卡尔纳普逻辑理论与观察之间对应规则，不过数据分析不像对应规则那样是站在理论优位立场来讲的，并且也不会认为数据分析只是实验的一部分，而是认为数据分析已经成为当代基础科学方法论的核心．总之，当代基础科学的研究范式凸显出大数据的特征，大科学、大数据、大工程的当代基础科学的研究范式实至名归．相应地，大科学的理论结构、大工程中的实验探索和大数据中的数据分析，也成为量子规范场论这样的基础科学解释的最佳进路．

第六节　结束语：量子场论的整体性解释

本书对量子场论的解释是一种整体性解释，不是局限于对粒子解释和场解释之类的本体论问题或者规范势属性等实在论问题，而是对整个量子规范场论的理论结构、相关的实验验证和探索，特别是链接理论和实验的数据分析进行了系统考察．量子场论的解释与非相对论量子力学解释最大的不同在于，后者的数学体系基本上是没有多大争议的，而相对于量子力学量子场论处理的是无穷维系统，其形式体系数学基础部分就存在两种不同的思路，即"传统"量子场论（"conventional" quantum field theory）跟代数量子场论（algebraic quantum field theory）．前者采取以重整化为核心的微扰理论方法，后者用算子代数为中心的代数方法．物理学家偏好"传统"量子场论，而物理学哲学家偏好代数量子场论，原因在于代数量子场论虽然不断发展，但是物理学家现实中还是使用重整化为主的方法．对于物理学哲学家来说，代数量子场论更有利于解决其中本体论之论的问题．就量子场论的整体性解释而言，要是代数量子场论能够协调好与粒子物理标准模型甚至实验数据的关系，那是再好不过了，虽然目前还没有做到，但是居于量子场论的成功，确实有必要搁置一下代数量子场论的具体讨论．相比之下，传统量子场论的成就也是空前的．何况物理学中的数学和实验的完美结合从来都是其立身之本．还有一个重要原因是，多年来深感科学哲学和物理学哲学的优势在于，它是以科学理论为研究对象，科学理论不是以一个慨念、一个命题、一条原理、一个定律，甚或一段历史和文化为单元，而是以整个理论和相应的观察实验及其相互关系为研究对象，甚至形成大科学、大工程、大数据的研究范式．其研究方法也没有停留在理论术语和观察术语层面的语言分析。其知识背景也不是以常识为背景而是以目前最好的科学知识为背景。认识到这些不仅对传统的本体论、认识论和方法论而且对科学理论的解释问题都会有新的贡献。《量子场论的解释：理论、实验、数据分析》试图探索的就是这样一种整体性解释的模式。

参考文献

一 中文文献

1. 桂起权，高策，李继堂，李宏芳，吴新忠：《规范场论的哲学探究：它的概论基础，历史发展与哲学意蕴》，科学出版社 2008 年版。

2. 杨振宁：《杨振宁文集》（上、下），张奠宙编选，华东师大出版社 1998 年版。

3. 张怡：《科学的三元建构》，中国纺织大学出版社 1996 年版。

4. 郑祥福：《范·弗拉森与后现代科学哲学》，中国社会科学出版社 1998 年版。

5. ［德］卡尔 – 奥托·阿佩尔：《哲学的改造》，孙周兴等译，上海译文出版社 1997 年版。

6. ［意］Lorenzo Magnani 等主编：《科学发现中的模型化推理》，于祺明译，中国科学技术出版社 2001 年版。

7. ［美］曹天予：《20 世纪场论的概念发展史》，吴新忠、李宏芳、李继堂译，桂起权校，上海科技教育出版社 2008 年版。

8. ［美］约翰·厄尔曼、［英国］杰里米．巴特菲尔德：《爱思唯尔科学哲学手册：物理学哲学》，程瑞、赵丹、王凯宁、李继堂译，北京师范大学出版社 2015 年版。

9. ［德］伊曼努尔·康德：《自然科学的形而上学基础》，邓晓芒译，上海人民出版社 2003 年版。

10. ［美］保罗·鲁道夫·卡尔纳普：《科学哲学导论》，张华夏等译，中山大学出版社 1987 年版。

11. ［美］保罗·鲁道夫·卡尔纳普 等：《科学哲学和科学方法论》，江天骥主编，华夏出版社 1990 年版。

12. ［美］I. 伯纳德·科恩：《科学中的革命》，鲁旭东等译，商务印书馆 1999 年版。

13. ［荷兰］西奥·A. F. 库珀斯：《爱思唯尔科学哲学手册：一般科学哲学焦点问题》（英文本丛书主编：D. 加比、P. 撒加德、J. 伍兹），郭贵春 译（中译本丛书主编：郭贵春、殷杰），北京师范大学出版社 2015 年版。

14. ［意］伽利略·伽利雷：《关于两门新科学的谈话》，武际可译，北京大学出版社 2006 版。

15. ［美］詹姆斯. E. 麦克莱伦、［美］哈罗德. 多恩：《世界科学技术通史》，王鸣阳 译，上海世纪出版集团 2005 年版。

16. ［美］欧内斯特·内格尔：《科学的结构》，徐向东译，上海译文出版社 2002 年版。

17. ［美］阿白拉汉·派斯：基本粒子物理学史，关洪等译，武汉出版社 2002 年版。

18. ［美］安德鲁·皮克林：《建构夸克——粒子物理学的社会学史》，王文浩译，湖南科学技术出版社 2011 年版。

19. ［美］帕特里克·苏佩斯：《逻辑导论》，宋文淦等译，中国社会科学出版社 1984 年版。

20. ［美］王浩：《分析经验主义的两个戒条》，载于《分析哲学——回顾与反省》，康宏逵译，四川教育出版社 2001 年版。

21. ［德］赫尔曼·外尔：《引力和电》，载于《相对论原理（狭义相对论和广义相对论经典论文集)》，赵志田、刘一贯译，科学出版社 1980 年版。

22. 郝刘祥：《外尔的统一场论及其影响》，《中国自然科学史研究》2004 年第 1 期。

23. 李海峰：《利用 ATLAS 探测器在 7TeV 质子对撞数据中寻找 H→WW＊→L νL ν衰变道的标准模型希格斯粒子》，济南：山东大学博士论文，2012 年。

24. 李继堂:《从形而上学到物理学》,《哲学动态》2006 年第 2 期。

25. 李继堂:《LHC 物理时代的理论和实验关系问题》,《哲学动态》2016 年第 2 期。

26. 李继堂,桂起权:《从康德的科学哲学到规范场论》,《自然辩证法研究》2004 年第 6 期。

27. 李继堂,郭贵春:《从相对论到规范不变性原理》,《科学技术哲学研究》2011 年第 4 期。

28. 李继堂,郭贵春:《规范论证中发现的语境和辩护的语境》,《苏州大学学报（哲学社会科学版）》2013 年第 2 期。

29. 李继堂,郭贵春:《如何考察大型强子对撞机 LHC 物理的研究范式》,《自然辩证法研究》2013 年第 3 期。

30. 李继堂,郭贵春:《物理学规范理论基础的语境分析》,《哲学研究》2012 年第 4 期;

31. 李继堂:《从量子力学解释到量子场论解释》,《科学技术哲学研究》2017 年第 1 期。

32. 李继堂:《广义相对论是一种规范理论吗?》,《自然辩证法通讯》2017 年第 2 期。

33. 李继堂:《量子力学基础的语境分析》,《理论月刊》2003 年第 9 期。

34. 石诚:《发现语境与辩护语境区分的再分析》,《科学技术哲学研究》2010 年第 4 期。

35. 李继堂:《规范场论的哲学意义》,博士论文,武汉大学,2004 年 4 月。

36. 孟召霞:《利用 ATLAS 探测器测量质心能量 $\sqrt{S}=7$Tev 下 W→$\tau\nu$ 的反应截面》,博士论文,山东大学,2011 年。

37. 汪先友:《在 CMS/LHC 上通过 Bc→J/$\psi\pi$ 测量 Bc 介子的微分截面》,博士论文,重庆大学,2012 年。

38. 王锦:《ATLAS 实验 7TeV 对撞能量下对象单项夸克 T 道产生截面测量》,博士论文,山东大学,2012 年。

39. 战志超:《在 ATLAS 实验数据中寻找超对称粒子和电子的判选》,博士论文,山东大学,2011 年。

二 英文文献

1. Martin Beech, *The Large Hadron Collider：Unraveling the Mysteries of Universe*. Springer – New York Dordrecht Heidelberg London, 2010.

2. Tianyu Cao, *Conceptual Developments of* 20*th Century Field Theories*, Cambridge：Cambridge University Press, 1997.

3. Tianyu Cao (ed), *Conceptual Foundations of Quantum Field Theories*, Cambridge：Cambridge University Press.

4. Tianyu Cao, *From Current Algebra to Quantum Chromodynamics：A Case for Structural Realism*, Cambridge：Cambridge University Press, 2010.

5. Bryce Dewitt, *The Space of Gauge Fields：Its Structure and Geometry*. In G. ' tHooft (Eds.), 50 *Years of Yang – Mills Theory*, (PP. 15 – 32) . World Scientific, 2005.

6. Stillman Drake, *Essays on Galileo and the History and Philosophy of Science Volume* Ⅱ, Toronto：University of Toronto Press, 1999.

7. Jürgen Ehlers, *Hermann Weyl's Contributions to the General Theory of Relativity*, in Wolfgang Deppert etal (Hrsg.) *Exact Science and Their Philosophical Foundations*, Verlag Peter Lang, 1985.

8. Allan Franklin, *Shifting Standards：Experiments in Particle Physics in the Twentieth Century*, Pittsburgh：University of Pittsburgh Press, 2013.

9. Galileo Galilei, *Two New Sciences*, Translated by Stillman Drake, Madison：The University of Wisconsin Press, 1974.

10. Peter Galison, *How Experiments End*, Chicago：University of Chicago Press, 1987.

11. Peter Galison, *Image and Logic*, Chicago：University of Chicago Press, 1997.

12. Ian Hacking, *Representing and Intervening：Introductory Topics in the philosophy of Natural Science*, Cambridge：Cambridge University Press, 1983.

13. Ian Hacking, *The Social Construction of What?* Cambridge, MA：Harvard University Press, 1999.

14. Hans Halvorson (with an appendix by Michael Müger), "*Algebraic*

Quantum Field Theory", in Jeremy Butterfield and John Earman (Eds), *Handbook of the Philosophy of science. Philosophy of Physics*, Elsevier B. V. 2007.

15. Richard Healey, *Gauging What's Real: The Conceptual Foundations of Contemporary Gauge Theories*, Oxford: Oxford University Press. 2007.

16. Paul Hoyningen – Huene, *"Context of Discovery versus Context of Justification and Thomas. Kuhn"*, in Schickore. J., Steinle. F. (eds). *Revisiting Discovery and Justification: Historical and Philosophical Perspectives on the Context Distinction*, Dordrecht: Springer, 2000.

17. Michio Kaku, *Quantum Field Theory: A Modern Introduction*, Oxford: Oxford University Press, 1993.

18. Meinard Kuhlmann, with Holger Lyre, Andrew Wayne (eds.), *Ontological Aspects of Quantum Field Theory*, London: World Scientific Publishing, 2002.

19. James Ladyman, *Understanding philosophy of science*, London: Routledge, 2002.

20. Holger Lyre, *"Gauge Symmetry"*, in D. Greenberger, *Compendium of Quantum Physics: Concepts, Experiments, History and Philosophy*, Springer – Verlag Berlin Heidelberg, 2009.

21. Livio Mapelli and Giuseppe Mornacchi, *"The Why and How of the ATLAS Data Acquisition System"*, in Dan Grreen (ed) *"At the Leading Edge— The ATLAS and CMS Experiments"*, Singapore: World Scientific, 2010.

22. Meinhard E. Mayer, *Introduction to the Fiber – Bundle Approach to Gauge Theories*, Springer – Verlag Berlin, Heidelberg, 1977.

23. Lochlainn O'Raifeartaigh, *The Dawing of Gauge Teory*, Princeton: Princeton University Prees, 1997.

24. Andrew Pickering, *Constructing Quarks: A Sociological History of Particle Physics*. Chicago University Press, 1984.

25. Laura Ruetsche, *Interpreting quantum theories: The art of the possible*, Oxford: Oxford university press, 2011.

26. Lewis H. Ryder, *Quantum Field Theory*, 2nd edition, Cambridge: Cambridge University Press, 1996.

27. P. Kyle Stanford , *Exceeding Our Grasp*: *Science*, *History*, *and the Problem of Unconceived Alternatives*, Oxford: Oxford University Press, 2006.

28. Ray F. Streater, *Why Should Anyone Want to Axiomatize Quantum Field Theory?* in Harvey R. Brown and Rom Hane (eds) *Philosophical Foundations of Quantum Field Theory*, Claredon Press, Oxford 1988, PP. 135 – 149.

29. Frederick Suppe, *Understanding Scientific Theories*: *An Assessment of Developments* 1969 – 1998. *Philosophy of Science*, 67, 2000.

30. Frederick Suppe, *The Structure of Scientific Theories*, Second Edition, Urbana: University of Illinois Press, 1977.

31. Steven Weinberg, *Dreams of a Final Theory*, New York: Pantheon, 1992.

32. ATLAS Collaboration , *Observation of a new particle in the search for the Standard Model Higgs boson with the ATLAS detector at the LHC*, *Physics letters B* 716 (2012) 1 – 29.

33. Moritz Backs, *Measurement of Inclusive Electron Cross – Section from Heavy – Flavour Decays And Search for Compresses Supersymmetric Scenarios with the ATLAS Experiment*, Doctoral Thesis accepted by University of Geneva, Switzerland, Springer, 2014.

34. Newton da Costa, steven French, *Models*, *Theories*, *and Structures*: *Thirty Years on* , *Philosophy of science*, 67, 2000.

35. Michael Devitt, *Are Unconceived Alternatives a Problem for Scientific Realism?* In: *Metaphysics of Science* , Melbourne, July 2 – 5, 2009.

36. John Earman, *Gauge Matters. In Philosophy of Science* 69 (3) , Suppl, 2002.

37. Allan Franklin, "*Experiment in Physics*" , *The Stanford Encyclopedia of Philosophy* (*Winter* 2012 *Edition*), Edward N. Zalta (ed.), URL = < http: //plato. stanford. edu/archives/win2012/entries/physics – experiment/ >.

38. Allan Franklin, *Are the Laws of Physics Inevitable?* Phys. perspect. 10 (2008) 182 – 211, 1422 – 6944/08/020182 – 30, DOI 10. 1007/s00016 – 006 – 0309 – z.

39. Allan Franklin, *The Missing Piece of the Puzzle*: *the Discovery of the*

Higgs Boson, *Synthese*, DOI 10. 1007/s11229 – 014 – 0550 – y.

40. Simon Friederich, Robert Harlander, koray karaca, Philosophical Perspectives on ad hoc – Hypotheses and the Higgs Mechanism, Sythese, 2014 (191) .

41. Alexandre Guay, *A Partial Elucidation of the Gauge Principle.* Preprint Submitted to Elsevier, 4 January 2008.

42. Nick Huggett and Robert Weingard, *Interpretations of Quantum Field Theory*, *Philosophy of Science* 61 (1994) .

43. Koray Karaca, *The Construction of the Higgs Mechanism and the Emergence of the electroweak theory*, *Studies in History and Philosophy of Modern physics*44 (2013) 1 – 16.

44. Koray Karaca, *The Strong and Weak Senses of Theory – Ladenness of Experimentation*: *Theory – Driven versus Exploratory Experiments in the History of High – Energy Particle Physics*, Accepted for Publication in Context, 2012.

45. Meinard Kuhlmann, "*Quantum Field Theory*", *The Stanford Encyclopedia of Philosophy* (Winter 2012 Edition), Edward N. Zalta (ed.), URL = < http: //plato. stanford. edu/archives/win2012/entries/quantum – field – theory/ >.

46. LHC Higgs Cross Section WorkingGroup, S. Dittmaier, C. Mariotti, G. Passarino, andR. Tanaka (Eds.), *Handbook of LHC Higgs Cross Sections*: 1. *Inclusivae Observables*, CERN – 2011 – 002 (CERN, Geneva, 2011), arXiv: 1101. 0593 [hep – ph] .

47. Chuang Liu "*Gauge Gravity and the Unification of Natural Forces*", International Studies in the Philosophy of Science, Vol. 17, No. 2, 2003: 143 – 159.

48. XinChou Lou, ATLAS and CMS experiments at the large Hadron Collider Discover a Higgs – like new boson, Front. Phys. , 2012, 7 (5): 491 – 493.

49. Christopher A. Martin, Gauge Principles, Gauge Arguments and the Logic of Nature, in *Philosophy of Science* 69 (3) , 2002, Suppl. pp221 – 234.

50. Steven Weinberg, *The Making of the Standard Model*, *The European Physical Journal C*, 34, 5 – 13. 2004: 5.

51. WuTai Tsun and Chen Ning Yang. 1975, "Concept of Nonintegrrable

Phase Factors and Global Formulation of Gauge Fields. " Physical Review D 12 (120: 3845 – 3857 (December)) .

52. Chen NingYang and Robert L. Mills. "*Conservation of Isotopic Spin and isotopic Gauge Invariance.* " *Physical Review*96 (1): 191 – 195, 1954.

53. David Wallce, Taking Particle Physics Seriously: A Critique of the Algebraic Approach to Quantum Field Theory, Studies in History and Philosophy of Modern Physics 42 (2011) 116 – 125.

后　记

　　本书主要是第四批中国博士后科学基金特别资助的"大型强子对撞机 LHC 物理的研究范式"、第四十七批中国博士后基金一般资助项目"量子场论中的科学实在论"、教育部一般项目"量子场论中的本体论问题研究"、江苏省社科项目"当代科学的研究范式研究"等项目的研究成果．实际上，书中第二篇的多数章节以及第四篇的第十二章主要是两项博士后资助项目的阶段性成果，为此要特别感谢我的博士后导师山西大学科学技术哲学研究中心的郭贵春教授，以及多年来愉快合作中心的其他老师，我的博士后出站报告是《规范理论语境中的科学实在论》．也要感谢参与"量子场论中的本体论问题研究"课题的郭贵春教授、桂起权教授、曹观法副教授和吴新忠博士，桂老师是我读博士的导师，我的博士论文是《规范场论的哲学意义》．还要感谢我的硕士导师江秀乐教授，我的硕士论文是《量子力学基础的语境分析》．读博期间，除了听过外哲教研组（桂起权、邓晓芒、朱志方）几位老师的课外，我还听过物理系的刘觉平教授的好几门课。

　　本书也是江苏省社科项目"当代科学的研究范式研究"的研究成果．选题立项时我刚好完成江苏省公派留学基金项目，从德国海德堡大学回来．在海德堡我除了师从主讲康德第三批判和科学实在论的 P. Mclaughlin 教授，还听了物理系的 LHC 物理的课程，上课时每次课的前半节课老师总是要报告 LHC 的最新进展，其情其景大有新物理呼之欲出之势．有意思的是，此课题完成时正好是宣布恩格勒和希格斯因希格斯粒子获得诺贝尔物理学奖的 2013 年 10 月 8 日．项目的申报和完成也得益于苏州大学哲学系的陈进华教授、周可真教授、李兰芬教授、张国华教授、朱建平教授和邢冬梅教授的帮助．当然，在国内做物理学哲学研究的多多少少都会受益于曹天予教授和刘闯教授，我也受益良多．记得我购买希利的《规范实在》一书时，正和北京大学的吴天岳及一名研究生在芝加哥大学校园内．那个暑假在密歇根有幸结识了许多国内外分析哲学的精英，记忆犹新．

　　这两年申报课题得到许多老师的无私支持，特别感谢 Bradley Monton 教授、张志林教授、董春雨教授、王晓阳教授、郝刘祥研究员、郭世平教授、朱耀平教授、杨庆锋教授、曹润生副教授、苏湛副教授、潘平副教授、谭力扬博士、唐先一博士，以及李婷婷和李金政同学．还有好友熊红川博士、张成杰副教授、罗天强教授、李勇副教授和宋伟副教授．这几年参加全国物理学哲学学术研讨会和许多同行交流也受益不浅，特别感谢范岱年先生、吴国林教授、吴彤教授、成素梅教授、万小龙教授、李宏芳教授、赵国求教授、陶建文教授、沈健教授、段伟文教授、蔡肖兵教授、曹志平教授和苏丽教授，等等，以及参加现象学科技哲学和心灵哲学会议时热情指点的吴国盛教授、刘晓力教授、朱菁教授、盛晓明教授．另外，还要感谢我平时接触交流得最多的两个团队，一个是山西大学的郭贵春教授、殷杰教授、高策教授、贺天平教授、高山教授、赵丹副教授、程瑞副教授、王凯宁副教授、刘杰副教授、李德新博士、乔笑斐博士和程守华博士等，另一个是苏州大学哲学系的年轻老师们——庄友刚老师、车玉玲老师、于树贵老师、吴忠伟老师、高山老师、韩焕忠老师、姚兴富老师、王新水老师、朱光磊老师、田广兰老师、李红霞老师、杨静老师、张亮老师等，不同学科的互动是苏州大学哲学系的特色．

　　本书许多章节曾经在《哲学研究》《哲学动态》《自然辩证法研究》《自然辩证法通讯》《科学技术哲学研究》等杂志上发表过，同时书中有对弗朗克林、卡拉加、希利等人著作的大量引用，在此一并致谢他们．

　　本书的出版得到学科带头人周可真教授、学术秘书李红霞博士和张

亮博士的支持，特别是本书编辑朱华彬老师的大力帮助．最后还要感谢
家人的支持和无私奉献．

李继堂

于独墅湖畔

二零一七年秋